◉ 機械工学テキストライブラリ ◉
USM-6

機械設計学入門

森　淳暢・多川則男・谷　弘詞・小金沢新治 共著

数理工学社

編者のことば

近代の科学・技術は，18 世紀中頃にイギリスで興った産業革命が出発点とされている．産業革命を先導したのは，紡織機の改良と蒸気機関の発明によるとされることが多い．すなわち，紡織機や蒸気機関という「機械」の改良や発明が産業革命を先導したといっても過言ではない．その後，鉄道，内燃機関，自動車，水力や火力発電装置，航空機等々の発展が今日の科学・技術の発展を推進したように思われる．また，上記に例を挙げたような機械の発展が，機械工学での基礎的な理論の発展の刺激となり，理論の発展が機械の安全性や効率を高めるという，実学と理論とが相互に協働しながら発展してきた専門分野である．一例を挙げると，カルノーサイクルという一種の内燃機関の発明が熱力学の基本法則の発見につながり，この発見された熱力学の基本法則が内燃機関の技術改良に寄与するという相互発展がある．

このように，機械工学分野はこれまでもそうであったように，今後も科学・技術の中軸的な学問分野として発展・成長していくと思われる．しかし，発展・成長の早い分野を学習する場合には，どのように何を勉強すれば良いのであろうか．発展・成長が早い分野だけに，若い頃に勉強したことが陳腐化し，すぐに古い知識になってしまう可能性がある．

発展の早い科学・技術に研究者や技術者として対応するには，機械工学の各専門分野の基礎をしっかりと学習し，その上で現代的な機械工学の知識を身につけることである．いかに，科学・技術の展開が早くても，機械工学の基本となる基礎的法則は変わることがない．したがって，機械工学の基礎法則を学ぶことは大変重要であると考えられる．

本ライブラリは，上記のような考え方に基づき，さらに初学者が学習しやすいように，できる限り理解しやすい入門専門書となることを編集方針とした．さらに，学習した知識を確認し応用できるようにするために，各章には演習問題を配置した．また，各書籍についてのサポート情報も出版社のホームページから閲覧できるようにする予定である．

天才と呼ばれる人々をはじめとして，先人たちが何世紀にも亘って築き上げてきた機械工学の知識体系を，現代の人々は本ライブラリから効率的に学ぶことができる．なんと，幸せな時代に生きているのだろうと思う．是非とも，本ライブラリをわくわく感と期待感で胸を膨らませて，学習されることを願っている．

2013 年 12 月

編者　坂根政男

松下泰雄

「機械工学テキストライブラリ」書目一覧	
1	機械工学概論
2	機械力学の基礎
3	材料力学入門
4	流体力学
5	熱力学
6	機械設計学入門
7	生産加工入門
8	システム制御入門
9	機械製図
10	機械工学系のための数学

まえがき

機械とはいろいろな機能を持った要素が有機的に関係し合って，全体として共通の目的を達成する集合体，すなわち「システム」であり，人間によって創造される「人工物システム」である．それを設計するのが「機械設計」という人間による知的行為である．

その人工物システムである機械システムを設計するためには，まず機械システムの中に使用されている共通部品，つまり「機械要素」に関する十分な知識が必要となる．そこで本書はできるだけ多くの機械要素を取り上げるとともに，その機械要素の構造とその機能について図を多く用いながら，理解が容易になるように工夫して詳しく説明している．

また同時に，実際の機械を設計するためには，機械は「システム」であるため，それだけでは当然不十分である．材料力学，機械力学，流体力学，熱力学のほか，制御工学，トライボロジー，機械製作法，電気工学など，幅広い分野の知識とそれに加えて「経験」が必要となろう．そのすべてを本書により学ぶことは難しい．そこで本書は機械設計の基礎として，まず機械の基本設計の中心となる「強度設計」に関して，その基礎的な考え方を中心に詳細に記述している．そのため，強度設計に必要となる材料力学や機械力学などの基盤となる分野に関してはその内容を加え，理解を容易にするようにしている．また，各章には理解を深めるために例題を載せた．同時に演習問題も載せ，覚えるのではなく，考えることにより問題を解くことで理解を深め，実際の設計に役立つように構成できていると考えている．

本書は，機械工学関係の学科で学ぶ大学生（学部），高専生用の教科書として作成されたもので，1年間の授業用に使えるようにしたものである．また同時に第一線で活躍する若手技術者にとっても有用で使えるような内容にしている．本書を大いに活用，学ばれることで，実際の機械設計の現場で活躍されることを期待する．

最後に本書の出版に当たりご尽力賜るとともに大変お世話になった，数理工学社編集部の田島伸彦氏および足立豊氏に謝意を表する．

令和２年７月

著者一同

目　　次

第 5 章

歯車伝動装置　123

第 6 章

巻掛伝動装置　151

第1章

機械設計学の基礎

我々の身の周りにはおびただしい数の機械が存在している．複雑な機械は多くの部品から構成されているが，分解し，それらを構造・機能別分類すると，意外に少数の種類に整理される．また，種々の機械に共通に見られる重要な部品の存在に気づく．それらを機械要素といい，その構造と機能，設計や製作法を理解しておくことは，機械システムを設計する上で極めて重要となる．本章では，まず機械システムの定義について述べるとともに，機械設計の基礎となる強度設計・生産性設計の基礎について学ぶ．

1.1　機械の定義

1.1.1　道具と機械との違い

機械設計を学ぶためには，まず「機械とは何か」を考えなければならないであろう．機械とのこぎりやかんななどのいわゆる「道具」とはどこが違うのか．「機械」とは予想される外力が加わっても抵抗力を持つ物体で作られているもので，物体は互いに限定された相対運動をする．そしてエネルギーの供給を受け，外界に対して有効な仕事をするものであると定義される．つまり機械とはエネルギー変換を行っているもので，その駆動部と作業部が分化し，その間に動力を伝える伝動機構が存在するものであり，道具とは動力を伝える駆動部と他へ作業をする作業部が未分化の状態にあるものと言える．駆動部と作業部の分化が機械の特徴であるので，部品１つで機械を作ることはできない．機械は，複数の部品からなり，特定の目的のために機能する人工物システムということにもなる．

1.1.2　機械の種類

身の周りには多種多様な機械が存在する．したがってこれらを分類するのもいく通りもの仕方が考えられるが，ここでは機能面から大雑把に分類してみる．

(1)　原動機

自然界に存在するいろいろな形態のエネルギーを，機械に有効な動力として取り出す機械を原動機という．大雑把に言って，エネルギーの形態により，流体機械，熱機関，発電機，電動機などに分類される．

(2)　作業機械

原動機で発生した機械的なエネルギーや人畜の筋力エネルギーなどに基づく動力の供給を受けて，所望の作業を行う機械である．交通機械，起重・運搬機械，機械製造用機械，産業機械などに分けられる．

(3)　情報機械

人間の感覚器官と頭脳に代わって，各種情報の収集，記憶，処理，伝達を行う，エネルギー変換を行わずに情報変換を行う役割を持つ機械である．情報収集機械，記憶・演算機械，情報伝達機械などに大雑把に分類できる．

1.2　機械要素とは

1.2.1　機械要素の分類

先に述べた如く，機械は一見複雑な人工物システムであるが，これを分解して小単位の機能を調べてみると，その構造や機能の違いによらず，比較的少種類の共通する要素で構成されており，それらが目的に応じて巧みに組み合わされているにすぎないことがわかる．この多くの機械に共通に使用される主要要素部品を**機械要素**という．この機械要素も機械と同様にいろいろな方法で分類される．ここでは使用目的あるいは機能面から，次のように分類して進めることにする．

(1)　締結要素

部品と部品とを一時的にあるいは永久的に締結するために使用する要素で，ボルト・ナットなどの各種締結用ねじ部品，リベット，ピン，止め輪，キー，スプライン，セレーション，溶接，ろう着，接着などがある．

(2)　伝動要素

動力を伝達するために使用する要素で，回転軸，軸継手，クラッチ，歯車伝動装置，摩擦伝動装置，巻掛伝動装置，カム装置，送りねじ機構，リンク機構などがある．

(3)　案内要素

運動部品を案内するために使用する要素で，滑り軸受，転がり軸受，気体軸受，磁気軸受，滑り案内面，転がり案内面，静圧案内面，磁気案内面などがある．

(4)　密封要素

潤滑剤，作動流体，プロセス流体などの漏れを防ぐために使用する要素で，オイルシール，メカニカルシール，ラビリンスシール，U パッキン，V パッキン，O リング，ピストンリングなどがある．

(5)　制動要素

運動体にブレーキをかけるために使用する要素で，帯ブレーキ，ブロックブレーキ，ドラムブレーキ，ディスクブレーキ，電磁リターダ，流体リターダ，エネルギー回収ブレーキなどがある．

(6)　緩衝要素

衝撃エネルギーを吸収し衝撃力を緩和するために使用する要素で，コイルばね，板ばね，トーションバー，皿ばね，摩擦ダンパ，油圧ダンパ，粘性ダンパ，電磁ダンパなどがある．

(7)　管系要素

流体を循環させたり輸送する経路を構成するために使用する要素で，管，管継手，バルブ，コック，栓などがある．

(8)　制御要素

制御装置を構成するために使用する要素で，位置センサ，力センサ，温度センサ，オペアンプ，ディジタル IC，フリップフロップ，レジスタ，カウンタ，空気圧アクチュエータ，油圧アクチュエータ，電磁アクチュエータなどがある．

1.3　強度設計・生産性設計の基礎

1.3.1　機械設計プロセスの概要

これまでに「機械」および「機械要素」とは何かを明らかにしてきた．次に機械を設計するとはどういうことか，どのようなプロセスでなされるのかを述べる．

「機械設計」とは，「こういうものを作りたい」，「こういうものがあったらいい」というような要求に基づき，それを具現化する機械の構造，寸法などを決定して，作り上げるために必要となる情報（図面）を与える人間の知的行為である．

その設計のプロセスの概要および流れを考えると，図 1.1 のようにまとめられる．具体的に言えば，何を作るかの計画から始まり，その機能との関連で形状・諸元およびそれを構成する部材や要素を考える（概念・基本設計）．その後，生産性を考慮してそれらの材料や製作法を明らかにして（詳細設計），設計書・仕様書や図面などを文書化する総合的な仕事である．

機械は複数の部品からなる人工物システムであると先に述べたが，そのため機械設計の作業は広範囲な分野にまたがる．これをよく吟味してみると機械設計作業は装置やシステムに関する知識や他の周辺技術も含む形で，図 1.2 のような機械設計作業を支える基盤となる 3 つの階層から構成されていると考えられる．つまり機械要素に関する知識に裏付けられた機械の機能や材料・強度および製造方法などを検討する基本設計の知識（階層 I），工学的解析や装置全体としてのシステムシミュレーション解析，並びに規格化・標準化などを含む装置・システムとしての知識（階層 II），そして環境問題や企画・調査・分析などを含む周辺技術（階層 III）である．したがって本来，機械設計法というのはこれら 3 つの階層をすべて含んだ全体技術を指すと考えられる．しかし本書では主として機械設計の基礎設計部分を担い「要素設計」とも考えられる階層 I の内容について，特に機械要素の強度設計法に焦点をあてて記述するものである．

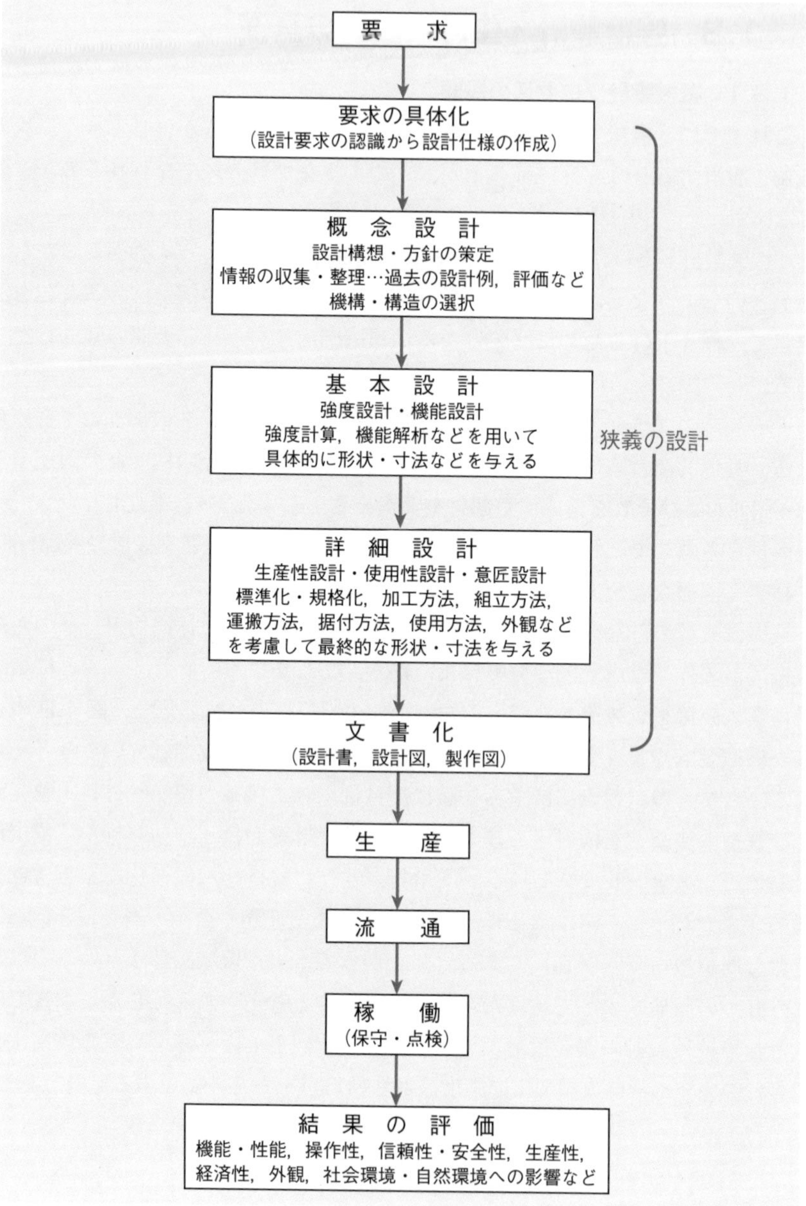

図 1.1　機械設計プロセスの概要

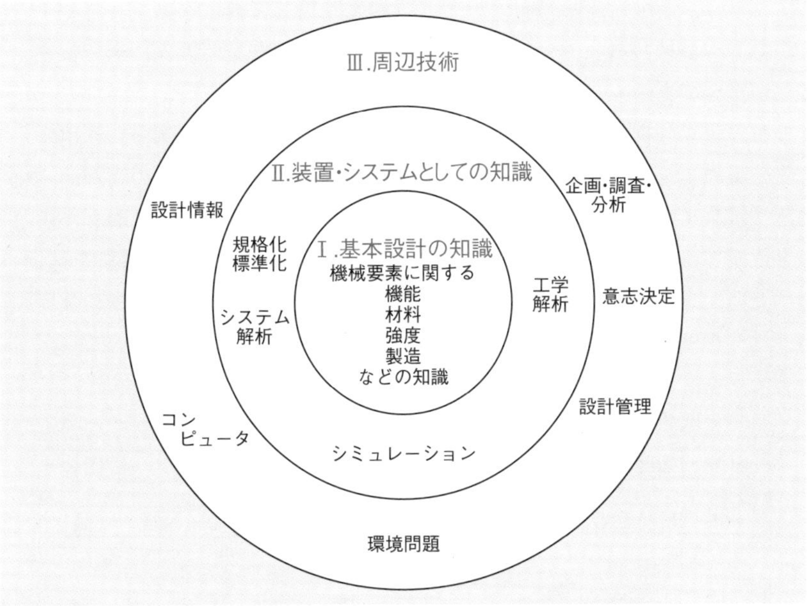

図 1.2　機械設計作業を支える基盤となる 3 階層

1.3.2　機械要素強度設計の基礎

まず，機械要素の強度設計など，基本設計を行う上で必要となる基本的な知識についてここでまとめておこう．強度設計においては，機械要素はそれに作用する外力で壊れるようではその機能を満たさない．したがってまず，機械要素を構成する機械材料に力が作用したときの変形挙動および破壊モードを理解する必要があろう．

どのような機械材料でも力が作用すると変形するが，ある限度内の変形であれば力を取り除くと元に戻る．しかしその限度を超えると元に戻らなくなる．これを**弾性破損**という．機械設計の場合，通常これが生じないように設計する．弾性破損を生じなくとも，その力が何度となく繰り返し作用すると壊れることがある．これを**疲労破損**あるいは**疲労破壊**といい，これが生じないように設計する必要がある．高温下においては力が作用した状態で時間が経過すると変形が次第に大きくなり破壊する現象が起こる．これを**クリープ**という．また特殊なガスや液体を扱う機械では，材料が腐食することも問題となろう．相対的にこすれ合う箇所では摩擦焼付きを生じ，極端な場合は機械が停止したりすることがある．機械設計においてはこのような破壊が起きないように十分留意することが重要である．

なお，実際の機械要素の強度設計においては，機械の実稼働中に作用する実荷重や実環境を正確に予測するとともに，要素を構成する材料の物理的・化学的諸性質をまず知る必要がある．そして与えられた条件下でどのような破壊形態を仮定すべきかを判断し，それに対して十分な強度が保てる材料を選択し，形状・諸元を決定しなければならない．したがって実際の機械要素の強度設計のフローチャートは図 1.3 となる．

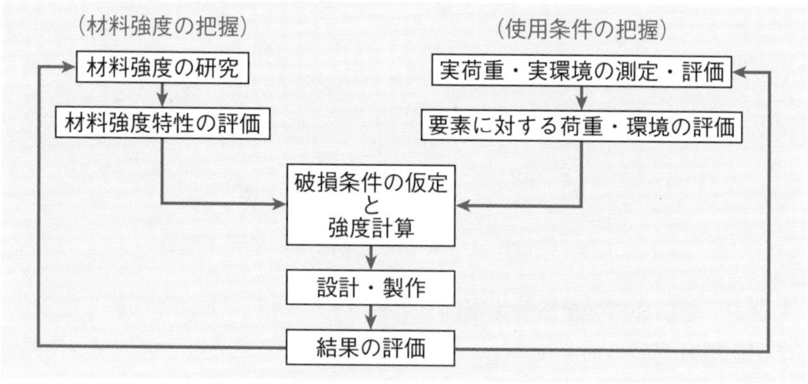

図 1.3　機械要素強度設計の進め方

(1)　材料強度の把握

機械要素の強度設計においては，強度に直結する材料の機械的性質がまず重要である．ここでは基礎的で代表的な 2 種類の材料強度の試験法と結果について紹介しよう．

材料に外力が作用すると何がしかの変形を生じる．このとき材料内部には変形を元に戻そうとする力が生じ，外力と釣り合う．ある断面を仮想し，そこに生じる単位面積当たりの内力をその断面に生じた**応力**という．いま図 1.4 に示すように，棒状部材を軸方向に引っ張ると，棒状部材は伸びて内力を生じる．いま軸と角度 α 傾いた断面を考え，その断面内の微小面積 ΔA に ΔP なる軸方向内

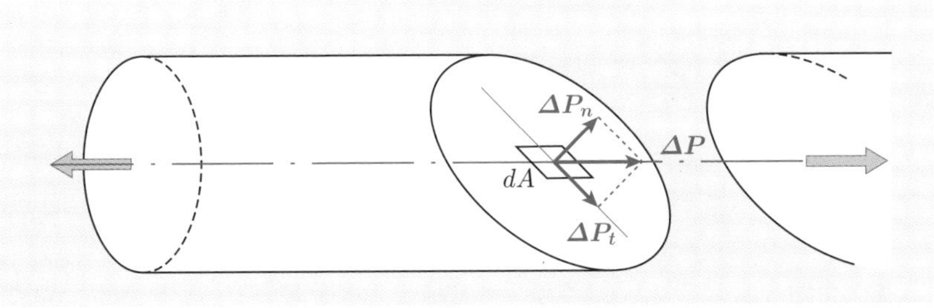

図 1.4　断面内に生じた内力

力が生じたとすると，ΔP はその断面に垂直な成分 ΔP_n と断面に沿う ΔP_t に分解できる．このとき，$\sigma = \Delta P_n/\Delta A$ を**垂直応力**（**引張応力**），$\tau = \Delta P_t/\Delta A$ を**せん断応力**という．圧縮した場合も同様であるが，とくに垂直応力は**圧縮応力**という．

①　引張試験

垂直応力を強度評価の尺度とする場合には材料試験片を単純に引っ張る，いわゆる**引張試験**の結果が用いられる．**図 1.5** に示すような丸棒試験片の両端を試験機に固定して引張応力とひずみの関係を調べる．軸に直角な断面を想定して，断面内に一様な内力が生じているとし，P を引張力，断面積を A とすれば，

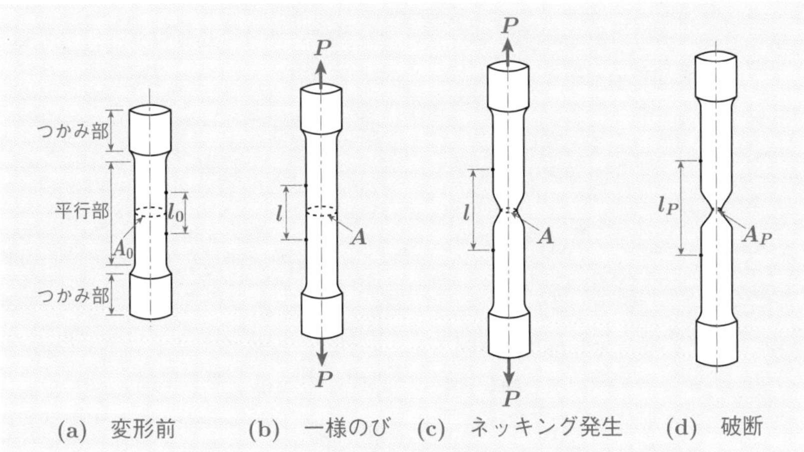

図 1.5　引張試験片の形状と変形の様子

引張応力は $\sigma = P/A$ となる．厳密に言えば A は時々刻々変化するが，便宜的に試験開始時の初期断面積 A_0 で定義される公称応力 $\sigma_N = P/A_0$ を用いて実験結果を整理する．ひずみに関しても便宜的に初期試験片平行部長さを l_0，時々刻々の同部長さを l とすれば，$\varepsilon = (l - l_0)/l_0$ で定義される公称ひずみを用いる．この公称応力と公称ひずみの関係を示す線図を**公称応力–ひずみ線図**といい，材料の強度を知る資料となる．軟鋼などの金属材料の典型的な公称応力–ひずみ線図を図 1.6 に示す．図において，σ_p は比例限度を示し，その傾きがヤング率（縦弾性係数）である．これ以下の応力であれば，$\sigma = E\varepsilon$ のフックの法則が成立する．σ_E は弾性限度を示し，これ以下の応力であれば，応力を取り除くとひずみは消え，図の原点に戻る．

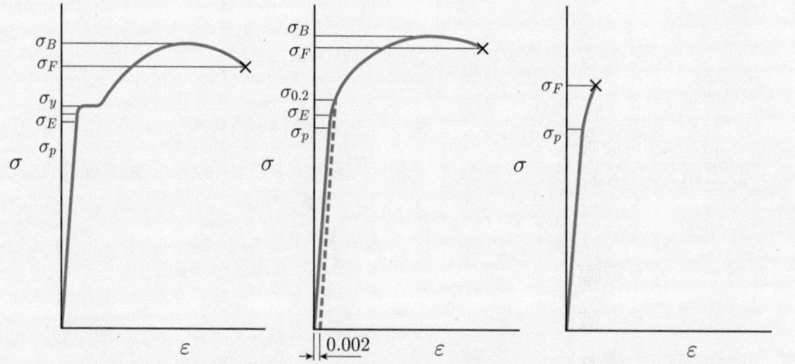

(a)　降伏現象の明確な延性材料　(b)　降伏現象の不明確な延性材料　(c)　脆性材料

図 1.6　金属材料の公称応力–ひずみ線図

σ_y は降伏応力で，ここに達するとそれ以上の荷重を作用させなくともひずみはどんどん進行するが，ひずみ硬化を起こし，ひずみの増加に伴って応力は再び上昇し，極大値を示した後，破断する．公称応力の極大値 σ_B を極限強さ，あるいは引張強さという．この値，および降伏応力値は強度設計時に使われる基準強さとしてしばしば用いられる．σ_F は破断する瞬間の公称応力である．この時点では試験片の断面積が小さくなるので，真の応力で表すと極限強さを上回るが，あまり意味がないので設計時には問題にされない．なお，アルミニウム合金などの材料においては引張試験を行っても，明確な降伏現象が現れない．そのような場合は 0.2％ の永久ひずみが残る応力をもって降伏応力と定義される．$\sigma_{0.2}$ と表し，0.2％ 耐力という．

② 疲労試験

多くの機械においてはかかる実荷重の変化は複雑で，幾度となく繰り返す．1 回きりでは破損しない応力でも，幾度となく繰り返すと材料内に亀裂が生じ，それが進展してついには最終破断に至ることがある．この現象を疲れ，あるいは疲労という．長期にわたって使用された機械部材が壊れるときはこの疲労が原因であると思われ，強度設計上極めて重要な現象である．この疲労に対する強度基準を得るために**疲労試験**が行われる．

疲労試験は，通常，一定した繰返し力の下で行われ，その結果が疲労強度の尺度として使われる．同じ大きさの引張力と圧縮力を繰り返すような場合を両振り試験，ゼロとある大きさの引張力，あるいは圧縮力を繰り返すような場合を片振り試験という．

図 1.7 は典型的な疲労試験（両振り試験）の結果を示したものである．試験結果は縦軸に繰返し応力の振幅（片側振幅）をとって，横軸にその応力振幅で破断に至った繰返し数を対数目盛で表した，いわゆる S–N 曲線といわれる．図(a)の炭素鋼では応力振幅がある値以下になると，曲線が折れ曲がって水平になりいくら繰り返しても破断しなくなることがわかる．このときの限界応力を**耐久限度**（**疲労限度**，**疲れ限度**ともいう）といい，鉄鋼材料の疲労強度設計の強度

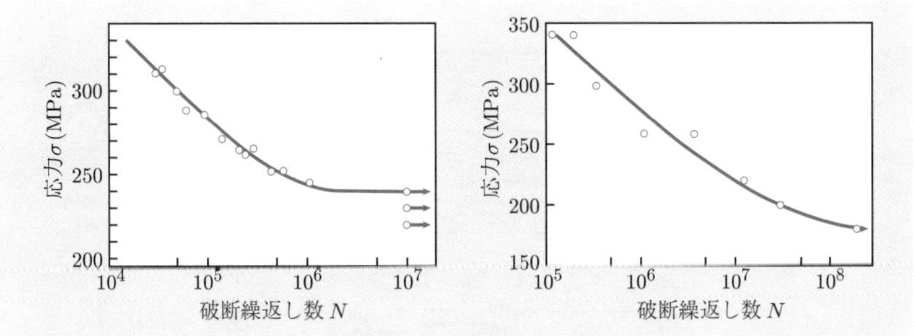

(a)　炭素鋼S35C（引張圧縮）　　(b)　アルミニウム合金2024-T4（回転曲げ）

図 1.7　疲労試験結果の典型例（S–N 曲線）

評価の尺度として使用される．また図(b)のアルミニウム合金の例では，耐久限は存在しないことがわかる．非鉄金属材料ではこのような特性を示し，耐久限が定義できないため，寿命を予測して設計する．

(2)　材料の破壊条件

ここでは機械の強度設計を行う上で基礎となる，外力が部材に作用したときの材料力学的な応力変形問題に関して述べる．

① 単純引張問題の場合

部材に外力が作用し，それに対して発生する応力が単純な引張り／圧縮あるいはせん断の場合には，それぞれの応力の最大値が材料に指定された許容値よりも大きくなったときに破損したものと考える．つまり設計指針としては最大の引張応力，せん断応力が材料の許容応力値より小さくなるように設計すればよい．

$$\sigma_{\max} < \sigma_a \tag{1.1}$$

$$\tau_{\max} < \tau_a \tag{1.2}$$

一例として図1.8に示すような，中央に直径 d の穴が開いた幅 w，厚さ t の板が P という力で引っ張られている状態を考える．このとき，部材の最小断面積 A は $(w-d)t$ となるため，この部材が引張破損しないための条件は次式となる．

$$\sigma = \frac{P}{(w-d)t} < \sigma_a \tag{1.3}$$

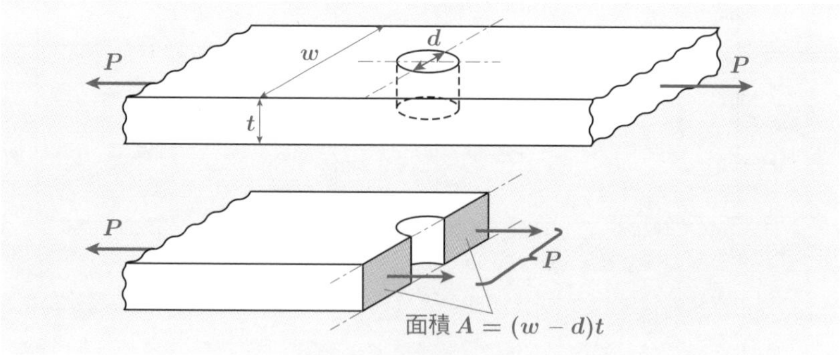

図1.8　単純引張応力

② 単純せん断問題の場合

図 1.9 に示すように，同様な板 2 枚を重ね，穴にリベット（直径 d）を通して結合した状態でせん断力 P が作用した場合を考える．この場合は P を大きくしていくと，やがてリベットは 2 枚の板の境目でずれて，破壊することが予測される．このようにせん断力が部材に作用すると，その間に存在する断面は互いにずらされまいとして踏ん張る．そのときの単位面積当たりの踏ん張る力を**せん断応力**という．この例ではリベットがせん断応力を受ける断面積は $\pi d^2/4$ であるから，リベットがせん断破損しないための条件は $P/(\pi d^2/4) < \tau_a$ となる．

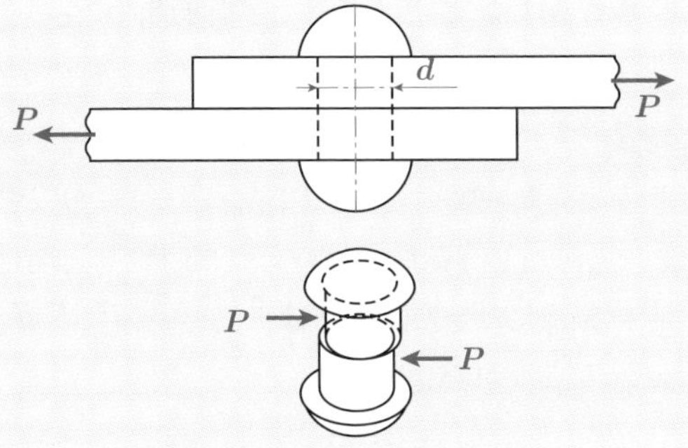

図 1.9　リベットのせん断

③ 単純曲げ問題の場合

部材に外力が作用したとき，それを曲げようとする力の効果を**曲げモーメント**という．一番簡単な例を図 1.10 に示す．片持ちばりの先端に重さ W の物体を吊り下げたときのはりの強度問題である．この問題は材料力学で学んでいると思われるので，詳細な議論はそちらにゆだねて，ここでは結論のみ述べる．この問題でははりが曲げモーメント M を受けることではり上表面に最大の引張応力（**曲げ応力**という）が発生し，その値は

$$\sigma_b = \frac{M}{Z} \quad (Z \text{ は断面係数})$$

で求められる．したがってこの σ_b が部材の許容引張応力よりも小さいことが必要で，曲げに対して破損しないための条件式は

$$\sigma_b < \sigma_a \tag{1.4}$$

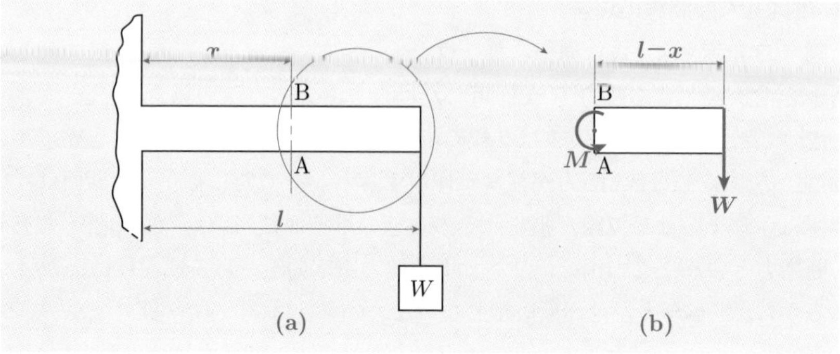

図 1.10　片もちばりに作用する外力と横断面内に生じる内力

となる．

④ 単純ねじり問題の場合

図 1.11 に示すように，回転軸のような円筒状の部材にねじりモーメントが作用する場合，つまり単純ねじり問題の場合には部材にせん断応力が作用する．この場合，軸に作用する最大のせん断応力は円筒軸表面になり，その値は作用する曲げモーメントを T とすれば，

$$\tau_T = \frac{T}{Z_p} \quad (Z_p \text{ は極断面係数}) \tag{1.5}$$

で求められる．したがってこの値が円筒軸材料の許容せん断応力 τ_a よりも小さければ破断しないことになるから

$$\tau_T < \tau_a \tag{1.6}$$

が破断しないための条件となる．

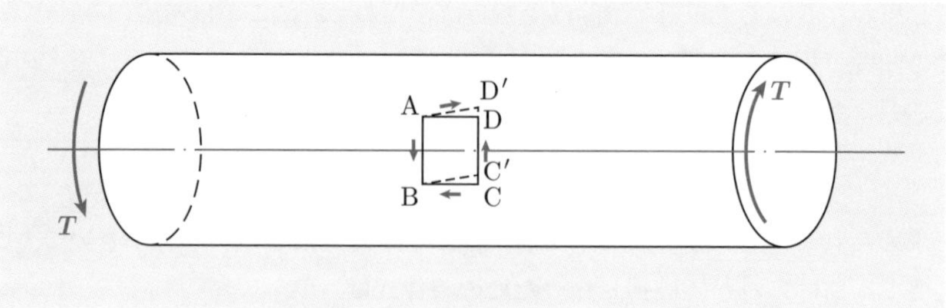

図 1.11　円筒状部材のねじり

⑤ 組合せ応力の場合

多くの伝動軸においては駆動装置により曲げモーメントとねじりモーメントが同時に作用する．したがって軸には曲げモーメントによる引張応力とねじりモーメントによるせん断応力とが同時に作用することになるので，組合せ応力問題となる．強度設計上問題となる最大の引張応力およびせん断応力はやはり軸表面に作用し，その大きさは

$$\sigma_{\max} = \frac{\sigma_b}{2} + \sqrt{\left(\frac{\sigma_b}{2}\right)^2 + \tau_T^2} \tag{1.7}$$

$$\tau_{\max} = \sqrt{\left(\frac{\sigma_b}{2}\right)^2 + \tau_T^2} \tag{1.8}$$

となる．前者を**最大主応力**，後者を**最大せん断応力**という．脆性材料では最大主応力が材料に指定された許容引張応力を超えたときに破断する，通常の鉄鋼材料などの延性材料では最大せん断応力が材料に指定された許容せん断応力を超えたときに破断する，ということが実際の現象をよく表す．したがって組合せ応力問題に対する破損しないための条件は

$$\sigma_{\max} < \sigma_a \quad （脆性材料）$$

$$\tau_{\max} < \tau_a \quad （延性材料）$$

となる．

(3)　応力集中について

急激な段差や小さな穴，小さく切り欠いた部分が部材にあると，その箇所には局所的に大きな応力を生じる．例えば図 1.12 に示すように，部材に穴や切欠きがあると，それを引っ張った場合は上図のような応力分布となる．このよ

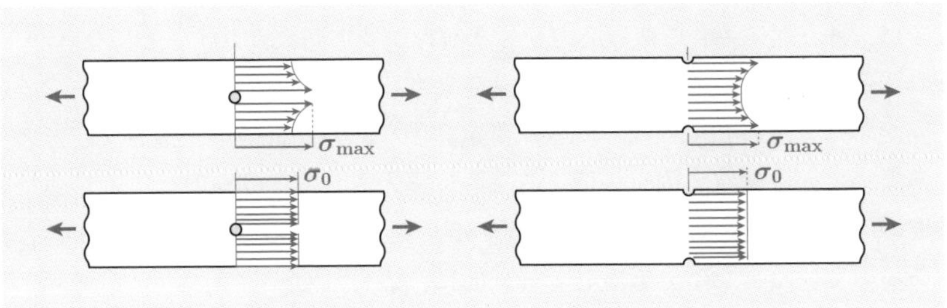

図 1.12　穴や切欠きによる応力集中

うな現象を**応力集中**という．このとき，最大の応力値 $\sigma_{\max}$ と下図にあるように最小断面部分で応力集中がないと考えたときの平均応力 σ_0 との比を**応力集中係数**あるいは**形状係数**といい，α で表す．すなわち

$$\alpha = \frac{\sigma_{\max}}{\sigma_0} \tag{1.9}$$

これは静的な荷重状態に対して有効な設計パラメータである．実際の設計においては，応力集中係数は実験や数値計算であらかじめ求めておいて，これを下図にあるようにして計算して求めた σ_0 に乗じて $\sigma_{\max}$ を推定し，破壊条件を与える．

応力集中が動的な荷重状態，とくに疲労強度に及ぼす影響を**切欠き効果**という．この影響を設計に入れるため，次式で定義する切欠き係数 β を導入する．

$$\beta = \frac{\text{切欠きのない部材の疲れ限度}}{\text{切欠きのある部材の疲れ限度}}$$

α と違って，β は材料特性にも依存するが，$\alpha < 2$ の場合，多くの鉄鋼材料では β の値は α の値に極めて近い．

(4)　安全率について

一般に設計に使用される許容応力は安全率を導入して，次式で与えられる．

$$\sigma_a = \frac{\text{基準強さ（}\sigma^*\text{）}}{\text{安全率（}S_r\text{）}}$$

ここで，基準強さとは，いわゆる降伏応力あるいは耐力や疲れ限度（耐久限）など，破損状態に対応する限界の応力のことである．例えば，主として静的な力のみが作用するような部材に対しては，通常，弾性的な性質が失われ塑性変形が始まると破損したとする弾性破損が設計の基準となる．したがって，この場合には基準強さは降伏応力あるいは耐力ということになる．歯車軸などの伝動軸では，軸表面に生じる曲げ応力やせん断力が多数回繰り返すことになるから，疲れ限度（耐久限）が設計時の基準強さとなる．

安全率は，材料強度のばらつきや荷重評価や応力解析の不正確さなど，いろいろな実際の不確定要因を補償するために導入される．安全率は，それら材料強度のばらつき，荷重評価や応力解析の不正確さ，および製作上のばらつき，使用環境の変化などを十分考慮して経験的に決められる．

例題 1.1

図 1.13 のように，穴が開いたりくびれたりした，厚さ 5 mm で許容引張応力が 200 N/mm^2 の板材がある．

(1)　この板材の両端をつかんで引っ張ったとき，作用させ得る最大の力は何 N か．

次に想像線で示したように穴の部分をピンで止めた．

(2)　この板材の左側をつかんで引っ張ったとき，作用させ得る最大の力は何 N か．

(3)　この板材の右側をつかんで引っ張ったとき，作用させ得る最大の力は何 N か．

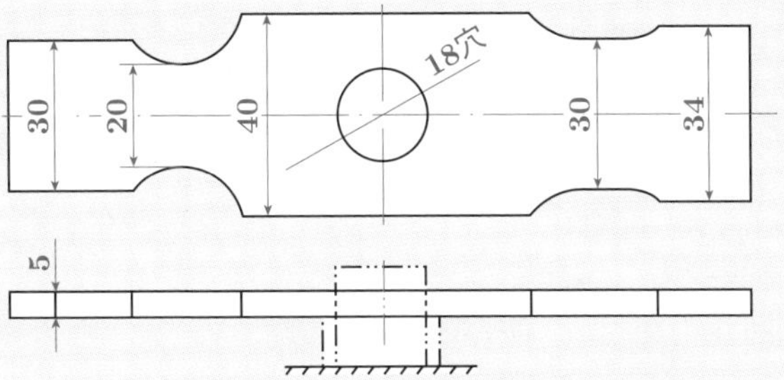

図 1.13

【解答】　(1)　図の構造からこの場合の断面積最小となるところは板状部材の幅が 20 mm のところである．したがって部材の許容応力値が 200 N/mm^2 であり，部材板厚みが 5 mm であるから，求める最大の力 F は $200 \times 20 \times 5 = 20000$ N，つまり 20 kN となる．

(2)　(1) と全く同様にこの場合の断面積最小となるところは，板状部材の幅が 20 mm のところである．したがって求める最大の力は $200 \times 20 \times 5 = 20000$ N，つまり 20 kN となる．

(3)　この場合の断面積最小となるところは，板状部材の幅が 22 mm のところである．したがって求める最大の力は $200 \times 22 \times 5 = 22000$ N，つまり 22 kN となる．　■

1.3.3　生産性設計の基礎

機械を設計するときには，図面の上では多種多様な形状や寸法を決めることができる．しかし，これを能率よく製作したり，保守・管理の都合を考えると，多くの機械システムに共通する要素は標準化・規格化したり，合理的な製作方法を統一したりすることが経済効果，省資源・省エネルギーなどの観点から効果的である．機械設計では，このような観点から，機械要素の材料の標準化・規格化，形状・寸法の標準化・規格化，サイズ公差・幾何公差・はめあい・面の肌などの標準化・規格化などが計られている．

(1)　標準化・規格化

各国はそれぞれの実情に則した標準化・規格化のためのシステムを保有している．日本では日本工業規格（JIS）により工業製品の標準化・規格化を規定している．世界的にグローバル化が進展すると，工業製品の標準化・規格化も国際的に統一する必要があり，現在では，そのための国際的な組織，国際標準化機構（ISO）による国際規格が制定され，各国の規格はそれにならって整備されつつある．

(2)　標準数

10の正または負の整数べき（10^{-2}，10^{-1}，1，10，10^{2} など）を含み，$10^{1/5}$，$10^{1/10}$，$10^{1/20}$，$10^{1/40}$ および $10^{1/80}$ を公比とする等比級数の各項の数値を有効数字3桁にまとめた数で，それぞれの数列をR5，R10，R20，R40およびR80で表す．標準数列は対数目盛で等間隔になり，標準数同士の積や商は標準数になる．JISに定められ，任意に定められる寸法はできるだけしたがうことが望まれている．表1.1にこれを示す．

(3)　サイズ公差とはめあい

設計した機械部材の仕上げ寸法に許容する誤差の範囲を**サイズ公差**という．機械の機能上の必要性と加工精度をよく検討し，適切なサイズ公差を指定することは設計者の重要な仕事である．

互いにはまり合う部品のはまり合う箇所の相対寸法関係を**はめあい**という．例えば，滑り軸受の内径とこれにはまる回転軸の軸直径の関係は，適切なすきまができて，うまく滑るようになる．また転がり軸受を挿入する穴径と転がり

表 1.1　基本数列の標準数（**JIS Z 8601**，付表より）

基本数列の標準数					特別数列の標準数	基本数列の標準数					特別数列の標準数
記号	**R5**	**R10**	**R20**	**R40**	**R80**	記号	**R5**	**R10**	**R20**	**R40**	**R80**
公比	$\sqrt[5]{10}$	$\sqrt[10]{10}$	$\sqrt[20]{10}$	$\sqrt[40]{10}$	$\sqrt[80]{10}$	公比	$\sqrt[5]{10}$	$\sqrt[10]{10}$	$\sqrt[20]{10}$	$\sqrt[40]{10}$	$\sqrt[80]{10}$
標準数	1.00	1.00	1.00	1.00	1.00	標準数		3.15	3.15	3.15	3.15
					1.03						3.25
				1.06	1.06					3.35	3.35
					1.09						3.45
			1.12	1.12	1.12				3.55	3.55	3.55
					1.15						3.65
				1.18	1.18					3.75	3.75
					1.22						3.87
		1.25	1.25	1.25	1.25		4.00	4.00	4.00	4.00	4.00
					1.28						4.12
				1.32	1.32					4.25	4.25
					1.36						4.37
			1.40	1.40	1.40				4.50	4.50	4.50
					1.45						4.62
				1.50	1.50					4.75	4.75
					1.55						4.87
	1.60	1.60	1.60	1.60	1.60			5.00	5.00	5.00	5.00
					1.65						5.15
				1.70	1.70					5.30	5.30
					1.75						5.45
			1.80	1.80	1.80				5.60	5.60	5.60
					1.85						5.80
				1.90	1.90					6.00	6.00
					1.95						6.15
		2.00	2.00	2.00	2.00		6.30	6.30	6.30	6.30	6.30
					2.06						6.50
				2.12	2.12					6.70	6.70
					2.18						6.90
			2.24	2.24	2.24				7.10	7.10	7.10
					2.30						7.30
				2.36	2.36					7.50	7.50
					2.43						7.75
	2.50	2.50	2.50	2.50	2.50			8.00	8.00	8.00	8.00
					2.58						8.25
				2.65	2.65					8.50	8.50
					2.72						8.75
			2.80	2.80	2.80				9.00	9.00	9.00
					2.90						9.25
				3.00	3.00					9.50	9.50
					3.07						9.75

軸受の外径，転がり軸受の内径とこれにはまる回転軸の軸直径の間には，しっかり止まるように，挿入する側を少し大きく仕上げ，むりやり押し込むようにするが，壊れたときに取り替えられるように，抜くこともできなければならない．このような問題を解決するため，一定の基準，ISO はめあい方式が JIS で定められている．

公差は，機能や性能を保証するため，各部品によって異なった値に定められるが，その際の基準として，JIS では**表 1.2** に示す基本サイズ公差を定めている．ものがはまり合う箇所に常用される公差は IT4～10 級である．また部品によっては寸法だけでなく，形状の公差を指定する必要も出てくる．また表面をどの程度きれいに仕上げるかも重要となる．これらの判断は実際の設計においては相当な経験を有する．

表 1.2　基本サイズ公差（JIS B 0401，表 1 より）

（単位 μ）

寸法の区分(mm) ＼ 等級	IT01 (01級)	IT0 (0級)	IT1 (1級)	IT2 (2級)	IT3 (3級)	IT4 (4級)	IT5 (5級)	IT6 (6級)	IT7 (7級)
3以下	0.3	0.5	0.8	1.2	2	3	4	6	10
3をこえ 6以下	0.4	0.6	1	1.5	2.5	4	5	8	12
6 〃 10 〃	0.4	0.6	1	1.5	2.5	4	6	9	15
10 〃 18 〃	0.5	0.8	1.2	2	3	5	8	11	18
18 〃 30 〃	0.6	1	1.5	2.5	4	6	9	13	21
30 〃 50 〃	0.6	1	1.5	2.5	4	7	11	16	25
50 〃 80 〃	0.8	1.2	2	3	5	8	13	19	30
80 〃 120 〃	1	1.5	2.5	4	6	10	15	22	35
120 〃 180 〃	1.2	2	3.5	5	8	12	18	25	40
180 〃 250 〃	2	3	4.5	7	10	14	20	29	46
250 〃 315 〃	2.5	4	6	8	12	16	23	32	52
315 〃 400 〃	3	5	7	9	13	18	25	36	57
400 〃 500 〃	4	6	8	10	15	20	27	40	63

寸法の区分(mm) ＼ 等級	IT8 (8級)	IT9 (9級)	IT10 (10級)	IT11 (11級)	IT12 (12級)	IT13 (13級)	IT14 (14級)	IT15 (15級)	IT16 (16級)
3以下	14	25	40	60	100	140	250	400	600
3をこえ 6以下	18	30	48	75	120	180	300	480	750
6 〃 10 〃	22	36	58	90	150	220	360	580	900
10 〃 18 〃	27	43	70	110	180	270	430	700	1100
18 〃 30 〃	33	52	81	130	210	330	520	840	1300
30 〃 50 〃	39	62	100	160	250	390	620	1000	1600
50 〃 80 〃	46	74	120	190	300	460	740	1200	1900
80 〃 120 〃	54	87	140	220	350	540	870	1400	2200
120 〃 180 〃	63	100	160	250	400	630	1000	1600	2500
180 〃 250 〃	72	115	185	290	460	720	1150	1850	2900
250 〃 315 〃	81	130	210	320	520	810	1300	2100	3200
315 〃 400 〃	89	140	230	360	570	890	1400	2300	3600
400 〃 500 〃	97	155	250	400	630	970	1550	2500	4000

【備考】IT01～IT4のIT基本公差は主としてゲージ類．IT5～IT10のIT基本公表は主としてはめ合わされる部分．IT11～IT16のIT基本公差は主としてはめ合わされない部分の寸法の公差として適用される．

1章の問題

□ **1.1**　断面が円形で長さ $l = 500$ [mm] の片持ちばりの自由端に，荷重 $W = 200$ [N] の集中荷重が加わっている．許容曲げ応力が 80 MPa の場合のはりの直径 d を求めよ．

□ **1.2**　断面が円形の中実軸にトルク $T = 400$ [N m] を作用させて，18.7 MPa の最大せん断応力を生じさせる中実軸の直径 d を求めよ．

□ **1.3**　同じ厚さ（10 mm），同じ幅（30 mm）の部材 A，B の端部を突き合わせて，同じ幅の添え板を当て，2 本のピンで図 1 のように継いだ．各部材の材質は同じで，許容引張応力は 100 N/mm^2，許容せん断応力は 50 N/mm^2 とし，ピンが破損するとすればせん断で，部材，A，B と添え板が破損するとすれば引張で破損するとして次の問いに答えよ．

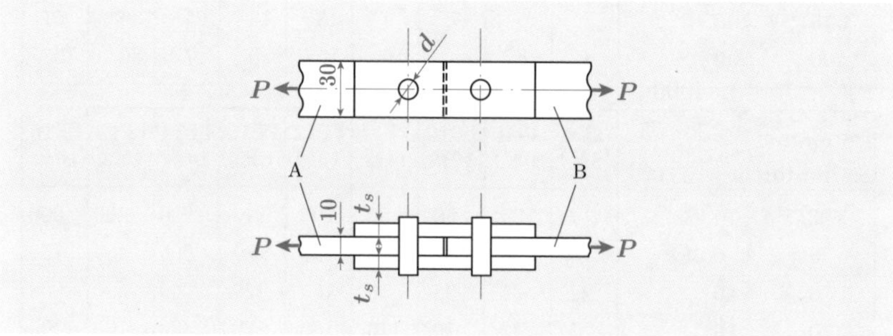

図 1

(1)　部材 A，B と添え板の強さを等しくするためには添え板の厚さ t_s は何 mm にすればいいか．

(2)　(1) の添え板の厚みで，ピンの直径 d を 14 mm にすると，作用させ得る引張力 P の上限は何 N になるか．有効数字 2 桁で答えよ．

(3)　(1) の添え板の厚みで，ピンの直径 d を 16 mm にすると，作用させ得る引張力 P の上限は何 N になるか．有効数字 2 桁で答えよ．

□ **1.4**　図 2 に示すように，直径 30 mm，長さ 2 m のみがき棒鋼を水平に支持して，ブランコを作ることにした．各部材の自重の影響は無視し，左右均等に力が作用するものとする．

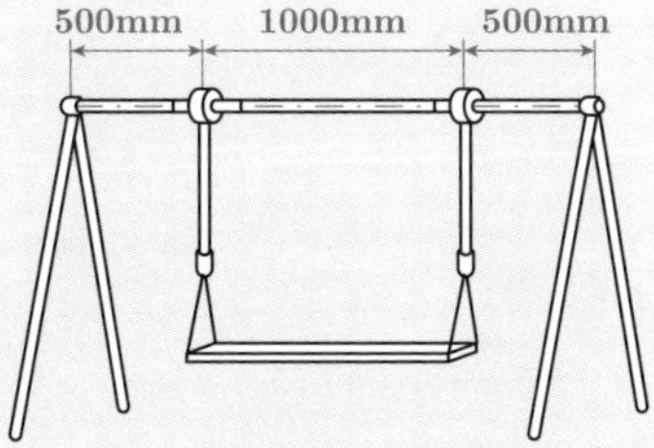

図 2

使用する棒鋼の引張強さ（曲げ強さ）は
600 N/mm^2 である．安全率を 3 として許容引張応力を与えると，最大何 N の重さまで耐えられることになるか．

□ **1.5** 図 3 に示すように，長さ $l = 500$ [mm] の円形断面軸の一端が固定され，反対側の端に腕の長さ $r = 300$ [mm] のレバーが取り付けられている．そのレバーの先端に荷重 $F = 4000$ [N] がレバーの軸線に対して垂直に作用している．このとき，次の問いに答えよ．ただし，軸材料の許容曲げ応力を 40 MPa，許容ねじり応力を 30 MPa とする．

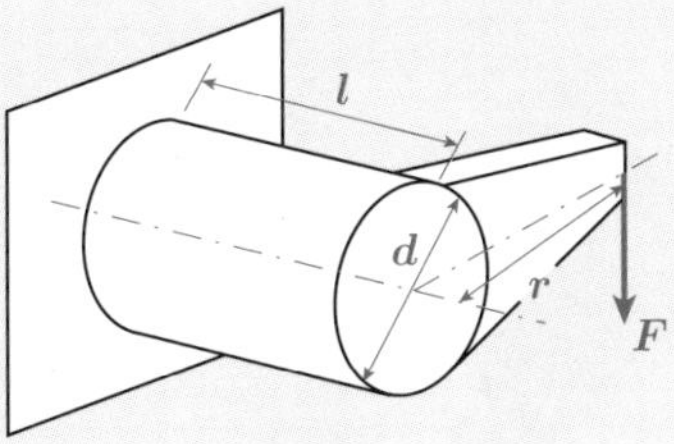

図 3

(1)　軸が最大せん断応力説で破断するとしたとき，破断しないために必要となる軸直径 d はいくらか．

(2)　軸が最大主応力説で破断するとしたとき，破断しないために必要となる軸直径 d はいくらか．

第2章

締結機械要素の設計

機械部品の締結方法には，リベットや溶接，接着のように，いったん締結したものはその部分を壊さない限り取り外すことのできない永久的締結方法と，ねじやピン，止め輪のように，取り付け，取り外しが容易にできる一時的締結方法とがある．本章ではこれら機械部品の締結要素の種類およびその強度設計法を考える．

2.1 ねじ

2.1.1 ねじの種類，各部名称，規格など

一時的締結方法として最も一般的なものがねじおよびねじ部品である．図2.1に示す直角三角形を円筒に巻き付けると，三角形の斜辺ABは円筒面上に図に示したようならせんを描く．これをねじのらせんという．このらせんに沿って，円筒面の外周面あるいは内周面に断面の一様な突起（ねじ山となる）をこのらせん上に設けたものがねじである．円筒の外周面に突起を設けたものを「おねじ」，内周面に突起を設けたものを「めねじ」という．

ねじのらせんに沿って円筒面上を1回転すると，軸方向に $l = \pi d \tan\beta$ だけ進む．l をねじの「リード」，β をねじの「リード角」という．

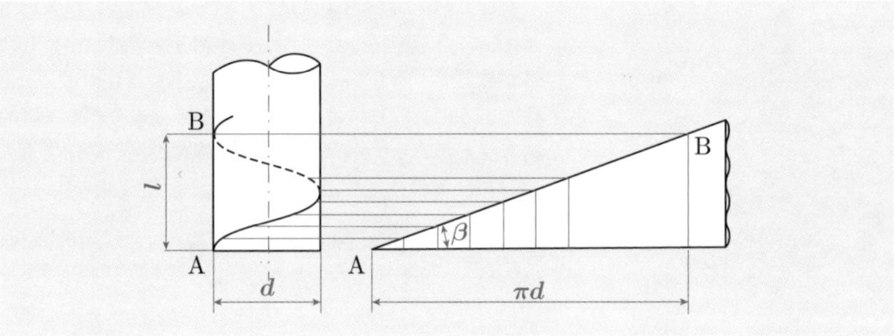

図2.1　ねじのらせん

図2.1において，同じ直角三角形を角度 π だけずれた位置からもう1枚巻き付けると，リードは等しいが，らせんの間隔が半分になったねじを作ることができる．このようにしてできたねじを「2条ねじ」という．この考え方をさらに拡張して，直角三角形を巻き始める位置を $2\pi/n$ ずらして n 枚の三角形を巻き付けると，同じリードでらせん間隔が $1/n$ になったねじを作ることができる．これらを **n 条ねじ**と呼ぶ．一般に複数のらせんを持つねじを**多条ねじ**という．条数によらず，隣り合うらせんの軸方向の間隔，つまり隣り合うねじの突起間隔を**ピッチ**という．したがって，一般に使われるねじはらせんが1本の1条ねじであるため，ねじのピッチとリードは等しい．一般的にねじのピッチとリードとの関係は ピッチ = リード/n となる．時計の針がまわる向きにまわしたと

き，前に進む（ねじ込まれていく）右ねじと逆向きに進む左ねじがあるが，一般的に「ねじ」と言ったときには１条の右ねじを指す．また断面一様な突起（ねじ山）の形はいろいろあり，それぞれの形から三角ねじ，台形ねじ，角ねじ，のこ歯ねじ，丸ねじなどがある．

図 2.2 は，ねじ山の形が三角形である三角ねじのめねじとおねじを示したものである．

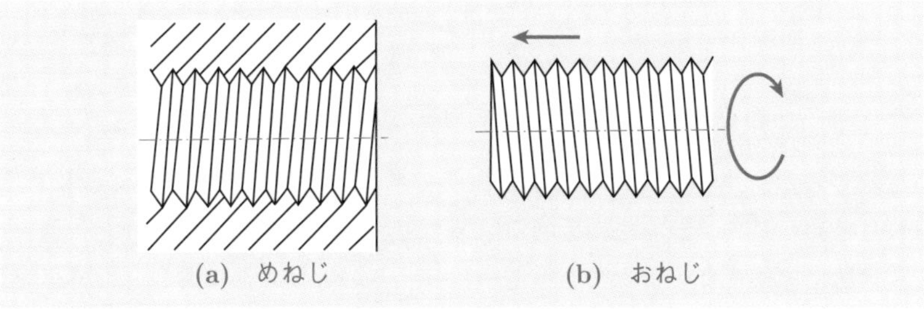

図 2.2　めねじとおねじ（三角ねじ）

図 2.3 は，ピッチの大小（すなわちリードの大小）による三角ねじのねじ山の大きさの違いを示したものである．

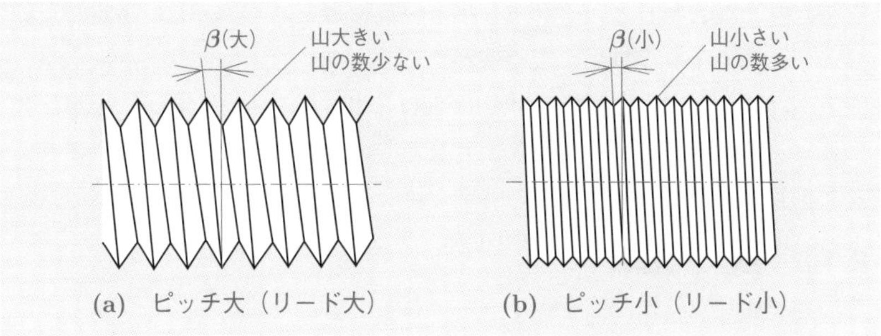

図 2.3　ピッチねじによるねじ山の大きさの違い（三角ねじ）

図 2.4 は，そのような三角ねじがかみ合っている状態の断面図である．おねじとめねじが接触するねじ山の斜面を**フランク**といい，ねじ山頂角の半分を**フランク角**という．通常のメートル系の三角ねじのねじ山頂角は規格で 60° と決

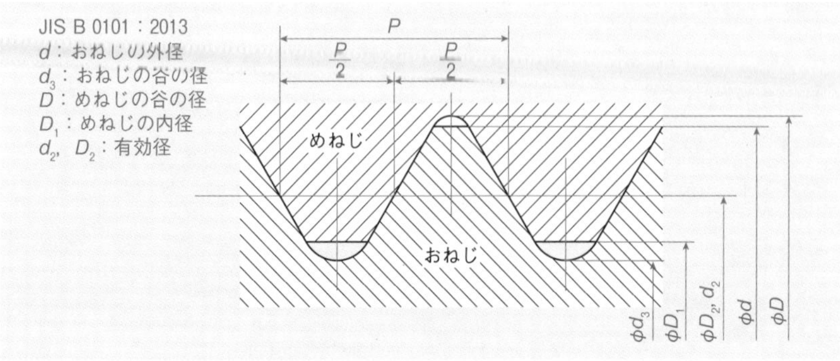

図 2.4　おねじとめねじのかみあい断面図（三角ねじ）

められている．フランク角でいうと 30° である．締結用に使用されるねじは，おねじとめねじのフランクに生じる摩擦力でしっかり締め付けられた状態を保ち，自然には緩まないようになっている．ねじの呼び寸法はおねじの外径を用いて表す．

ねじの寸法やピッチは標準化・規格化されていて，互換性が保証されている．締結用に用いる三角ねじについて，JIS では次の 2 種類，つまりメートルねじとユニファイねじを定めている．メートルねじの呼び寸法はおねじの外径を mm の単位で，ピッチも mm の単位で表す．呼び寸法に対してひとつの特定のピッチを指定した**並目ねじ**と，それより小さい数種類をピッチとして指定した**細目ねじ**とがある，一般機械用に広く使われる．

一方，ユニファイねじは呼び寸法はおねじの外径をインチ（in）の単位で与え，ピッチの代わりに軸方向長さ 1 in 当たりのねじ山の数を与える．これにも並目と細目があり，航空機などの特別な場合に限り使用される．

2.1.2　各種ねじ部品

おねじを切った締結部品をボルト，めねじを切った締結部品をナットというが，その頭の形状により六角ボルト，六角穴付きボルト，小ねじ，六角ナットなどがある．

(1)　六角ボルト

図 2.5 に示すように，頭の形が六角形をしたおねじ部品である．規格の一部を表 2.1 に示す．図 2.6 には六角ボルトの締め付け工具を示す．

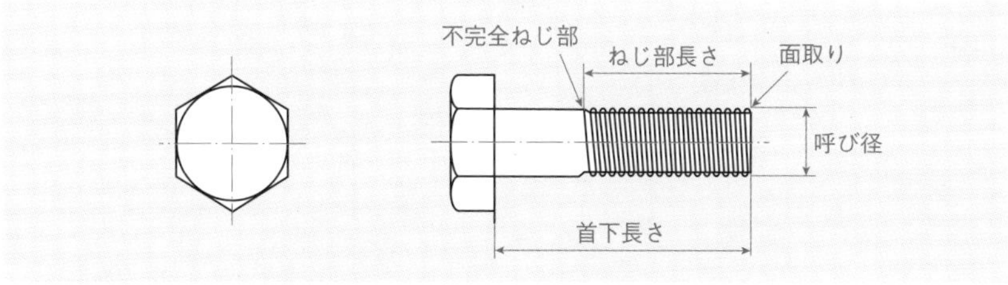

図 2.5 六角ボルトの形状と各部の名称

表 2.1 六角ボルトの規格（**JIS B 1180**，表 **JA.8** より）

呼び径 × ピッチ	ボルト頭			首下長さ l	ねじ部長さ s	ボルト穴径	
	C	B	H			d_n	e
M3×0.5	6.4	5.5	2	4～20	12	3.6	0.3
M4×0.7	8.1	7	2.8	4～25	14	4.8	0.4
M5×0.8	9.2	8	3.5	8～32	16	5.8	0.4
M6×1	11.5	10	4	10～50	18	7	0.4
M8×1.25	15.0	13	5.5	12～100	22	10	0.6
M10×1.5	19.6	17	7	14～125	26	12	0.6
M12×1.75	21.9	19	8	18～125	30	14.5	1.1
M16×2	27.7	24	10	25～160	38	18.5	1.1
M20×2.5	34.6	30	13	35～180	46(l ≤120) 52(l >120)	24	1.2
M24×3	41.6	36	15	50～300	54(l ≤120) 60(l >120)	28	1.2

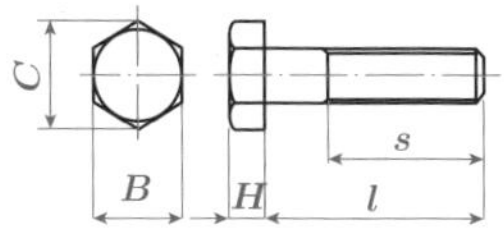

$l>s$ の場合

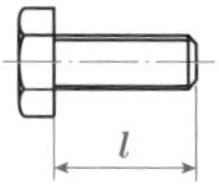

$l<s$ の場合

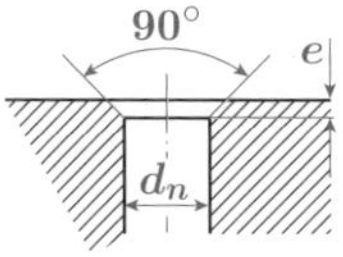

ボルト穴

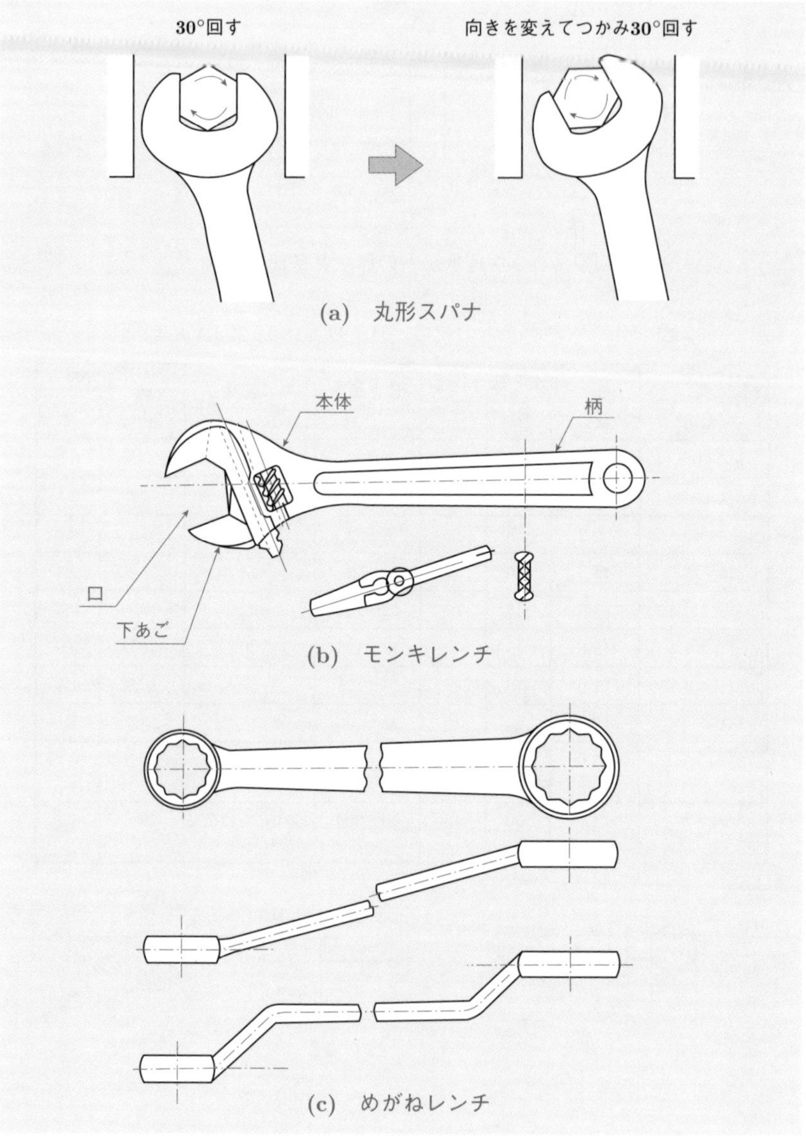

図 2.6　六角ボルトの締め付け工具

(2) 六角穴付きボルト

図 2.7 に示すように，六角形の穴のあいた円筒状頭部を有するおねじ部品である．六角棒スパナを頭部に挿入して，回転させて，締め付ける．規格の一部を表 2.2 に示す．

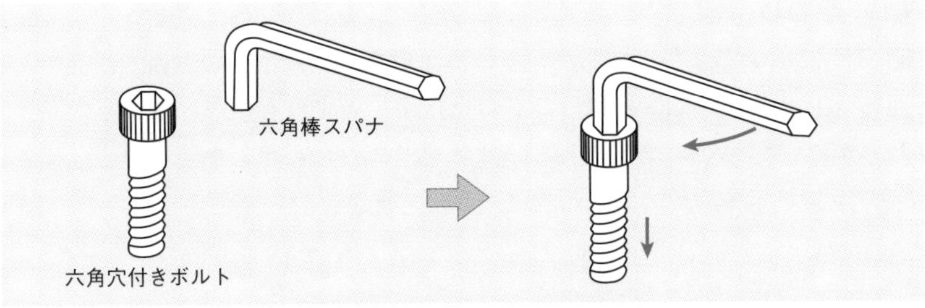

図 2.7 六角穴付きボルトと六角棒スパナ

表 2.2 六角穴付きボルトと締め付け工具の規格
（**JIS B 1176**，表 **3** より）

呼び	ピッチ	下穴径	おねじ谷径	ボルト		穴*			工具（六角棒スパナ）			首下長さ**
				D	H	d'	D'	H'	B	h	L	I
M3	0.5	2.57	2.459	5.5	3	3.4	6.5	3.3	2.5	18	56	4～20
4	0.7	3.36	3.242	7	4	4.5	8	4.4	3	20	63	4～25
5	0.8	4.26	4.134	8.5	5	5.5	9.5	5.4	4	25	70	8～32
6	1	5.08	4.917	10	6	6.6	11	6.5	5	28	80	10～50
8	1.25	6.85	6.647	13	8	9	14	8.6	6	32	90	12～100
10	1.5	8.54	8.376	16	10	11	17.5	10.8	8	36	100	14～125
12	1.75	10.3	10.106	18	12	14	20	13	10	40	112	18～125
16	2	14.1	13.835	24	16	18	26	17.5	14	56	140	25～160
20	2.5	17.6	17.294	30	20	22	32	21.5	17	63	160	35～180
24	3	21.1	20.752	36	24	26	39	25.5	19	70	180	50～300

*穴寸法は参考のために示すものであって規格の一部ではない．

**首下長さは，その範囲で 5 mm 程度おきに飛び飛びの値で決められている．首下長さとねじ部長さの関係は六角ボルトの場合と同じである．

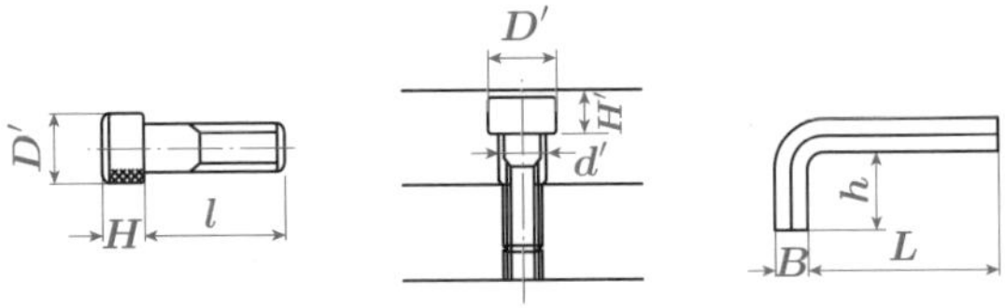

(3) リーマボルト

被締結体の間に生じるずれを止める役割を待たせるため，ねじの軸部を精密に加工したボルトである．被締結体にあける通し穴はリーマで精密に仕上げ，ボルト頭部とのすきまは極めて小さくする．ねじはナットをかみ合わす部分にのみ切る．

(4) 小ねじ

図 2.8 に示すような，頭部がいろいろな形をした，小径のおねじ部品で，ねじ回し（ドライバ）で締め付けるものを指す．いずれも頭部には十字穴か，すりわりが付いており，プラスあるいはマイナスのねじ回しを使用する．長さは首下の長さで与えるが，皿小ねじは全長で与える．

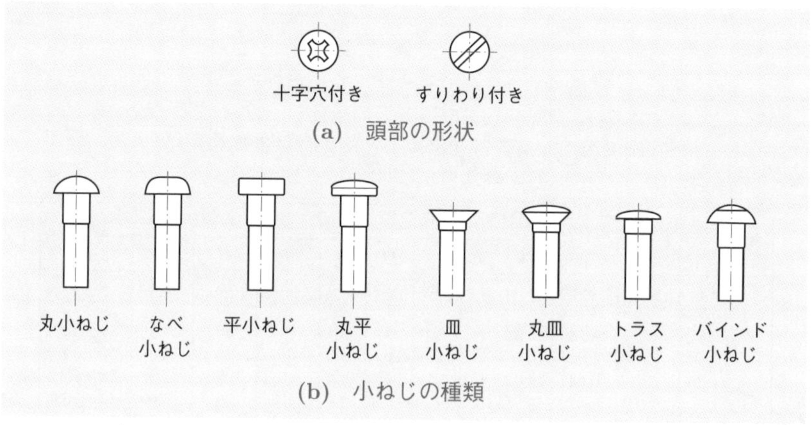

(a) 頭部の形状
(b) 小ねじの種類

図 2.8　各種小ねじ

(5) 六角ナット

ボルトにかみ合わせて被締結体の締め付けに使用する外形が六角形の目ねじ部品である．図 2.9 に規格の一部を示す．後述の平座金と一体化し，被締結体との接合をよくしたフランジ付きナットや緩み止めのためのピンを通す溝を設けた溝付きナット，ボルトの先端を隠すため半球状のふたを付けた袋ナットなど，変わった形状のものもある．

(6) 座金（ワッシャー）

ボルトあるいはナットの座面と被締結体の間に挟み込んで，締め付けに接触面の損傷を防いだり，接合を安定させるために使用する板状の部品である．

図 2.10 にその例を示す．緩み止めを目的としたばね座金，歯付き座金など，変わった形状のものもある．

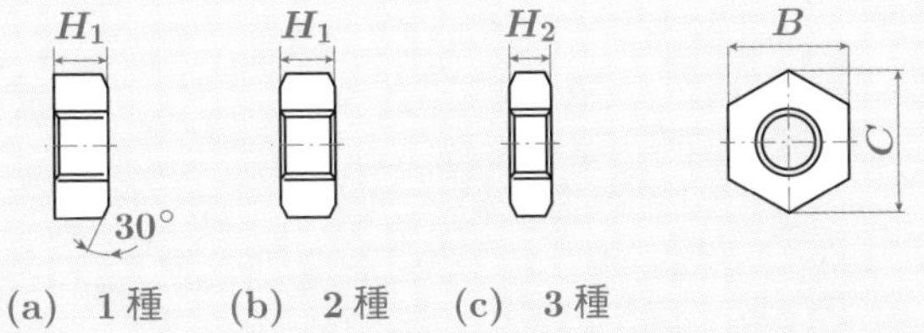

(a) 1種　(b) 2種　(c) 3種

呼び	ピッチ	H_1	H_2	B	C
M2	0.4	1.6	1.2	4	4.6
M2.5	0.45	2	1.6	5	5.2
M3	0.5	2.4	1.8	5.5	6.4
M4	0.7	3.2	2.4	7	8.1
M5	0.8	4	3.2	8	9.2
M6	1	5	3.6	10	11.5

呼び	ピッチ	H_1	H_2	B	C
M8	1.25	6.5	5	13	15
M10	1.5	8	6	17	19.6
M12	1.75	10	7	19	21.9
M16	2	13	10	24	27.7
M20	2.5	16	12	30	34.6
M24	3	19	14	36	41.6

図 2.9　六角ナット（JIS B 1181，表 JA.9 より）

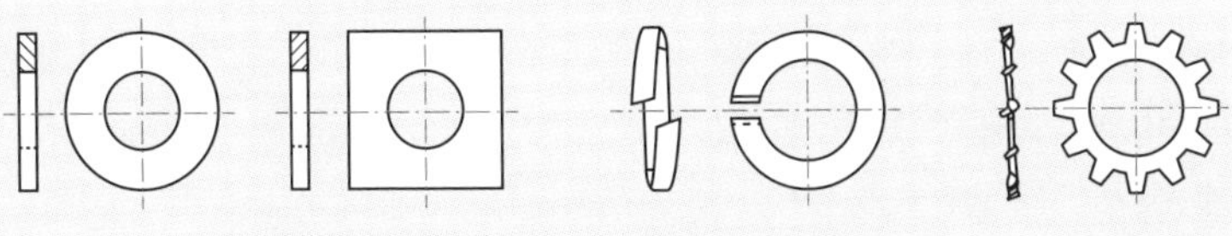

(a) 平座金　(b) ばね座金　(c) 歯付き座金

図 2.10　座金

2.1.3 ねじの締結の力学

ねじのらせんを考えればわかるように，ねじは直角三角形を円筒面に巻き付けることによりできるらせんに沿って突起（ねじ山）を円筒面に設けたものである．したがって力学的には斜面の応用であると言える．ねじの力学解析を簡単にするため，ここでは角ねじを考えよう．

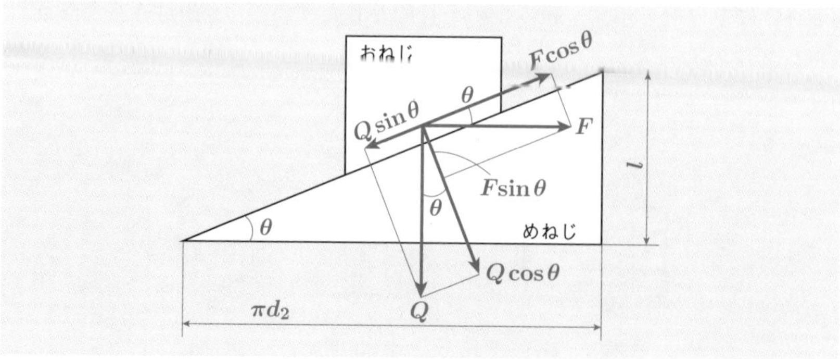

図 2.11　角ねじ面に働く力（締めるとき）

いま角ねじを円筒面からほどいて展開した状態を**図 2.11** に示す．ねじの有効径を d_2 とし，リードを l とすれば，$\tan\theta = l/\pi d_2$ で表される角 θ がリード角であり，ねじ斜面の傾斜角となる．ねじを締め付けることは**図 2.11** において，水平力 F を加えて垂直負荷 Q が働いている物体を斜面に沿って押し上げることと等価である．そこで F および Q を斜面に対して平行な力と垂直な力に分けて，それぞれの方向の力をまとめると

$$\text{平行方向の力：}\quad F\cos\theta - Q\sin\theta$$

$$\text{垂直方向の力：}\quad F\sin\theta + Q\cos\theta$$

この斜面に平行な力が物体を押し上げることになるが，他方，斜面の摩擦係数を μ とすれば物体と斜面との間に働く摩擦力は $\mu(F\sin\theta + Q\cos\theta)$ となり，これが抵抗として作用する．したがって，物体を斜面に沿って押し上げる力は次のように与えられる．

$$F\cos\theta - Q\sin\theta - \mu(F\sin\theta + Q\cos\theta)$$

これが平衡状態を保っているときはこの力が 0 となっていることを意味し，そのとき次式が成立する．

$$F\cos\theta - Q\sin\theta = \mu(F\sin\theta + Q\cos\theta) \tag{2.1}$$

したがって

$$F = \frac{Q(\sin\theta + \mu\cos\theta)}{\cos\theta - \mu\sin\theta} \tag{2.2}$$

となる．ここで，摩擦角を ρ とし，$\mu = \tan\rho$ とおいて上式に代入すれば

$$F = Q\tan(\theta + \rho) \tag{2.3}$$

を得る．それゆえ，ねじを締め付ける場合には $F > Q\tan(\theta + \rho)$ の力が必要であることがわかる．

逆に，ねじを緩める場合には図 2.12 に示すように，斜面に平行方向および垂直方向の力は次のようになる．

平行方向の力：　$F\cos\theta + Q\sin\theta$

垂直方向の力：　$Q\cos\theta - F\sin\theta$

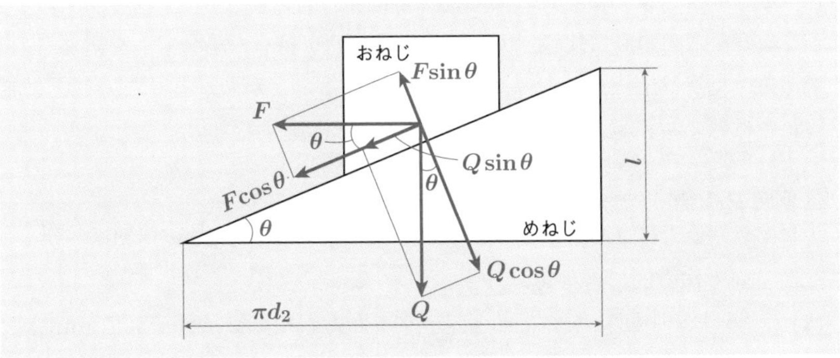

図 2.12　角ねじ面に働く力（緩めるとき）

ねじを締め付ける場合と同様にして摩擦力を考えて力の平衡状態を考えれば次式を得る．

$$F\cos\theta + Q\sin\theta = \mu(Q\cos\theta - F\sin\theta) \tag{2.4}$$

同様に摩擦角 ρ を用いて $\mu = \tan\rho$ とおいて F を求めれば

$$F = Q\tan(\rho - \theta) \tag{2.5}$$

となる．すなわち，ねじを緩める場合には，少なくとも $Q\tan(\rho - \theta)$ の大きさの力を加えなければならないことがわかる．ここでもし $\tan(\rho - \theta) < 0$ であれば $Q\tan(\rho - \theta) < 0$ となり，外力を加えなくとも自然にねじが緩むことになる．

したがって，締め付けているねじが自然に緩まないためには $\tan(\rho-\theta)>0$，つまり $\rho>\theta$ であることが必要である．この状態を自立の状態という．

三角ねじの場合は，そのねじ山の角度を 2α とすれば式 (2.3) に対応して

$$F = Q\tan(\theta+\rho') \tag{2.6}$$

となる．ただし，

$$\tan\rho' = \frac{\mu}{\cos\alpha} \tag{2.7}$$

である．つまり ρ と ρ' が異なるのみで全く同様な式になることがわかる．したがって，同じ摩擦係数 μ を持った面であっても，三角ねじの場合には実質的に

$$\mu' = \frac{\mu}{\cos\alpha} \tag{2.8}$$

の大きさを持つ角ねじの場合と同じ効果があると言える．すなわち μ' は μ より大きくなるから角ねじに比較して，同じ傾斜角 θ を持った場合でも三角ねじの方が摩擦角は見かけ上大きくなり，緩みにくくなることがわかる．このことより，三角ねじは締結用に適し，角ねじは移動用などに適するということが言える．

■ 例題 2.1 ■

ピッチがともに 2 mm の 1 条ねじと 2 条ねじを切った 2 組のボルト・ナットについて次の問に答えよ．

(1) ナットを 1 回転させたとき，ナットが進む距離はそれぞれ何 mm になるか．

(2) 締結用にはどちらが適しているか．理由を付して答えよ．

【解答】 (1) 1 条ねじの場合は，ナットを 1 回転させたときにナットが進む距離はねじのピッチに等しい．したがって 1 条ねじの場合は 2 mm である．n 条ねじの場合は，ナットを 1 回転させたときにナットが進む距離はねじのピッチの n 倍となる．したがって 2 条ねじの場合は 4 mm となる．

(2) 締結用に向いているねじとは緩みにくいねじである．緩みにくいねじとは，ねじを緩めるときにより大きなトルクを必要とするねじである．したがってねじのリード角が小さいねじの方が緩みにくい．一方，ねじのリード角は，1 条ねじの方が 2 条ねじより小さい．したがって締結用には 1 条ねじが適している．■

2.1.4　ねじの強度設計

ここでは，ボルトやナットなどのねじ部品の強度設計について考える．

(1)　ボルトの単純引張強度

ボルトを使用して2つの部材を締結する際の基本的な形態を図2.13に示す．いずれにおいても，2部材を互いにせん断しようとする力は2部材間の摩擦力で受けるようにし，ボルトには主として引張力が作用するように設計する．

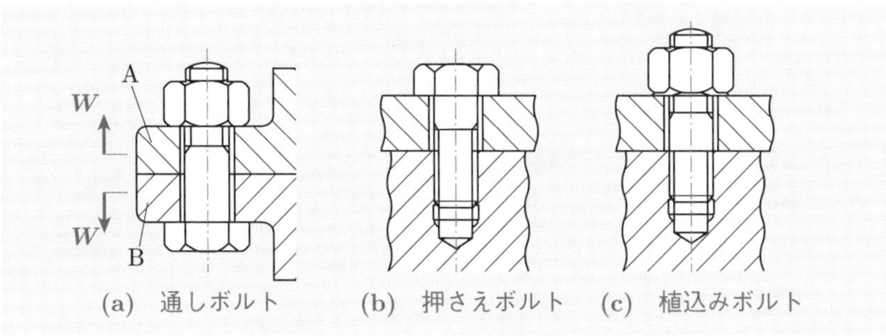

図 2.13　ボルトによる締結の基本形

ボルトのねじ山部分の引張に対する抵抗は期待できず，ねじ山を取り去った円筒部分が引張力を受け持つと考える．一般的にボルトのねじを切っていない部分（シャンクという）の横断面は谷底直径の断面（仮想断面）より大きいので，この仮想断面で引張応力は最大となる．谷底直径を d_1 とすると，ボルトに作用している引張力が P のときにこの仮想断面に生じる引張応力は

$$\sigma = \frac{P}{\pi d_1^2/4} \tag{2.9}$$

で計算される．この応力がボルト材料に指定された許容応力を超えないようにボルトの直径を選択する．すなわち

$$\sigma = \frac{P}{\pi d_1^2/4} < \sigma_a \tag{2.10}$$

それではボルト締結部に外力が作用したときには強度はどうなるであろうか．このためにはボルトそのものに作用する引張力を知る必要があるが，この問題はひと工夫がいる．いま，部材Aと部材Bが通しボルトで図2.13(a)のよう

に締め付けられているとしよう．まず部材 A と部材 B が互いに力 P_0 で締め付けられているとすると，ボルトは同じ力 P_0 で引っ張られていることになる．部材 A と部材 B の締め付けられている部分はわずかながら縮み，ボルトは逆にわずかながら伸びる．部材 A と部材 B およびボルトはいずれも弾性範囲内で使用されるので，縮む量，伸びる量は締付力，引張力に比例する．すなわち，締め付けられている方はばね定数の大きな圧縮ばねのようなもので，引っ張られているボルトはばね定数の大きな引張ばねのようなものである．部材 A と部材 B の締め付けられている部分の等価なばね定数を K_{AB}，ボルトの等価なばね定数を K_{bolt} としておくと，締付力 P_0 の下での，部材 A と部材 B の締め付けられている部分の縮み量 δ_0 とボルトの伸び量 λ_0 は

$$\delta_0 = \frac{P_0}{K_{\mathrm{AB}}} \tag{2.11}$$

$$\lambda_0 = \frac{P_0}{K_{\mathrm{bolt}}} \tag{2.12}$$

となる．この状態で釣合いが保たれているわけである．

このような状態で締結されている部分に外部からボルトの軸に沿う引張力 W を作用させて，部材 A と部材 B を引き離そうとしたとしよう．問題は，そのとき，ボルトは結局いくらの力で引っ張られていることになるかということである．

いまボルトは新たな引張力 W が作用するから少し伸びる．その伸び量を $\Delta\lambda_0$ としよう．このとき締め付けられている部材 A および部材 B の縮み量は同じ量だけ減る．つまり，締め付けられている部分の縮み量は $\delta_0 - \Delta\lambda_0$，ボルトの伸び量は $\lambda_0 + \Delta\lambda_0$ になる．ボルトが引っ張られている力 P は，部材 A と部材 B を締め付けるために引っ張られる力と外から引っ張られる力の和となるから，この関係を式で表すと，

$$P = K_{\mathrm{bolt}}(\lambda_0 + \Delta\lambda_0) = K_{\mathrm{AB}}(\delta_0 - \Delta\lambda_0) + W \tag{2.13}$$

式 (2.11)，(2.12) の関係を使って $\Delta\lambda_0$ を求めると

$$\Delta\lambda_0 = \frac{W}{K_{\mathrm{bolt}} + K_{\mathrm{AB}}} \tag{2.14}$$

したがって，

$$P = K_{\mathrm{bolt}}\left(\lambda_0 + \frac{W}{K_{\mathrm{bolt}} + K_{\mathrm{AB}}}\right) = P_0 + \frac{WK_{\mathrm{bolt}}}{K_{\mathrm{bolt}} + K_{\mathrm{AB}}} \qquad (2.15)$$

すなわち，ボルトには W がそのまま加わるわけではなく，W よりも小さな

$$\frac{WK_{\mathrm{bolt}}}{K_{\mathrm{bolt}} + K_{\mathrm{AB}}}$$

が加わるのである．この値 $K_{\mathrm{bolt}}/(K_{\mathrm{bolt}} + K_{\mathrm{AB}})$ を**内力係数**と呼ぶ．

ところで，ここでボルトと締め付けられている部分のばね定数 K_{bolt}，K_{AB} をどのように推定すればいいのか，それについて説明をしておこう．図 2.14 は，通しボルトあるいは植込みボルトで締め付けられている締め付け部の力の及び方を実験的に求めた結果を模式的に示したものである．このような結果から力の及び方をモデル化すると，それぞれのばね定数は以下のように推定することが可能となる．

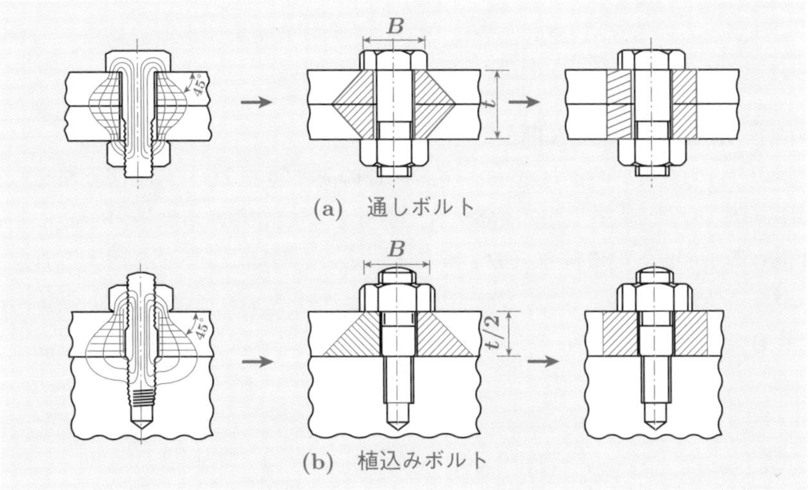

(a) 通しボルト

(b) 植込みボルト

図 2.14 ボルト・ナット締結部のモデル化

ボルト頭の座面からナットの座面あるいはめねじ部座面までの距離（ボルトの有効長さに相当する）を t，ねじ部の谷底直径（ボルトの有効直径に相当する）を d_1，ボルト材料の縦弾性係数を E_{bolt} とすると，P_0 で締め付けたときボルトに生じる引張応力は $\sigma_0 = P_0/(\pi d_1^2/4)$，ひずみは $\varepsilon_0 = \lambda_0/t$ で与えられる．フックの法則より，$\sigma_0 = E_{\mathrm{bolt}}\varepsilon_0$ が成り立つので，K_{bolt}（$= P_0/\lambda_0$）は，

$$K_{\mathrm{bolt}} = \frac{\pi d_1^2}{4} \frac{E_{\mathrm{bolt}}}{t} \tag{2.16}$$

で推定可能である．

他方，締め付けられている部分については，図 2.14 の中央で示すように，応力分布の形から，等価なそろばん玉のように，あるいは中の抜けた円すい台のような形にモデル化可能である．これらをさらに図右で示すような等価な直径の円筒に置き換えて簡単化する．すなわち，外径が $B + t/2$，内径がボルト穴の直径 d_0 に等しく，長さ t の中空円筒で締め付けられていると考える．そうすると，式 (2.16) と同様にして，K_{AB}（$= P_0/\delta_0$）は

$$K_{\mathrm{AB}} = \frac{\pi\{(B + t/2)^2 - d_0^2\}}{4} \frac{E_{\mathrm{AB}}}{t} \tag{2.17}$$

で推定することが可能である．E_{AB} は等価な縦弾性係数であるが，部材 A および部材 B ともに同じような材料であれば，縦弾性係数に大きな差はないので，いずれか一方の値を用いればよい．また，六角ボルトの頭あるいはナットの面幅 B は $2d_1$ で近似すればよい．

(2)　ボルトの単純せん断

締め付けられている部材 A および部材 B の間に図 2.15 に示すようなせん断力 F が働いたとする．通常は部材 A，部材 B 間に作用する摩擦力でこれを受け止める．ボルトの締付力を P とすると，その上限はボルトに作用する引張応力が許容値に達するときで，$P_{\mathrm{limit}} = (\pi d_1^2/4)\sigma_a$ ということになる．部材 A，部材 B 間の摩擦係数を μ としておけば，滑りを生じる限界のせん断力 F_{limit} は

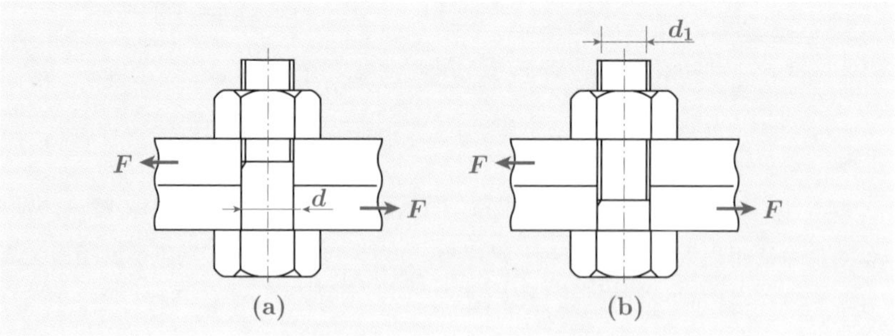

図 2.15　ボルトのせん断

$$F_{\text{limit}} = \mu P_{\text{limit}} = \mu\left(\frac{\pi d_1^2}{4}\right)\sigma_a \tag{2.18}$$

で，F がこれ以上大きくなる場合には，ピンなどの別の機械要素を用いて，ずれないように設計する必要がある．しかし，ねじ部が緩みを生じた場合にはせん断力をボルトのせん断抵抗で受け止めることになる．図 2.15(a) のように，直径 d のボルト軸部がせん断される場合には，せん断面の面積は $\pi d^2/4$，図 2.15(b) のように，ねじ部がせん断される場合には，せん断面面積は $\pi d_1^2/4$ とする．

(3)　ねじ山の破損について

ボルトのねじ山の強度設計についても考えておく必要がある．このときには何ピッチ分のかみあいがとれるかを考慮しなければならない．かみあいが短いとねじ山がせん断破損したり，押しつぶれたりする．図 2.16 にボルトとナットのかみあい部分の断面を概念的に示した．

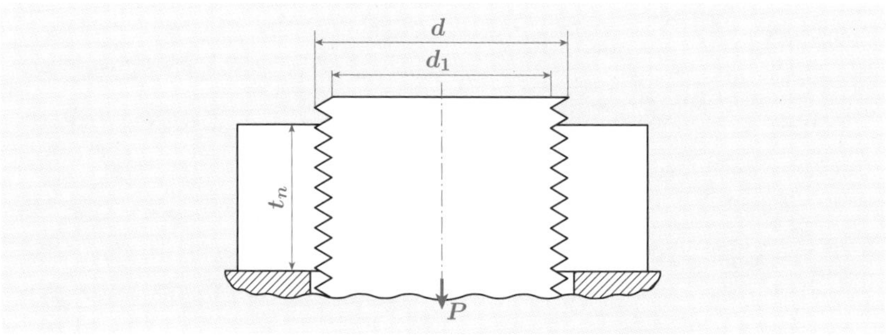

図 2.16　おねじとめねじのかみあい概念図

ボルトが下に力 P で引っ張られると，ボルトのねじ山はナットのねじ山によって同じ力 P で上にずらされようとする．せん断破損する箇所はねじ山の根元付近と推察されるが，これを根元と想定すると，せん断面は谷底直径 d_1，ナットの厚み t_n とする円筒面（面積は $\pi d_1 t_n$）になるが，実際には根元より少し外側になり，せん断面の面積は少し小さくなるので，経験定数 k（< 1）を導入して修正を加える．すなわち，ねじ山の根元付近に生じるせん断応力は次式で与えられるとする．

$$\tau = \frac{P}{k_\pi d_1 t_n} \tag{2.19}$$

この値がボルト材料の許容せん断応力を超えないようにナットの厚み t_n を与える．ナット材料がボルト材料と同様な強度を持っている場合には，ナットのねじ山の根元の直径はボルトのそれよりも大きいので，ナットのねじ山がせん断破損することはない．

次に，ねじ山の押しつぶれについて考える．ねじ山のかみあい部分のボルト軸に直交する平面への投影面積は，1 ピッチ当たり，$\pi(d^2 - d_1^2)/4$ となるので，有効かみあい山数を i とすると，かみあい部分の平均面圧は次のようになる．

$$\sigma_{\mathrm{mean}} = \frac{P}{i\pi(d^2 - d_1^2)/4} \tag{2.20}$$

この値が，ボルト材料あるいはナット材料の許容値を超えないように，ナット厚み t_n を設計しなければならない．

例題 2.2

M12 並目右ねじと左ねじを用いて，図 2.17 に示すような構造体を作った．めねじを切った筒状部材のめねじの谷底の直径は 12.0 mm，端部におねじを切った 2 本の同一材料，同一形状の棒状部材のおねじの谷底の直径は 10.0 mm として，次の問いに答えよ．ただし，筒状部材，棒状部材は同一材料で作られ，許容引張応力は 100 N/mm^2，許容せん断応力は 50.0 N/mm^2 とし，構造物をまわす際に作用する力やトルクの強度におよぼす影響は無視できるものとせよ．

(1)　棒状部材と筒状部材の限界引張力（破損しない最大の引張力）を同じにするためには筒状部材の外形は何 mm にすればよいか．

(2)　またその限界引張力はいくらか．

(3)　その引張力に対して，ねじ山がせん断破損しないためには，あらかじめ（引張力を作用させないとき）両端からそれぞれ何 mm 以上ねじ込んでおく必要があるか．

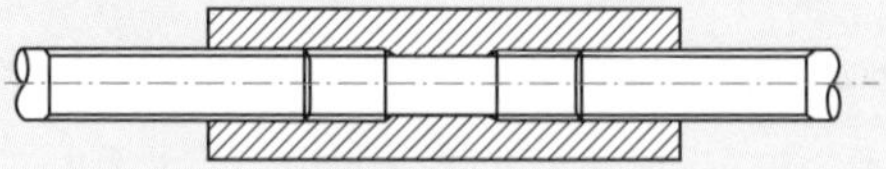

図 2.17

【解答】 (1)　棒状部材と筒状部材とは同一材料であるため，両部材にかかる応力を等しくする必要がある．引張力に対する棒状部材の断面積は谷底直径が 10.0 mm あるため，$\pi \times 10^2/4$ である．一方筒状部材の引張力に対する断面積は部材の直径を D とすれば，$\pi(D^2 - 10^2)/4$ となる．したがって引張力を P とすると，それぞれの部材の応力は等しくなければならないので次の式が成立する．

$$\frac{P}{\pi \times 10^2/4} = \frac{P}{\pi(D^2 - 10^2)/4}$$

この式から D を求めると $D = \sqrt{244} = 15.6$ [mm] となる．

(2)　限界引張力 P は $\pi \times 10^2/4 \times 100 = 7850$ [N] となる．

(3)　求めるねじ込み長さを l とすると，棒状部材のおねじのせん断面積は $\pi \times 10l$ である．一方，筒状部材のめねじのせん断面積は $\pi \times 12l$ である．したがって引張力 P に対して両部材ねじ部がせん断破損しないためには，棒状部材は $P/\pi \times 10l \leq 50$ ならびに筒状部材は $P/\pi \times 12l \leq 50$ が成立しなければならない．それゆえ，ねじ込み長さは $l \geq 7850/500\pi = 5$ [mm] となる．　■

2.2 ピンと止め輪

2.2.1 ピンの種類と機構

ピンは図 2.18 に示すような細長い棒状の部品で，部品間の締結やその際の位置決めに使用する機械要素である．その種類は図に示すように，**平行ピン**，**テーパピン**，**先割テーパピン**，**割ピン**，**スプリングピン**などがある．締結用に使用する場合には，一般には被締結2部品に穴をあけて，このピンを挿入する．

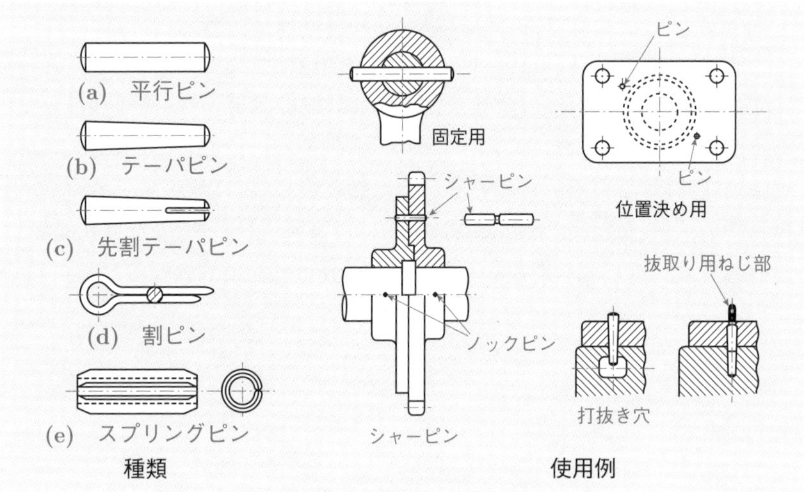

図 2.18 ピンの種類と使用例

締結の際，2部品の位置関係を正確に設定する目的に使用する場合，これを**位置決めピン**，あるいは**ノックピン**といい，一般に平行ピンが使われる．

シャーピンは，回転軸に所定以上のトルクが作用したとき，このピンがせん断破壊してトルク伝達が遮断され，1種の安全装置としての機能を発揮させるために使用するピンである．

2部品がピン中心まわりに動き得る図 2.19 のようなナックル継手などの**継手ピン**には，ピンが抜け落ちるのを防ぐため，ピンの端部に小穴をあけて割ピンを使用するか，ピンの端部に円周溝を設けて後述する止め輪を利用する．

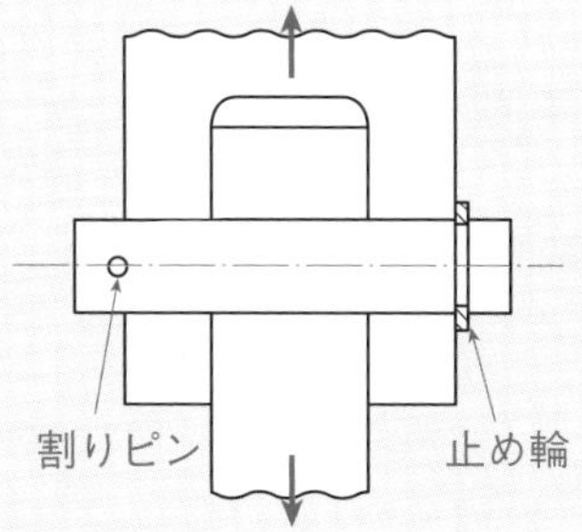

図 2.19 継手ピンの抜け防止

割ピンはこのようなピンの抜け落ち防止に使われるほか，ナットの緩み止めとして使用される．

スプリングピンはばね作用があるため，ピン穴の加工精度が悪くてもよいという特徴がある．

ピンの具体的な設計に関しては，位置決め用のピンではピン自体が大きな力を受け持つことはないので，強度のチェックは行わなくてよいが，ピン自体が被締結 2 部品のずれ防止に使用される場合や，継手ピンのように，ピン自体が被締結 2 部品間に作用する力すべてを支える場合には，強度を考えて各部の寸法を決定しなければならない．ここではいろいろなことを考慮する必要のある，継手ピンを使用したピン継手を例に，例題で強度チェックの具体例を示しておく．

例題 2.3

（ピン継手の強度設計）ピンを使用したピン継手の典型的な例を図 2.20 に示す．幅 b，厚さ t の長方形断面の棒状部材が直径 d のピンで図のようにブラケット（幅 w，厚さ h）に取り付けられ，荷重 P を支えている．ブラケットのピン穴の中心はブラケットの下端より q の位置にあり，棒状部材のピン穴の中心はその上端面より s の位置にあるとする．このとき，下記の問いに答えよ．

(1) 棒状部材について，引張破損およびせん断破損についてその破損モードのチェックを行え．

(2) 用いられているピンについて，同様に引張破損およびせん断破損についてその破損モードのチェックを行え．

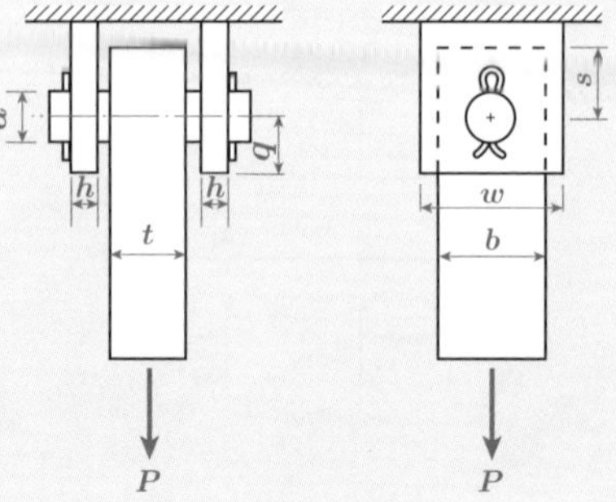

図 2.20

【解答】 (1)　棒状部材の引張破損について検討する．荷重 P に垂直な断面が最小となるのは穴の位置で，最小面積は $(b-d)t$ となる．したがって棒状部材に生じる引張応力の最大値は $\sigma = P/\{(b-d)t\}$．この値が棒状部材の許容引張応力を超すと棒状部材は引張破損する．次にせん断破損について検討する．穴の位置が上端部に近いと穴の上の端部がせん断破損する危険性がある．この穴の上端部のせん断面積は st で，両面で荷重 P を等分すると考えれば，せん断応力は $\tau = P/2st$ となる．この値が棒状部材の許容せん断応力を超すと，棒状部材は穴の上端部がせん断破損する．

(2)　ピンについてはその部分には引張力は作用しない．なぜならば，ブラケットと棒状部材のすきまが小さいときにはピンに作用する曲げモーメントは小さく，曲げによる破損は起こりにくい．またせん断破損であるが，ピンは棒状部材と左側および右側のブラケットで挟まれた2面でせん断される．荷重が2面に等分されるとすれば，$\tau = P/(\pi d^2/2)$ となる．この値がピン材料の許容せん断応力を超すと，ピンはせん断破損する．■

2.2.2　止め輪の種類と機能

止め輪は円筒状部品の円周溝に取り付けて，軸方向の位置決めや抜け防止を図る輪状部品である．軸やピンの外周に取り付けて使用する軸用と軸やピンを挿入する穴の内周に取り付けて使用する穴用の 2 種類ある．JIS で規格化されたものとして，**C 形止め輪**，**E 形止め輪**，**C 形同心止め輪**，**グリップ止め輪**，**転がり軸受用止め輪**がある．図 2.21 から図 2.25 にそれぞれの形状を示す．止め輪をうまく使用すると，コンパクトな機械の設計が可能となる．

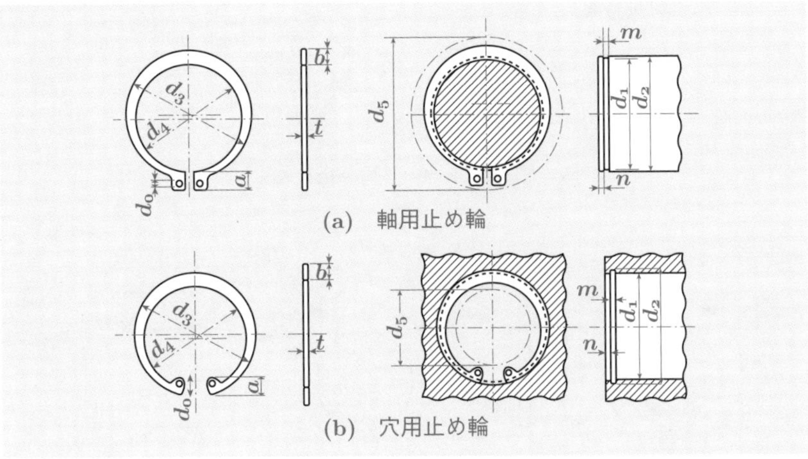

(a)　軸用止め輪

(b)　穴用止め輪

図 2.21　C 形止め輪

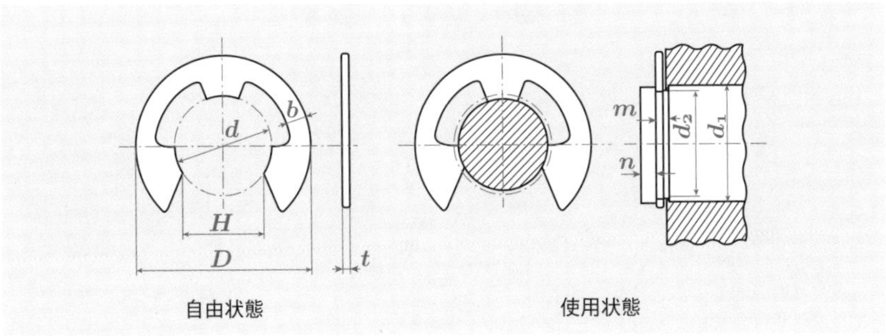

図 2.22　E 形止め輪

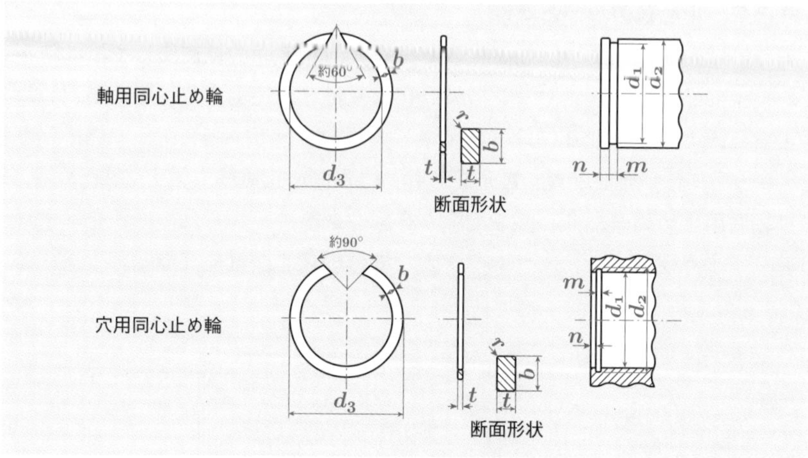

図 2.23　C 形同心止め輪

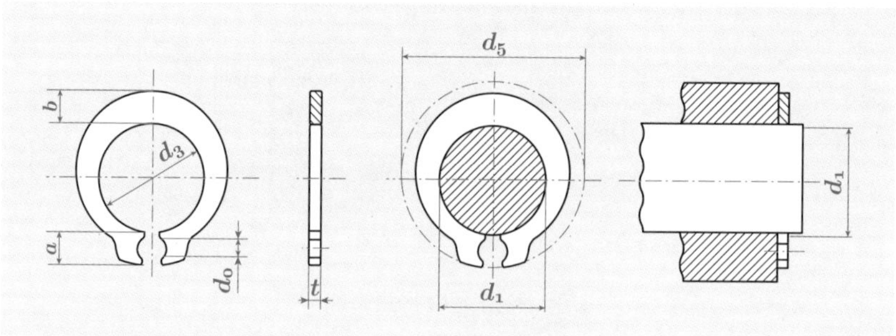

図 2.24　グリップ止め輪

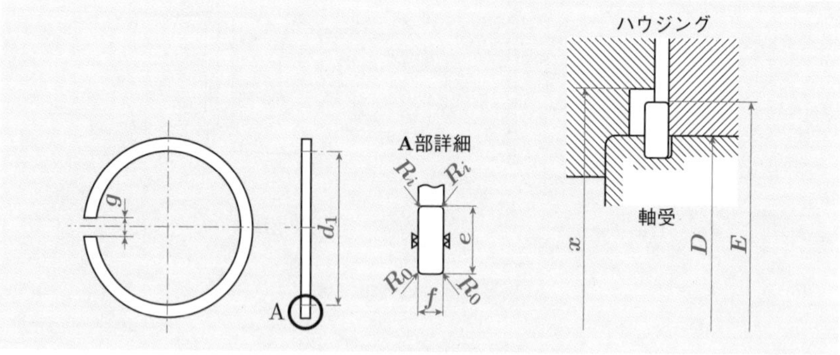

図 2.25　転がり軸受用止め輪

2.3　軸と回転体の一時的締結要素

歯車やプーリなどのボス穴部（軸を通す穴の開いた部分）と回転軸とを締結して動力を伝達する場合には，一般的に，**キー**，**スプライン**，**セレーション**といった機械要素を使用する．ここではそれらの一時締結要素を紹介する．

2.3.1　キーの種類と機能

軸と回転部品のボス穴の間に挿入して両者を回転方向に固定するための部品である．軸方向の固定には別の手段を用いる．以下にそのキーの種類について述べる．

沈みキー：代表的なキーで，図 2.26 に示すように，長手方向に平行な平行キーと 1/100 のこう配を持ったこう配キーとがある．軸表面と穴内面に設けた矩形断面の溝（**キー溝**という）に挿入して使用するが，平行キーの場合は軸表面のキー溝にあらかじめはめ込んでおいて，ボス穴部に押し込む．こう配キーの場合は，軸をボス穴に押し込んだ後に，両者の溝に打ち込む．さらにこう配キーは，回転体と軸の中心がずれるので，高精度の回転を必要とする用途には使用できない．

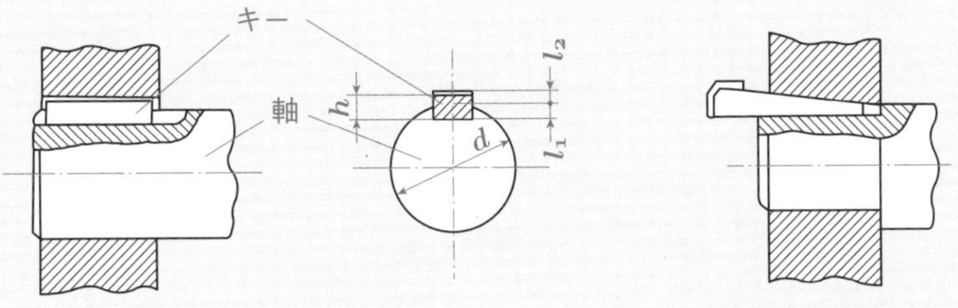

(a)　平行キー　　(b)　こう配キー

図 2.26　沈みキー

滑りキー：沈みキーの 1 種で，回転体を軸方向に滑らせる必要がある場合に使用する．図 2.27 に示すように，一方のキー溝にねじで固定してキーが脱落しないようにする．

半月キー：図 2.28 に示すような半月状をしたキーである．軸側のキー溝が深くなるので軸強度が低下するため，大トルクの伝達には向かないが，取り付け時にキーの姿勢が自動的に調整されるので，とくにテーパ軸には便利である．自動車，工作機械などの低トルクの機械に多用される．

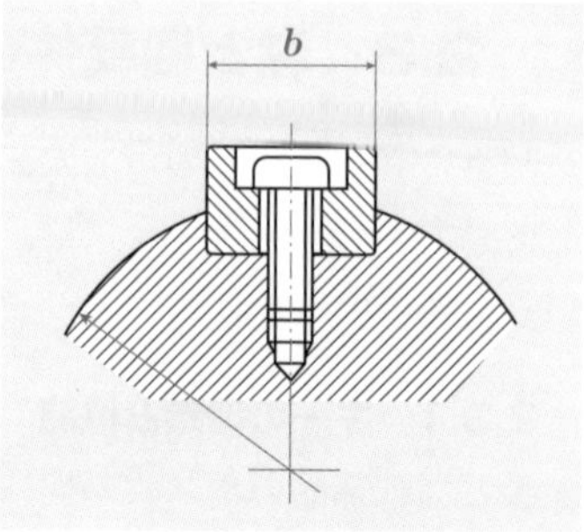

図 2.27　滑りキー

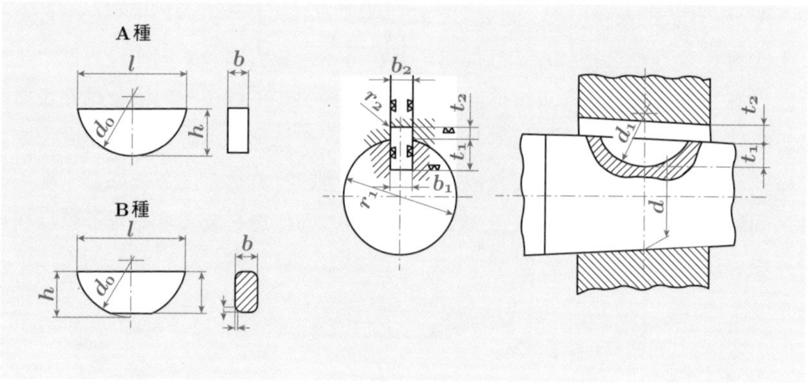

図 2.28　半月キー

くらキーと平キー：図 2.29 に示すように，キー溝はボス側のみに設け，こう配の付いたキーを打ち込む．キーの軸側表面を軸の表面に合わせて加工し，軸には加工を施さず，摩擦力のみでトルクを伝達するのがくらキーである．一方，軸のキーの当たり面を平らに加工し，伝達トルクを大きくしたものが平キーである．

接線キー：図 2.30 に示すように，穴と軸の接線方向に 120° 隔てて設けたキー溝に，1/100 のこう配を持つ 2 本 1 組のキーを打ち込んで使用するものである．緩みがなく，正逆に衝撃的に変動するトルクを伝達できる．キーには主として圧縮力が作用するため，薄くすることが可能となる．

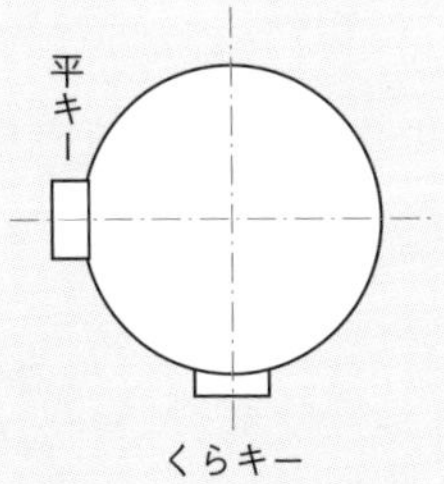

図 2.29　くらキーと平キー

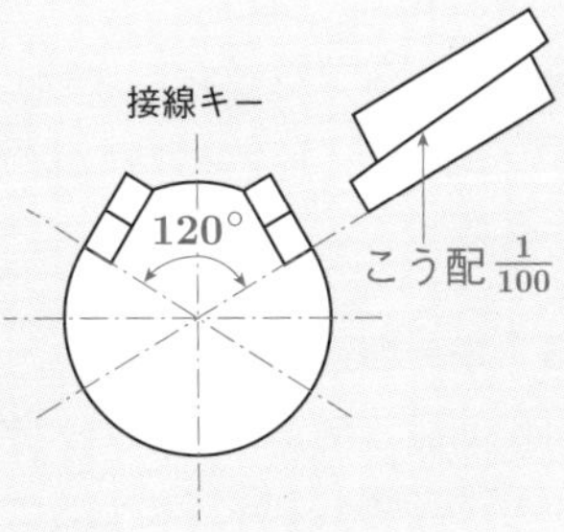

図 2.30　接線キー

2.3.2　スプラインとセレーション

スプライン：複数個のキーを円周方向に等間隔に並べたような締結要素である．穴側には図 2.31 に示すように，軸方向に伸びるキー溝に相当するような溝を円周方向に等間隔に並べて切り，軸側には，その溝にはまる歯車の歯のような突起（出っ張り）部分を一体構造で作り付ける．大トルク伝達用に多用され，自動車，工作機械，建設機械などに用いる．歯の断面形状が四角なものを**角形スプライン**，歯車の歯のようにインボリュート曲線になっているものを**インボリュートスプライン**という．歯の数は軸直径によって異なるが，角形スプラインでは，JIS 規格により，6，8，10 の 3 種類が規定されている．インボリュートスプラインでは，歯の大きさを示すモジュール m を指定すれば，歯の数 z と軸直径 d は $d = mz + 2m$ の関係にある．高精度，大動力伝達用にはインボリュートス

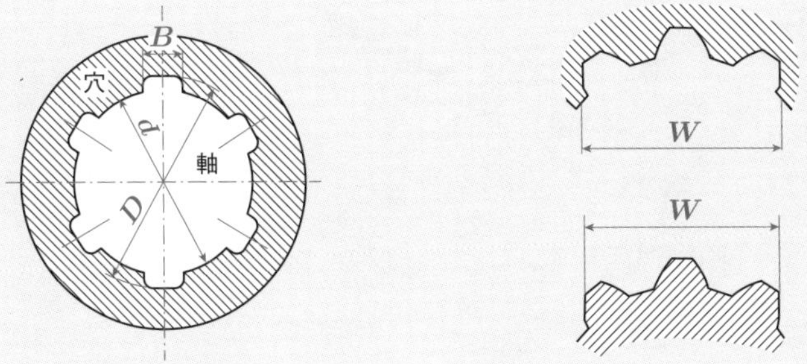

(a)　角形スプライン　　(b)　インボリュートスプライン

図 2.31　スプライン

プラインが適している．

セレーション：スプラインに比較して歯の数が多く，歯と歯のピッチが細かくなったものをセレーションという．三角歯セレーションとインボリュートセレーションがある．

2.3.3　キーの強度設計

軸と回転部品（例えば歯車）のボス穴の間に挿入して両者を回転方向に固定するための部品であるキーの強度設計について考える．通常よく使われる沈みキーにより説明する．図 2.32 にトルク伝達時にキー側面に作用する面圧と力の関係を示す．一般的にキーの幅 b，高さ h などは軸径により決められた規格の中から選び，強度設計のポイントはキーの長さ l を決めることである．キーの必要長さはキーのせん断強度から決める．図 2.32 から，トルク T を伝達するとき，キー側面が受け持つ接線力 P_t は近似的に

$$P_t = \frac{T}{d/2} \tag{2.21}$$

で与えてよい．したがってキーに作用するせん断応力を求めて，それがキー材料の許容せん断応力 τ_a よりも小さくなるようにキーの長さ l を決める．すなわち，

$$\tau = \frac{P_t}{bl} \leq \tau_a \tag{2.22}$$

を満たすように長さ l を決定すればよい．

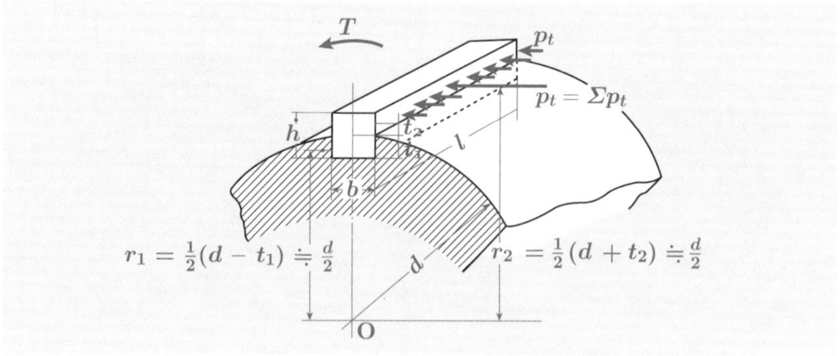

図 2.32　キー側面に作用する圧力

2.4　永久的締結要素

2.4.1　リベットとリベット継手

リベットは板状部材と板状部材を重ね合わせて永久的に締結するための要素で，ねじを切っていない丸小ねじのような形をしている．図 2.33 に示すような種類があり，図 2.34 に示す要領で締め付け，継手を構成する．これらのうちで最も一般的なものがソリッドリベットで，単にリベットと言えばこれを指す．溶接技術が発達した現在ではこのリベット継手を見かけることは少なくなっているが，航空機材料のような溶接が困難な材料で，かつ，接着では強度が不足するような場合には，重要な締結要素として使われている．

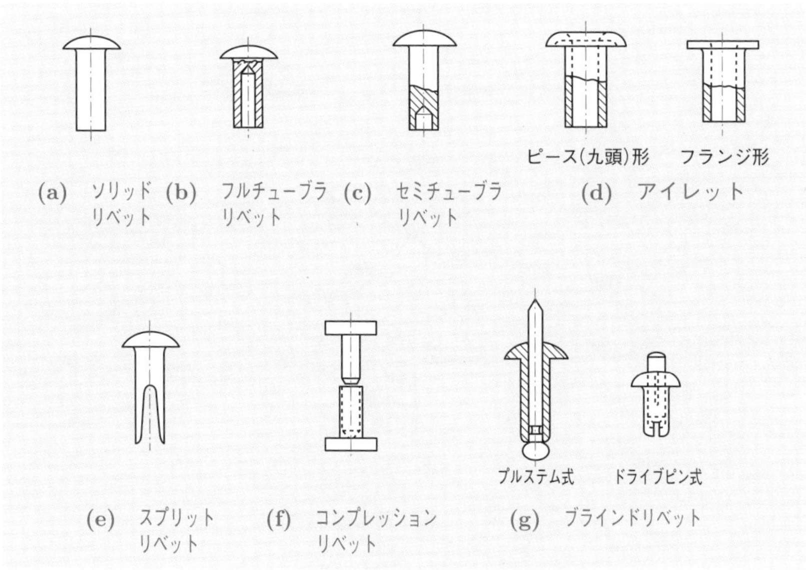

図 2.33　各種リベットの形状

板を重ねてつなぎ合わせる場合，図 2.35 のように，文字通り，単純に重ねる方法と，図 2.36 のように，板と板との端を突き合わせて，それに目板を当ててつなぐ方法がある．前者を重ね継手，後者を突合せ継手という．

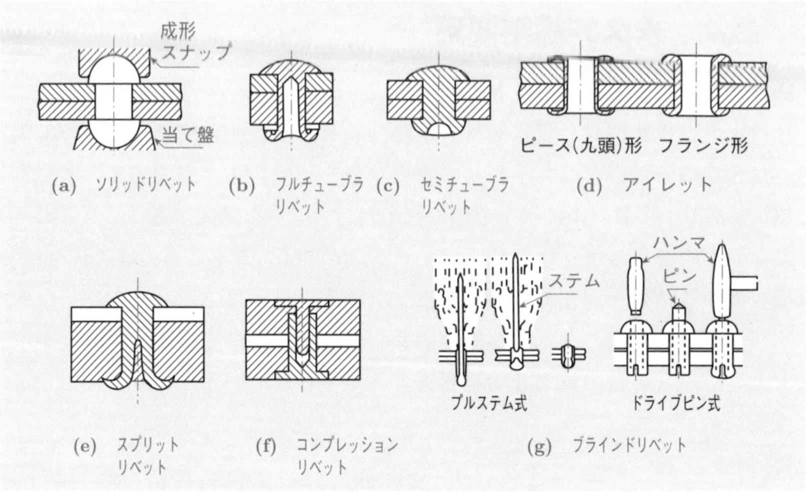

図 2.34　各種リベットによる締結の様子

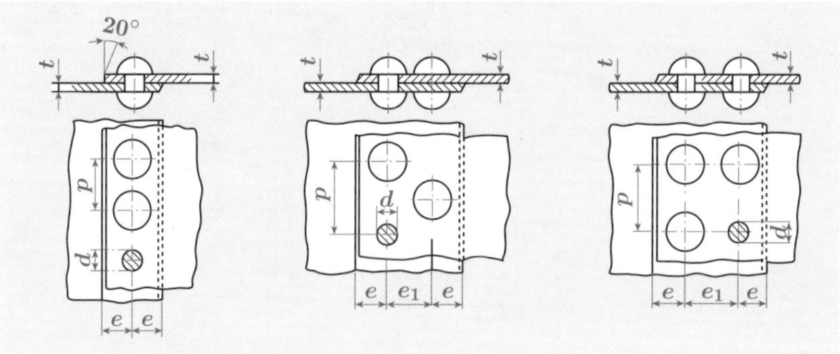

図 2.35　重ね継手

リベット打ちの要領は，図 2.37 に示すように，板を重ねて，リベットの軸の直径より少し大きい穴をあけ，リベットを差し込み，頭部に当て盤を当て，反対側から成形スナップで強打，変形させて同様な頭部を作り，強く締め付ける．硬い材料の場合，加熱して行うが，冷えると収縮してよく締まり，気密性が増す．

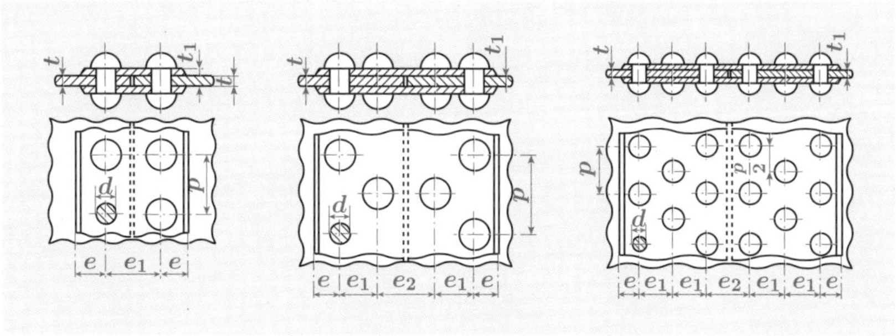

図 2.36　突合せ継手

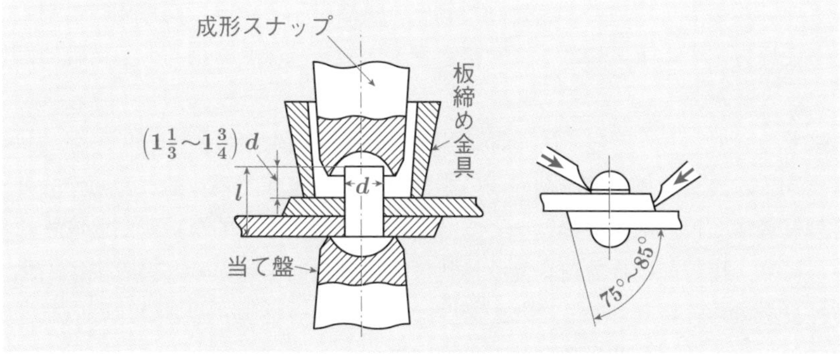

図 2.37　リベット打ちとコーキング

2.4.2　溶接と溶接継手

複数の部材を原子間の結合により接合することを**溶接**という．接合すべき部材の金属原子同士を酸化や汚れのない状態にして，原子間引力が十分に作用するまで接近させ，結合状態を作りだす．その方法を大別すると，融接と圧接がある．融接とは接合面を高温・熔融状態にして機械的操作なしで接合する方法で，**ガス溶接**，**アーク溶接**，**電子ビーム溶接**，**レーザ溶接**などがある．一方，圧接は接合面を高温・熔融状態にせず，機械的に圧力を加えて接合する方法で，**抵抗溶接**，**高周波加熱溶接**，**冷間圧接**，**超音波溶接**，**拡散溶接**などがある．

広義には，母材より融点の低い溶加材（ろう）を熔融させて，これを媒介にして接合する方法である，ろう接も含める．

複数部材を溶接で締結した状態を**溶接継手**という．先のリベット継手やボルト・ナットを用いたねじ継手に比べると，リベットやボルト・ナットが不要で，著しい部品点数の削減や工程表の削減，重量の軽減が可能になる，被締結部品の形状や構造の自由度が高く，設計上の制約が少ないなどの利点がある．

反面，溶接，とくに融接は急激な加熱・冷却を伴うので，接合近傍の材料特性が変化する，熱履歴によって変形や残留応力を発生する，被締結部品の材質によって溶接方法が限られるので，設計上の制約を受けることがあるなどの欠点もある．

2.4.3　接着と接着継手

2部材表面間に第三物質（接着剤）の薄い膜を介在させて結合することを**接着**といい，接着を用いて締結された状態を**接着継手**という．高性能接着剤の開発と使用方法上の工夫によって，接着継手の強度は著しく増し，適用範囲は急速に拡大した．

接着のメカニズムとしては，被着体と接着剤との間に作用するファン・デル・ワールス力，被着体と接着剤の間の水素結合，被着体と接着剤との間の共有結合，被着体と接着剤との融合などが考えられるが，効果的な接着が達成されるためには，接着剤は接着前まで液体状で被着体表面を濡らし，接着後は固化する性質を持ち合わせていることが必要である．接着継手の強さは，この結合の強さと固化した接着剤自身の強さに規定される．

接着継手の長所は，溶接継手の長所に加えて，溶接作業が困難な狭くて複雑な部分にも適用できること，作業が溶接よりも格段に容易なこと，異種材料の接合ができること，接合面が広く応力集中が小さいこと，防振作用があることなどがあげられる．これらの特徴を活かして，カメラ，パソコンなどの家庭用機器から自動車・航空機に至るまで，機械的強度をあまり必要としない箇所の締結に多用されている．しかし，強くなったとはいえ，一般には他の継手と比較すると機械的強度が低いこと，剥離に弱いこと，環境による変化が激しく，高温，低温環境や風雨にさらされる箇所には適さないこと，接着に時間がかかることなどの欠点を承知して適用することが重要である．

2章の問題

□ **2.1** 呼び径 10 mm，ピッチ 1 mm のメートル細目ねじを切ったボルト・ナットと呼び径が 30 mm でピッチが 3 mm のメートル細目ねじを切ったボルト・ナットについて次の問いに答えよ．ただし，各部の摩擦係数は両者で等しいとする．

(1) ナットを 1 回転させたときナットが進む距離，すなわちリードはそれぞれ何 mm になるか．

(2) 両者でリード角に違いはあるか．あるとすれば，どちらが大きいか．

(3) ねじ各部の摩擦係数を測定したら 0.2 であった．このとき，呼び径 10 mm，ピッチ 1 mm のメートル細目ねじをトルク 10 N m で締め付けた．このときねじの締付力は何 N か．

□ **2.2** 呼び径 10 mm，ピッチ 1.5 mm のメートル並目ねじを切ったボルトとナットで 2 つの部品を締め付けて固定する作業において，ナットを素手で止まるまでまわして締め付けた後，スパナでさらに 1 回転させて締め付けた．その間，ボルトは回転しないものとして，次の問いに答えよ．

(1) 被締結 2 部品の締め付け前後の寸法変化は無視できるほど小さいとすると，ボルトはスパナによる 1 回転の締め付けで何 mm 伸びたことになるか．

(2) 実際には，被締結 2 部品の寸法変化は無視できない．ボルトは，相手を締め付けるとそれ自身は引っ張られるので，何がしか伸びる．逆に，被締結 2 部品は締め付けられて縮む．すなわち，ボルトはばね定数の大きな引張ばね，被締結 2 部品はばね定数の大きな圧縮ばねとして振る舞う．このようにみなしたときの非締結 2 部品の等価なばね定数はボルトの等価なばね定数の 2 倍であったとすると，ボルトはスパナによる 1 回転の締め付けで何 mm 伸びたことになるか．

□ **2.3** 図 1 に示すように，ボルト・ナットで締結された部材 A と B が，外力を受けて互いに引きはがされようとしている．ボルトの剛性（ばね定数）の推定値は 1.0×10^8 N/m，非締結部分の剛性（ばね定数）の推定値は 2.0×10^8 N/m である．ボルトのねじ部は M12 で，谷底直径が 10 mm，初期の締付軸力は 1.0×10^3 N であったとして次の問いに答えよ．

(1) 部材 A と B の間にすきまができる瞬間の外力 P は何 N か．

(2) そのとき，ボルトのねじ部谷底断面に生じる引張応力 σ は何 N/mm^2 になるか．

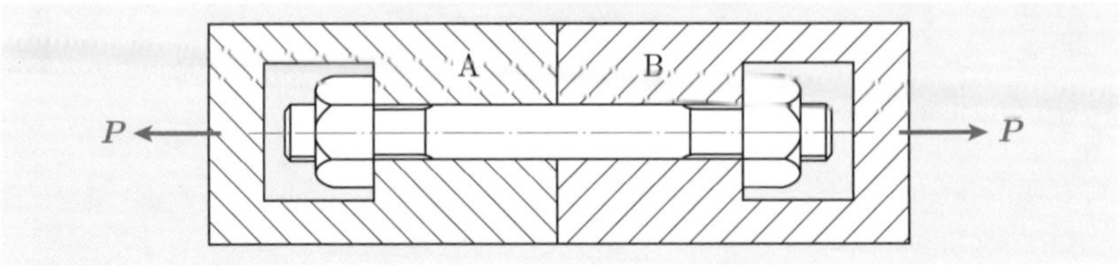

図 1

□ **2.4**　図2に示す継手について，引張力 P が作用したとして，以下の問いに答えよ．ただし，すべての部材は同一材料で，許容引張応力は σ_a，許容せん断応力は τ_a とし，それ以外は図中の記号を用いて答えよ．

(1)　ピンがせん断破損しないために必要な直径 d を与える式を示せ．

(2)　部材③のねじ山の根元がせん断破損しないためには，部材②のねじ部長さ l に，ある長さが必要となる．その長さ l を与える式を示せ．

(3)　部材③のねじ部が引張破損しないために必要なねじ谷底直径 d_1 を与える式を示せ．

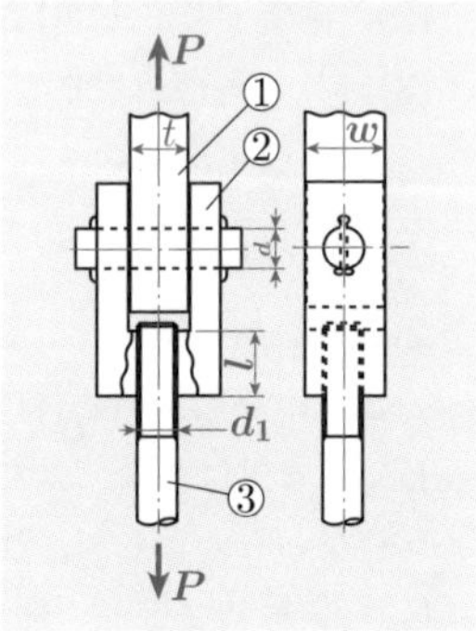

図 2

□ **2.5**　図3に示すように，内圧 p を受ける内径 D，肉厚 t の圧力容器のふたを，ガスケットを介して n 本のボルトで止める．ボルトの初期締付力を P_0 とした．このとき，内圧を上げていったところ，内圧が $p_{\max}$ になったとき，管内流体が漏れ始めた．このとき，ボルトの初期締付力 P_0 を求めよ．ただしボルトのばね定数を K_b，ガスケットのばね定数を K_g とする．

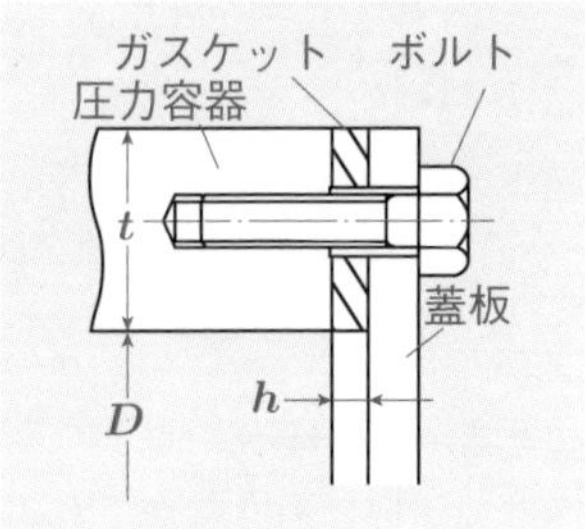

図 3

第3章

軸および軸継手の設計

多くの機械では回転運動を組み合わせて動力の伝達を行っている．この種の伝動機構の多くは，軸受に支えられた回転軸，それに取り付いた歯車やベルト車，回転軸と回転軸を長手方向につなぎ合わせる軸継手で構成されている．ここでは，それら機械において回転運動により動力を伝える重要な機械要素，軸，軸継手およびキーについて考える．

3.1 軸

物を支える役割をしたり，それ自体が回転することで動力を伝達したり，作業を行う棒状（一般的には円形断面をしている）の機械要素を**軸**という．その形や寸法は機械ごとに異なり規格化された既製品があるわけではない．個別に設計・製作される機械要素である．

3.1.1 軸の種類と機能

軸の種類はその役割，形状などにより，伝動軸，車軸，機械軸などに分類される．

(1) 伝動軸

回転することで動力を伝達する軸である．例えば各種作業機械において，電動機から少し離れた作業部へ動力を伝える伝動主軸や中間軸がこれに相当する．大きな力でねじられることになり，ねじりモーメント（トルク）が作用するので，まずそれに対する強度が保証されなければならない．また長い軸は高速になるとねじり振動や横振動を発生するので，軸設計時に振動対策も重要である．歯車減速装置などでは，歯車のかみあいなどによってねじられるだけでなく，曲げようとする力も作用する．ねじりと同時に曲げモーメントが作用するので，それに耐える強度も必要である．

(2) 車軸

車輪を取り付けた，主として車体重量を支持する目的の，動力伝達は行わない軸．軸端に軸受を介して車輪を支え，軸自身は回転しない構造をとる場合と，鉄道車両のように，軸受に支えられた軸に車輪を固定し，車輪と軸が一体となって回転する構造をとる場合がある．図3.1はそれぞれの場合の概念を示したものである．車軸には大きなねじりモーメントは作用しないので，設計上は曲げモーメントのみに対する強度のチェックを行えばよい．

(3) 機械軸

旋盤の主軸や研削盤の砥石軸など，高精度回転を要求される作業軸を機械軸（スピンドル）という．比較的短い軸で，強度とともに，ねじりによる変形の少

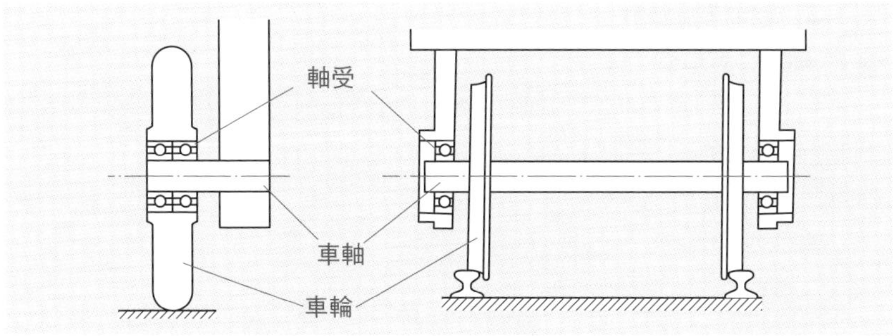

図 3.1 車軸

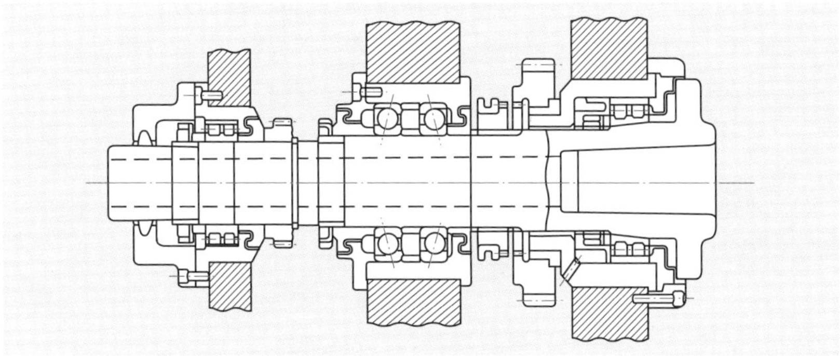

図 3.2 旋盤主軸

ないこと，高い寸法精度，耐摩耗性が大きいことが要求される．図 3.2 に転がり軸受で支持された旋盤主軸の例を示す．

3.1.2 軸 材 料

軸の材料は軸の多くが回転軸であるため，曲げ荷重と回転速度を考慮して決定する．一般的には延性が大で，強度，剛性の高い 0.1～0.4％ 程度の炭素鋼が用いられる．例えば，伝動軸や安価な軸としては冷間引き抜き材，大きい径の軸には熱間圧延材または鍛造品が多く使用される．また高荷重，高速回転の機械軸には合金鋼の熱間圧延材を機械加工後に熱処理したものを用いる．また耐摩耗性と疲れ強度の増大のため，高周波焼入れ材の使用も多い．自動車のクランク軸のような大量に生産される軸の場合には低合金鋼，球状黒鉛鋳鉄なども使用される．

3.1.3 軸の強度設計

(1) 動力とトルク

伝動軸の主たる機能は動力の伝達にあるので，伝動軸はねじりモーメント（伝達トルクに相当する）を受けながら回転する．伝達トルク T と，回転角速度 ω，伝達動力 H の間には

$$H = T\omega \tag{3.1}$$

なる関係がある．これより，伝達すべき動力の大きさと回転速度（回転数）が与えられると回転軸に作用するねじりモーメント（トルク）が求められる．

(2) 軸にねじりモーメントのみが作用する場合の強度設計

ねじりモーメント T でねじられた回転軸の軸表面には，第1章で学んだように，

$$\tau_T = \frac{T}{Z_p} \tag{3.2}$$

なるせん断応力が発生する．ここで Z_p は極断面係数で，軸の直径を d とすれば，次式で与えられる．

$$Z_p = \frac{\pi d^3}{16} \tag{3.3}$$

軸方向の引張や圧縮，曲げがなければ，このせん断応力が軸材料の許容せん断応力 τ_a を超すとき軸は破壊する．したがって，ねじりモーメントのみが作用する回転軸では，最小断面の直径が

$$D_{\min} = \left(\frac{16T}{\pi\tau_a}\right)^{1/3} \tag{3.4}$$

を下まわらないように設計しなければならない．なお，断面積が急変する段付き軸やキー溝を有する軸では応力集中や切欠き効果を考えて許容せん断応力に修正を加える必要がある．

(3) 軸に曲げモーメントのみが作用する場合の強度設計

回転軸の中でも車軸は動力伝達は行わず，主として車体重量を支える目的に使用される軸で，曲げモーメントのみを受ける．車輪のみが回転して軸自身は回転しない場合と，車輪とともに軸が回転する場合がある．前者では曲げは特定の平面内で作用するが，後者では曲げの方向が刻々と変化する回転曲げで，軸

表面に生じる応力は，引張，圧縮の両振り状態を繰り返すことになるので，許容応力を与える基準強さには両振りの疲れ限度を用いる．

ある断面に作用する曲げモーメント M が算定できると，その位置での軸表面に生じる引張，あるいは圧縮応力の最大値，すなわち曲げ応力は第 1 章で学んだように

$$\sigma_b = \frac{M}{Z} \tag{3.5}$$

で求められる．ここで，Z はその位置での断面係数で，中実の円形断面の場合，直径を d とすると，

$$Z = \frac{\pi d^3}{32} \tag{3.6}$$

で与えられる．

曲げモーメント M は，一般的には軸方向に分布しているので，ねじりモーメントの場合のように，最小断面箇所のチェックだけではだめで，曲げモーメントの分布に応じて各部分に必要な直径を

$$d = \left(\frac{32M}{\pi\sigma_a}\right)^{1/3} \tag{3.7}$$

より算出して，各部がこれを下まわらないように設計しなければならない．許容応力 σ_a は想定される応力状態に対して，応力集中や切欠き効果を考慮の上，与える．

(4)　軸に曲げモーメントとねじりモーメントが同時に作用する場合

伝動軸では駆動する方法により，ねじりモーメントのみでなく曲げモーメントが作用する．歯車伝動などはその代表で，駆動時に軸に半径方向力を与えるので，構造によっては大きな曲げモーメントが作用する．このような場合には先に学んだように，組合せ応力に対する破損条件を適用する必要がある．

伝動軸には，通常，延性材料を用いるので，実用設計では，予測される最大せん断応力が使用材料の許容せん断応力を超すと破損が生じるとする（最大せん断応力説）．式 (1.8) を書き換えると

$$\begin{aligned}\tau_{\max} &= \left\{\left(\frac{\sigma_b}{2}\right)^2 + \tau_T^2\right\}^{1/2} = \left\{\left(\frac{M}{2Z}\right)^2 + \left(\frac{T}{Z_p}\right)^2\right\}^{1/2} \\ &= \left\{\left(\frac{M}{Z_p}\right)^2 + \left(\frac{T}{Z_p}\right)^2\right\}^{1/2} = \frac{(M^2 + T^2)^{1/2}}{Z_p}\end{aligned} \tag{3.8}$$

そこで $(M^2+T^2)^{1/2}$ を T_e とおけば，これは

$$\tau_{\max}=\frac{T_e}{Z_p} \tag{3.9}$$

と書ける．したがって，T_e を相当ねじりモーメントという．曲げモーメントとねじりモーメントが同時に作用する箇所では，各部についてこの相当ねじりモーメントが求まれば，各部軸直径は

$$d=\left(\frac{16T_e}{\pi\tau_a}\right)^{1/3} \tag{3.10}$$

より算出される値より下まわらないように設計すればよいことになる．

なお，歯車のような伝動要素の取り付けにキーを使用する場合には，キー溝部を有する軸部の直径の算出に当たっての許容応力 τ_a は，キー溝に対する応力集中あるいは切欠き効果係数を考慮して修正する必要がある．

3.1.4 軸の剛性設計

伝動軸や機械軸で，ねじりモーメントが作用してねじれ変形が過大であると駆動要素に無理な力が作用したり，機能上のトラブルを招くことがある．また曲げモーメントによるたわみ角やたわみ量が大きすぎると，たとえ強度的に問題がなくても，軸受部での片当たりや歯車のかみあい不良，精度不良，その他の機能的な障害の原因となる．したがって，ねじれ変形や曲げモーメントによる変形量を適切な範囲の中に納めるような軸設計を軸の剛性設計という．

(1) 軸にねじりモーメントのみが作用する場合

一般の伝動軸では，作用する最大ねじりモーメントに対して，軸長 1 m 当たりのねじれ角を 0.25°（0.0044 rad）以内に設計する．精密な作業を行う機械軸では，さらにこれよりも小さなねじれ角が指定されることがある．

トルク T が作用したときの，直径 d，長さ l の中実丸棒の真直軸の両端のねじれ角 θ は材料力学の計算から次式で与えられる．

$$\theta=\frac{Tl}{GI_p} \tag{3.11}$$

ここで，G は軸材料の横弾性係数，I_p は次式で与えられる軸の断面極二次モーメントである．

$$I_p=\frac{\pi d^4}{32} \tag{3.12}$$

したがって，ねじれ剛性を考慮した回転軸の設計では，強度のみならず，式 (3.11) から算出されるねじれ角 θ が許容ねじれ角 θ_a を超えないように，軸直径の選択が行われる．なお，一様な直径の鋼製回転軸では，θ_a を 0.0044 rad という一般の基準に設定すると，強度設計と剛性設計から算出される軸直径はほぼ等しくなる．

(2)　軸に曲げモーメントのみが作用する場合

両端が軸受で支持され，中央に集中荷重が作用する図 3.3 に示すような，一様断面の軸について，はり理論に基づき，軸受部でのたわみ角 i と中央部でのたわみ量 δ_0 を検討してみよう．

左右対称になるので，右半分について考えることにすると，これは，力学的には図 3.4 に示した図と等価になる．

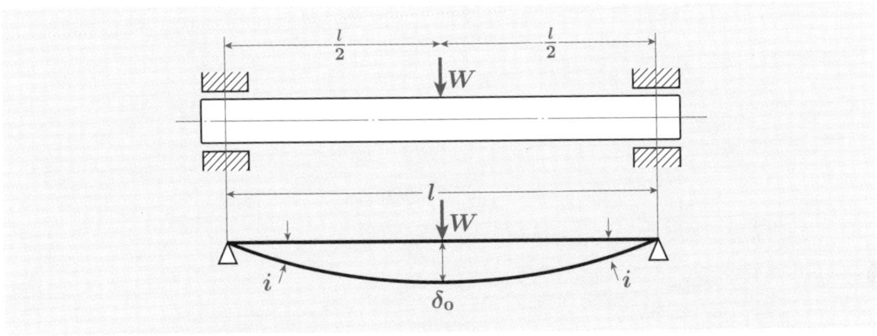

図 3.3　中央に集中荷重が作用する両端軸受支持の一様断面回転軸

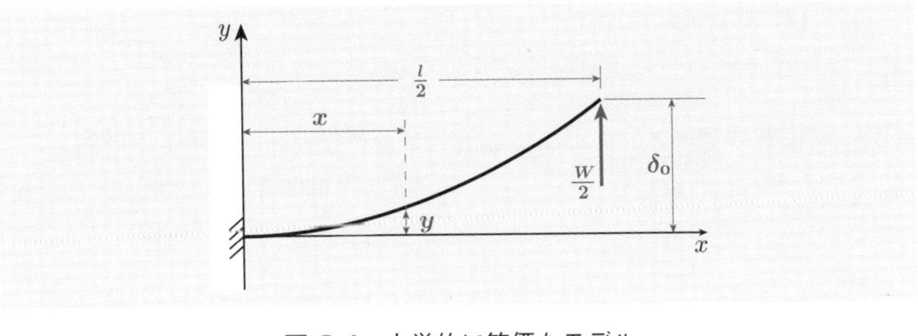

図 3.4　力学的に等価なモデル

なお自重の影響は無視できるとしよう．x 軸，y 軸を図のようにとり，x におけるたわみ量を y とすると，次式が成立する．

$$\frac{d^2y}{dx^2} = -\frac{M}{EI} \tag{3.13}$$

x における曲げモーメント M は図から $-(W/2)(l/2-x)$ で与えられるので

$$\frac{d^2y}{dx^2} = \frac{W}{2EI}\left(\frac{l}{2} - x\right) \tag{3.14}$$

境界条件から，$x = 0$ でたわみ角が 0 であるため，$dy/dx = 0$ を考慮して 1 回積分すると

$$\frac{dy}{dx} = \frac{W}{2EI}\left(\frac{lx}{2} - \frac{x^2}{2}\right) \tag{3.15}$$

さらに，境界条件，$x = 0$ でたわみ量 $y = 0$ を考慮してもう 1 回積分すると

$$y = \frac{W}{2EI}\left(\frac{lx^2}{4} - \frac{x^3}{6}\right) \tag{3.16}$$

これが軸のたわみ曲線を表す式である．軸受部でのたわみ角 i は $x = l/2$ における dy/dx の値に対応しているので，

$$i = \frac{Wl^2}{16EI} \tag{3.17}$$

また集中荷重が作用している中央部における最大たわみ量 δ_0 は，$x = l/2$ における y の値に対応しているので，

$$\delta_0 = \frac{Wl^3}{48EI} \tag{3.18}$$

と求まる．したがって，曲げ剛性を考慮した回転軸の設計では，強度のみならず，式 (3.17) および式 (3.18) から算出されるたわみ角およびたわみ量が許容値を超えないように，軸直径の選択が行われる．

(3) 軸に曲げモーメントとねじりモーメントが同時に作用する場合

曲げモーメントとねじりモーメントが同時に作用する場合でも，それぞれが単独で作用する場合について検討し，両者を同時に満足する軸直径を与えてやればよい．

例題 3.1

図 3.5 に示すような車軸を設計することにした．車軸に使用する材料の許容曲げ応力は 45 MPa である．このとき，次の問いに答えよ．

(1)　以下の設計仕様を満たすためには車軸にかかる最大曲げモーメントはいくらになるか．

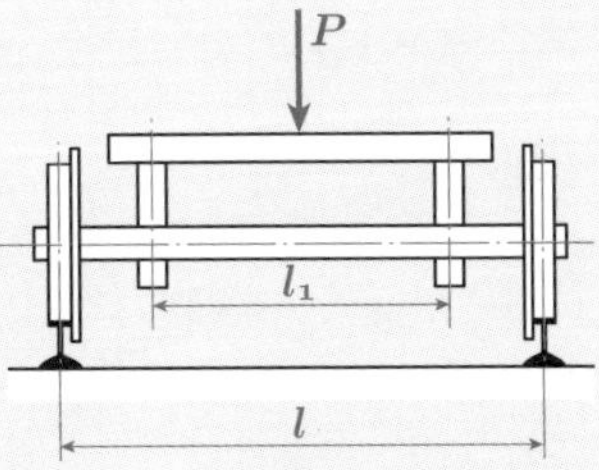

図 3.5

設計仕様：$P = 450$ [kN],　$l = 120$ [mm],　$l_1 = 720$ [mm]

(2)　設計仕様を満たすためには車軸の軸径はいくら以上でなければならないか．

【解答】　(1)　図より軸にかかる最大曲げモーメントは $M = P/2 \times (l - l_1)/2$ となる．したがって設計仕様により与えられた数値を代入して計算すると $M = 4.5 \times 10^4$ N m となる．

(2)　曲げモーメントを受ける車軸に作用する曲げ応力は $\sigma = M/Z = M/(\pi d^3/32)$ である．したがって σ が計算できて，$\sigma = 45 \times 10^6$ [N/m^2] となる．これより d について解くことにより $d \geq 2.17 \times 10^{-1}$ [m]．それゆえ，軸径は 217 mm 以上が必要である． ■

3.1.5　軸の危険速度設計

通常，機械システムの中に存在する機械部品の設計は材料の弾性範囲内で行われるもので，力を取り除くと変形は元に戻る．つまり，機械部品の変形は極めて小さいが，一種の「ばね」とみなすことができる．回転軸は，ねじりモーメントを作用させると，その大きさに応じてある程度ねじり変形し，ねじれ角が生じるが，ねじりモーメントを除去すると元に戻る．ばね定数（剛性）の極めて大きい「ねじりばね」である．曲げモーメントを作用させると，その大きさに応じてたわむが，曲げモーメントを除去すると元に戻る．いわゆる，ばね定数の極めて大きな「たわみばね」でもある．

このような理解をベースに，次に回転軸の中央に質量の大きな回転体が取り付いているような機械システムを想定しよう．これを図 3.6 に示す．

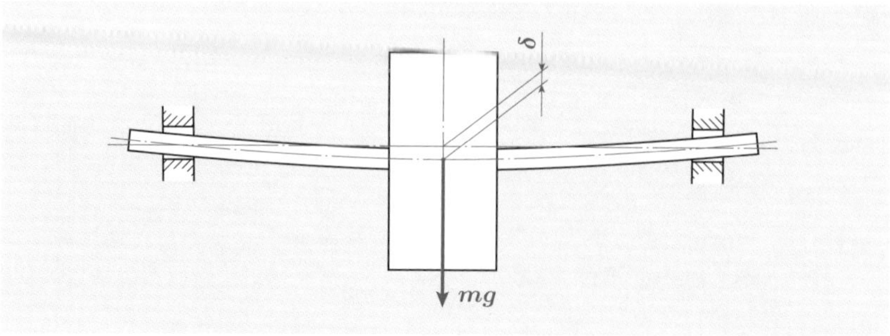

図 3.6　中央に質量の大きい 1 つの回転体を有する回転軸

式 (3.18) に求めたように，軸は荷重に比例してたわむので，線形ばねとして振る舞う．回転体の質量を m とすると，いまの場合，荷重は自重となり mg（g：重力加速度）で，回転体の下方への変形量を δ とすると，δ は式 (3.18) より

$$\delta = \frac{mgl^3}{48EI} \tag{3.19}$$

したがって，ばね定数

$$k = \frac{mg}{\delta} = \frac{48EI}{l^3} \tag{3.20}$$

のばねで吊り下げられているのと等価である．

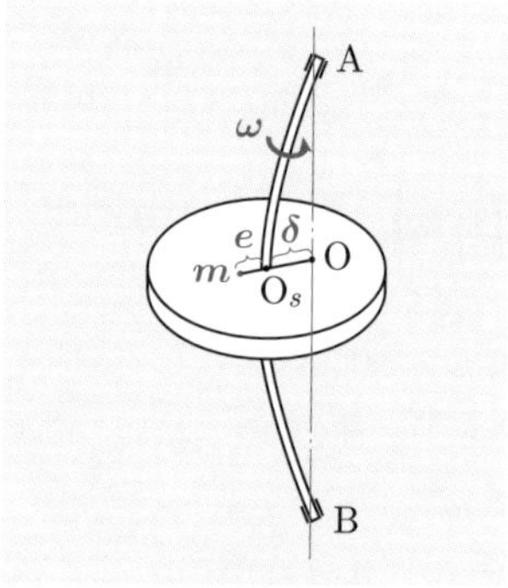

図 3.7　回転体を有する鉛直軸

そこで次にこのような回転体が回転を始めて，次第に回転速度が速くなっていったとき，回転体はどのように挙動するかを検討する．簡単のため，重力加速度の影響を考えなくてもよいように，この軸が鉛直に支えられているものとする．ところで，どんなに精密に加工・組立したとしても，必ず誤差は生じる．回転軸の回転中心と回転体の重心は何がしかずれていると考えるのが自然であろう．したがって，回転軸が回転中心のまわりに回転を始めると，回転体の重心は，回転中心のまわりに，ある半径の円運動をするので，回転軸にはその遠心力が荷重（外力）として作用する．その結果，鉛直に支持されていても，軸はたわむ．その様子を誇張して書いたのが図 3.7 である．ω は回転角速度を表している．

回転中心のたわみ量を δ，重心のずれを e とすると，最初，重心は遠心力で外へ外へと向かおうとし，軸の回転と同期して元の中心 O のまわりを振れまわろうとする．回転体は自転しながら，それと同じ速度で O のまわりを公転するわけである．このとき，水平面内の力の釣合いを考えると，回転体に作用する遠心力 $m(\delta+e)\omega^2$ と軸のばね作用による復元力 $k\delta$ とが釣り合っていると考えられるので，等値すると次式を得る．

$$m(\delta+e)\omega^2 = k\delta \tag{3.21}$$

たわみ量 δ について解くと

$$\delta = \frac{me\omega^2}{k-m\omega^2} \tag{3.22}$$

式 (3.21) の分母は ω が

$$\omega_n = \sqrt{\frac{k}{m}} \tag{3.23}$$

に等しくなったとき 0 になり，このとき δ は無限大になる．つまり回転体の振れまわりの回転半径が最大となり，極めて危険な状態となる．この ω_n を**危険速度**という．式 (3.21) を，横軸に ω/ω_n，縦軸に δ/e をとって図示したのが図 3.8 である．

図 3.8 が示すように，回転角速度が ω_n を超して上昇すると，重心と回転軸中心の位置関係が入れ替わり，やがて回転体はその重心を中心として回転するようになる．そのときには，回転軸中心が重心まわりに回転半径 e の円軌道を描くようになる．一般的に重心のずれ e は極めて小さいので，この状態の回転は穏やかである．

設計法としては，剛性が必要な回転軸では，剛性を上げて ω_n を常用回転角速度よりも 20％以上高くし，剛性がいらない高速回転軸では ω_n を下げて，これを早く通過するように設計する．

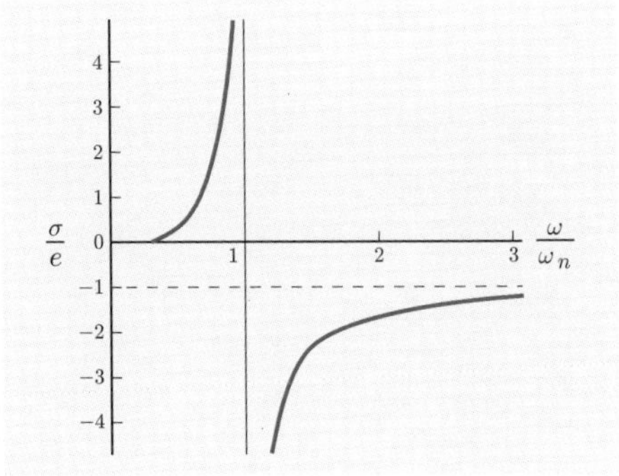

図 3.8　回転体の振れまわりの特性

例題 3.2

質量 m の回転体を中央に有し，両端を転がり軸受で支持された左右対称の高速スピンドルについて，以下の問いに答えよ．ただし，軸自体の質量は無視できるものとする．

(1) 静止時に回転体の中央部のたわみを測定すると c であった．重力加速度を g とし，回転軸のたわみ剛性 k を，m，c，g で表せ．

(2) この回転軸系の危険角速度 ω_n を与える式を上で使用した記号を用いて示せ．

(3) 回転体の質量は 1/2 にし，軸材料は変えず，直径と長さを 1/2 に製作した．危険速度はどのようになるか．

【解答】 (1) 回転体の重量は mg である．したがって，次の等式が成立する．

$$mg = kc$$

ここから軸のたわみ剛性 k は $k = mg/c$ である．

(2) 軸の危険角速度は $\omega_n = \sqrt{k/m}$. したがって，問 (1) の結果を使用して $\omega_n = \sqrt{g/c}$ となる．

(3) 軸のたわみ剛性は $k = 48EI/l^3$ である．また I は軸径 d に対してその 4 乗に比例する．したがって，軸の危険角速度 ω_n は $\sqrt{d^4/ml^3}$ に比例する．この関係式から m，l，d を 1/2 にして計算すると ω_n は変化しないことがわかる．

■

3.2 軸 継 手

エンジンやモータなどの原動機の出力軸と作業機械の入力軸をつなぎ合わせて動力を伝達したり，蒸気タービンの羽根車軸のように，複数の羽根車軸を一直線上につなぎ合わせたりするために使用する機械要素を**軸継手**という．

3.2.1 軸継手の種類と機能

軸継手には両軸端を，軸心を一致させて完全に固定してしまう固定軸継手，多少の軸心の狂いは許容されるたわみ軸継手，多少の軸方向への移動が許容される伸縮軸継手，軸心が交差していればかなりの傾きが許容される自在軸継手，軸心が平行であればかなりの食い違いが許容されるオルダム軸継手などがある．

(1) 固定軸継手

図 3.9 のように，フランジを突き合わせて円周上を数本のボルト・ナットで固定する形式の軸継手を**フランジ形固定軸継手**という．フランジと軸の結合には沈みキーを使う．

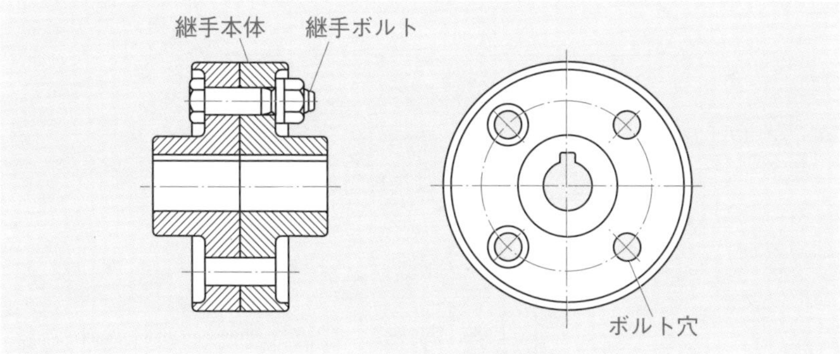

図 3.9 フランジ形固定軸継手

大型の鍛造で作る軸の場合には，図 3.10 に示すように，両軸端に鍛造で一体構造のフランジを設け，これを突き合わせてリーマボルト・ナットで固定する方法が採用される場合がある．この場合は**鍛造フランジ形固定軸継手**と呼ばれている．

筒の両端からつなぎ合わせる軸を挿入・突き合わせて，筒と各軸を何らかの方法で結合する形式の軸継手もある．これらは**筒形固定軸継手**という．図 3.11 はキーを使用したもの，図 3.12 はテーパピンを使用したもので，それぞれ**キー式筒形固定軸継手**，および**テーパピン式筒形固定軸継手**と呼ばれる．図 3.13 は筒を 2 分割し，キーを入れてボルト締めしたもので**合成箱形軸継手**という．2 軸を設置した後に接続できる利点がある．図 3.14 はテーパのくさび作用を利用して筒と軸を大きな力で押し付け，摩擦力で動力を伝達するもので，**セラー円すい軸継手**と呼ばれる．図 3.15 は 2 つ割りした外周にテーパを持つ筒をリングで締め付けるもので，**摩擦筒形軸継手**という．

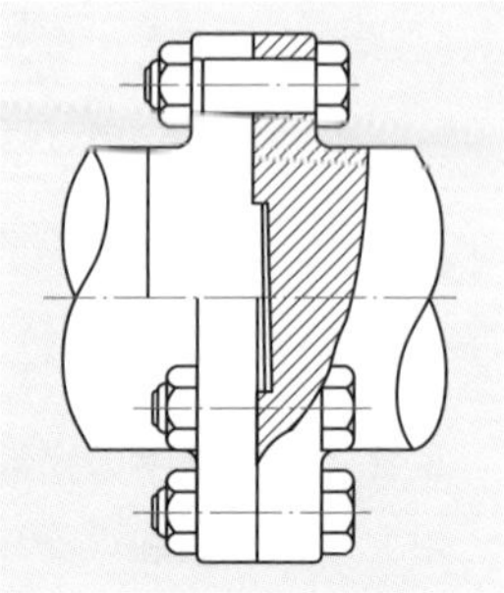

図 3.10　鍛造フランジ形固定軸継手

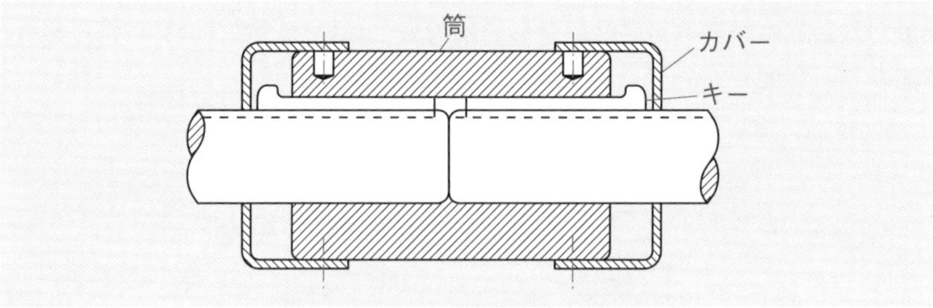

図 3.11　キー式筒形固定軸継手

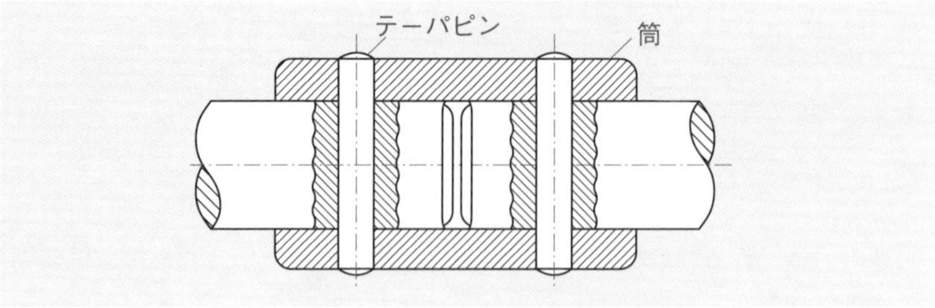

図 3.12　テーパピン式筒形固定軸継手

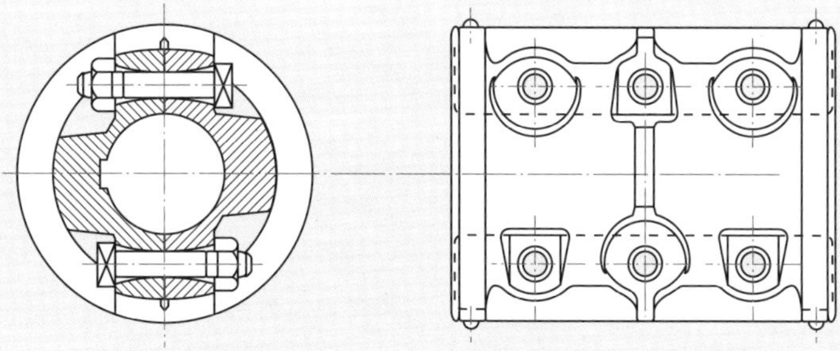

図 3.13 合成箱形軸継手

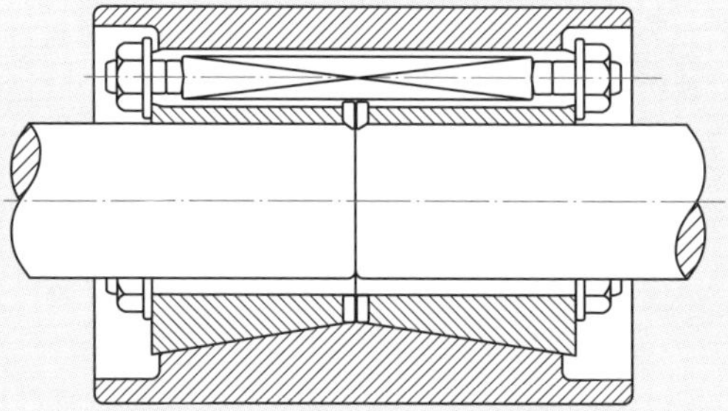

図 3.14 セラー円すい軸継手

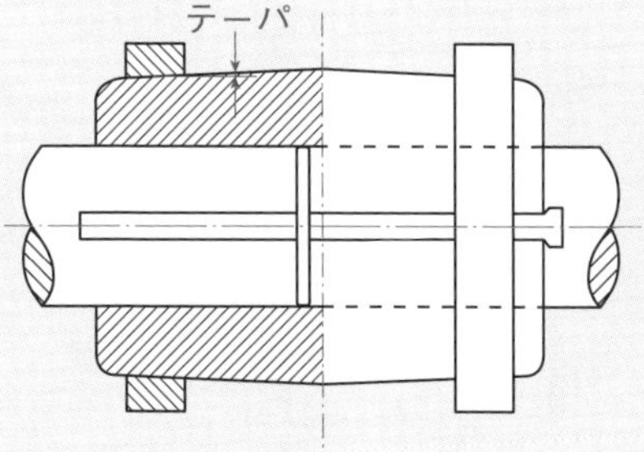

図 3.15 摩擦筒形軸継手

(2)　たわみ軸継手

軸心の多少の狂いが許容されるたわみ軸継手には**図 3.16** に示した**フランジ形たわみ軸継手**がある．頭部にゴムのブシュが付いたボルト数本を片方のフランジに立てて置き，これを相手側フランジの対応する穴に差し込み，2 軸間の動力伝達を行うもので，ゴムの弾性変形により多少の軸心の狂いは許容される．

外歯車のような外歯を持った，軸にはめる内筒と内歯車のような内歯を設けた外筒からなる，**図 3.17** に示すような軸継手を**歯車形軸継手**という．両外筒のフランジ部をボルト・ナットで締め付けてつなぎ合わせる．歯のかみあいで動力を伝達し，多少の軸方向への移動や傾きを許容する．

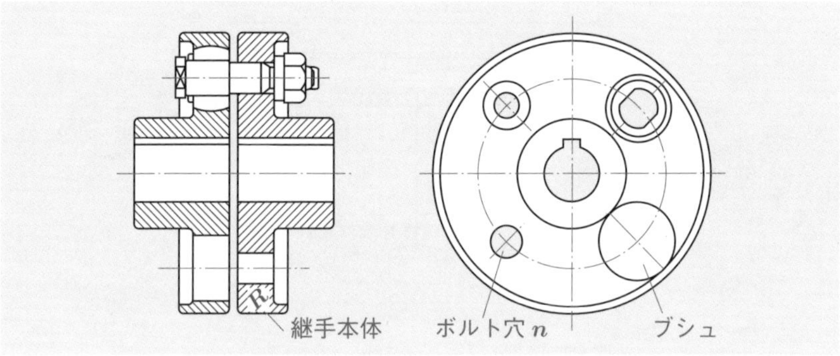

図 3.16　フランジ形たわみ軸継手

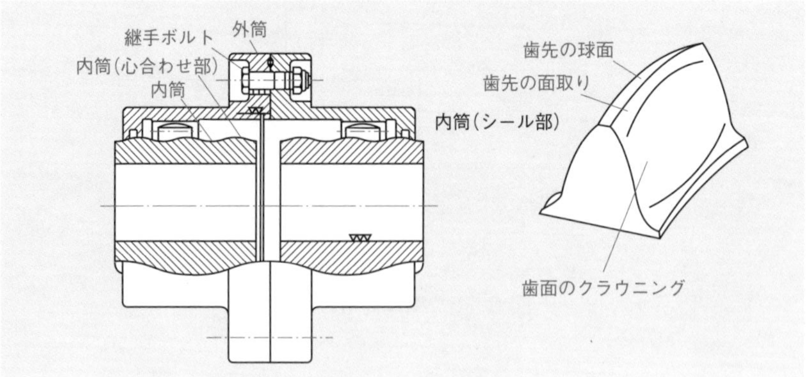

図 3.17　歯車形軸継手

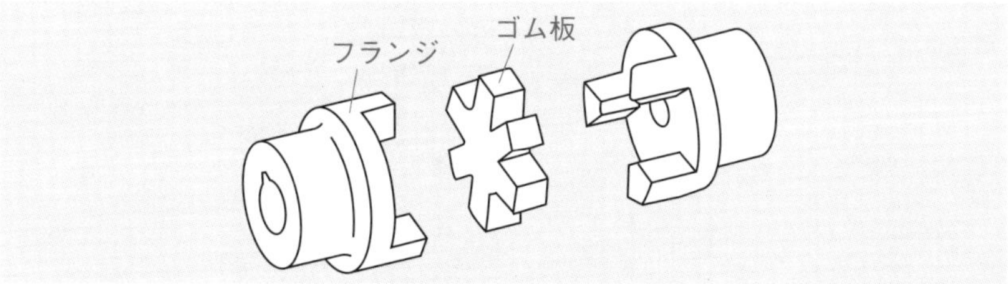

図 3.18 圧縮形ゴム軸継手

またゴムの圧縮に対する抵抗力，せん断に対する抵抗力を利用して動力を伝達する軸継手がある．**図 3.18** が**圧縮形ゴム軸継手**，**図 3.19** が**せん断形ゴム軸継手**である．いずれも大きな軸心の狂いを許容する．

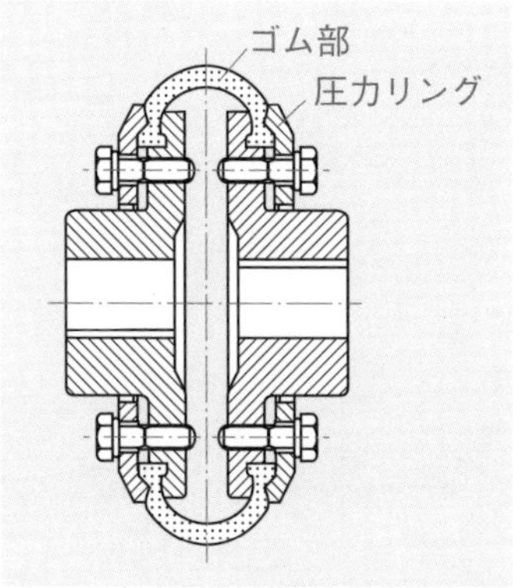

図 3.19 せん断形ゴム軸継手

図 3.20 に示されるものは，両軸端にスプロケットをはめ，2列のローラチェーンを巻き付けて動力を伝達するもので，**チェーン軸継手**と呼ばれる．

図 3.21 は**ダイヤフラム形軸継手**といわれるもので，回転力に対しては強いが曲げに対しては容易にたわむダイヤフラムを介して動力を伝達する軸継手である．高速回転で大動力を伝達する目的に適した継手である．

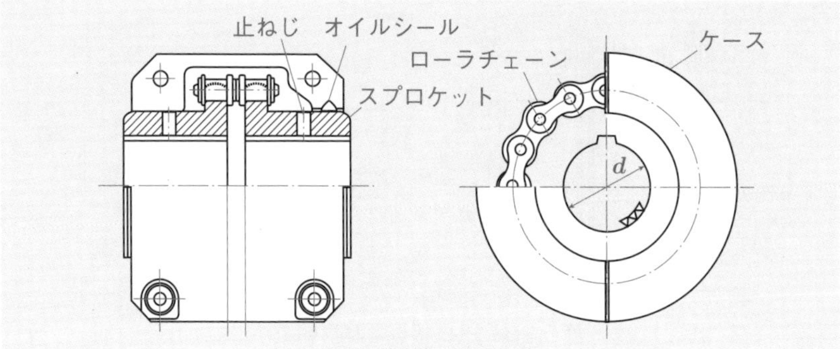

図 3.20 チェーン軸継手

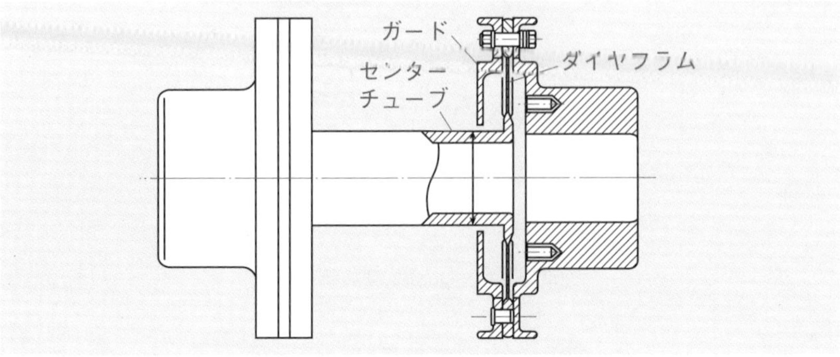

図 3.21　ダイヤフラム形軸継手

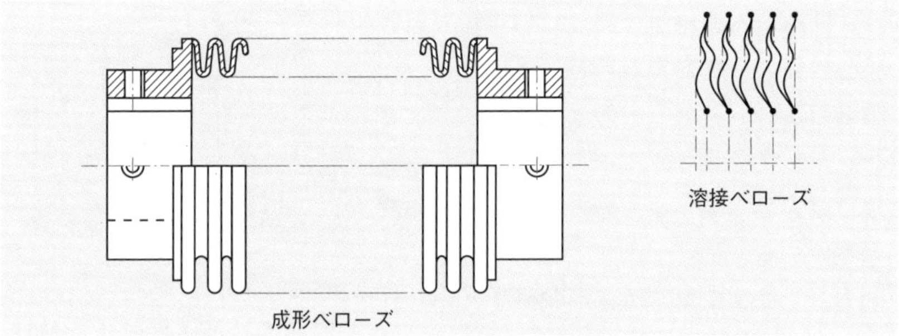

図 3.22　ベローズ形軸継手

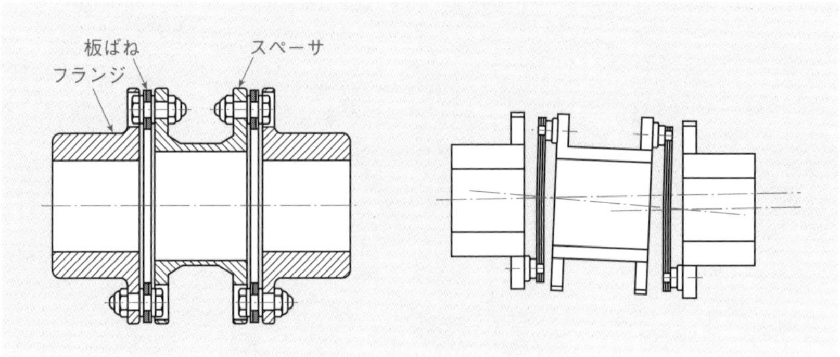

図 3.23　円板状板ばね形軸継手

その他，**図 3.22** に示した 2 軸をベローズで結合する**ベローズ形軸継手**，**図 3.23** のような，積層した薄い円板状板ばねを対向するフランジに交互にボルト締めした**円板状板ばね形軸継手**，対向するフランジに設けた歯に交互に板ばねを巻き付けた，**図 3.24** に示す**連続板ばね形軸継手**などがある．

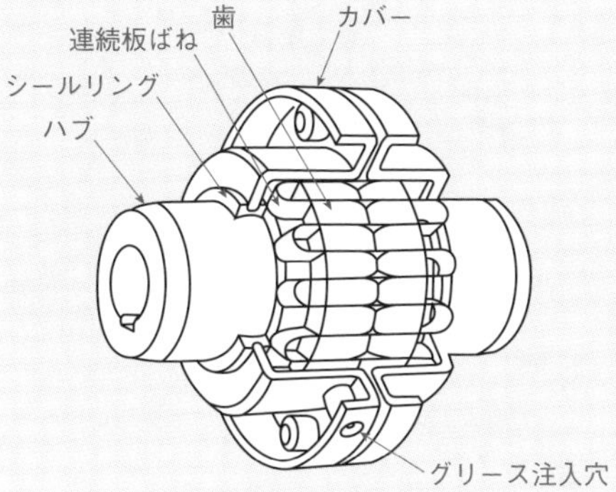

図 3.24　連続板ばね形軸継手

(3)　自在軸継手

かなり大きな角度で交差する軸，食い違いの大きな平行軸の結合に用いられる軸継手が自在軸継手である．原動軸の回転に対して従動軸の回転が変動する不等速形と変動しない等速形とがある．

不等速形には一般にユニバーサルジョイントと呼ばれる，**十字形自在軸継手**がある．その基本構造を**図 3.25** に示す．

両軸端にヨークと呼ばれる二股を取り付け，その間を十字軸で結合する．ヨークと十字軸は相対的に滑るので，軸受ブシュを入れた滑り軸受かニードル軸受をグリース潤滑で使用する．この継手は原動軸を等速で回転させても，従動軸は等速で回転せず，速度変動を持つ．**図 3.26** に示したように，2 軸が交差角 α をなして交わる場合，原動軸の回転角度 θ_1 と従動軸の回転角度 θ_2 の間には

$$\tan\theta_2 = \cos\alpha\tan\theta_1 \tag{3.24}$$

なる関係が幾何学的に成り立つので，従動軸側回転角速度 ω_2 は原動軸側回転角速度 ω_1 に対して次の関係にある．

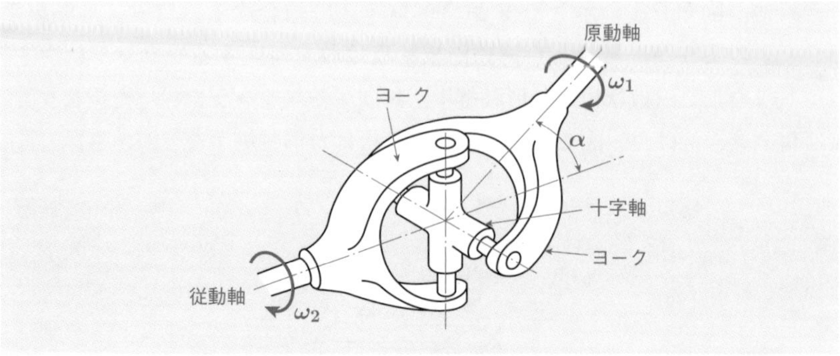

図 3.25　十字形自在軸継手

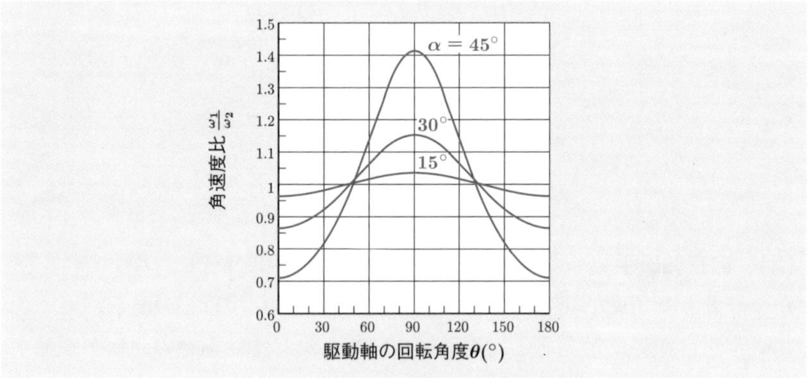

図 3.26　自在軸継手の不等速性

$$\frac{\omega_2}{\omega_1} = \frac{\cos\alpha}{1 - \sin^2\theta \sin^2\alpha} \tag{3.25}$$

これを図示したのが図 3.27(a) である．交差角 α が大きくなるほど角速度比の変動が激しくなることがわかる．この角速度比の変動は伝わるトルクの変動につながり，振動の原因にもなる．このような不等速性を除去して，等速で回転を伝えるためには，同じものを 2 つ用いて，図 3.27(b) のごとくつなぎ合わせればよい．ただし，この場合でも各継手での速度変動が振動の原因になることがある．

十字形の十字軸をこま形に改良し，小型で比較的大きなトルクの伝達ができるようにした自在軸継手が**こま形自在軸継手**である．図 3.28 に示すように，

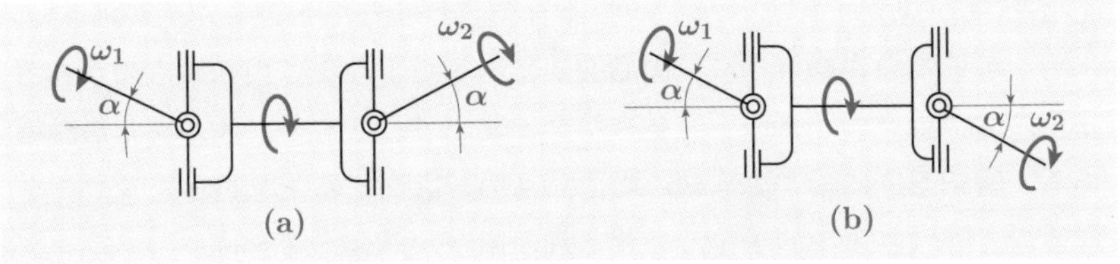

図 3.27　自在軸継手の等速使用

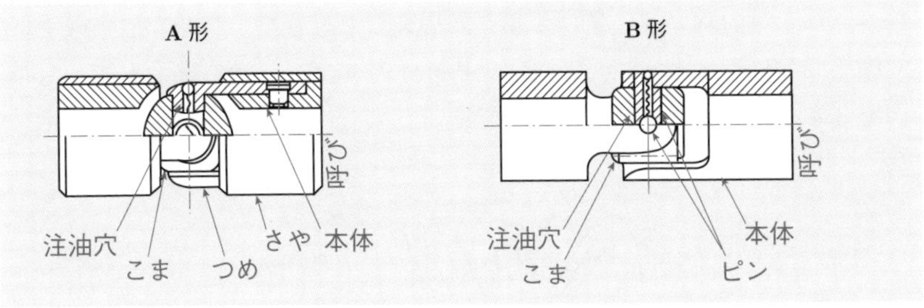

図 3.28　こま形自在軸継手

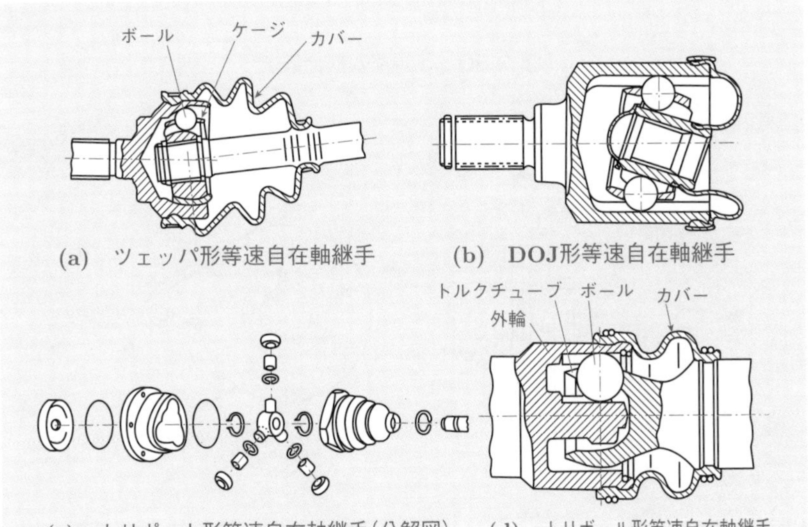

(a)　ツェッパ形等速自在軸継手　(b)　DOJ形等速自在軸継手

(c)　トリポット形等速自在軸継手（分解図）　(d)　トリボール形等速自在軸継手

図 3.29　等速形自在軸継手

A 形とB 形が規定されている．A 形はB 形に比較して伝達トルクが小さい．

一方，等速形自在軸継手には**図 3.29** に示したような 4 種類のものがある．

また，食い違いの小さい平行軸の結合に使用されるものに**オルダム形軸継手**がある．**図 3.30** に示すように，両面に互いに直交する歯を持ったフローティングカムと呼ばれる中間子を，それぞれの歯がかみ合う溝を持ったフランジ状の相対する継手本体で挟み付けた構造の継手である．両軸は等速で回転するが，フローティングカムは楕円運動を行うので，高速では振動の原因となる．さらに許容される軸の食い違い量はオルダム形よりも大きな，**リンク形軸継手**がある．**図 3.31** に示すように，2 軸に取り付けるフランジ状の継手本体と中間子の間を 3 本のリンクで連結した継手である．

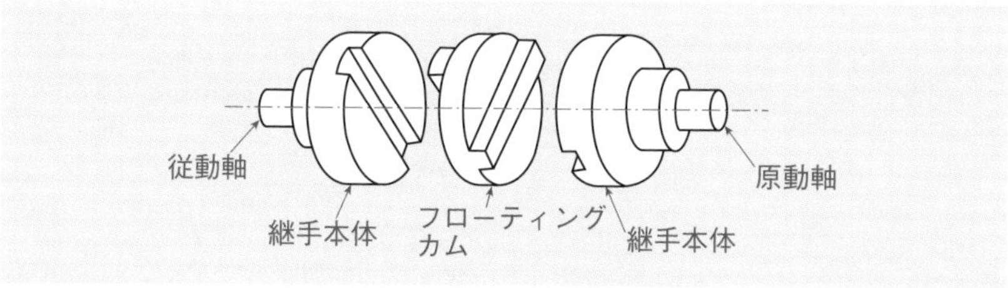

図 3.30　オルダム形軸継手

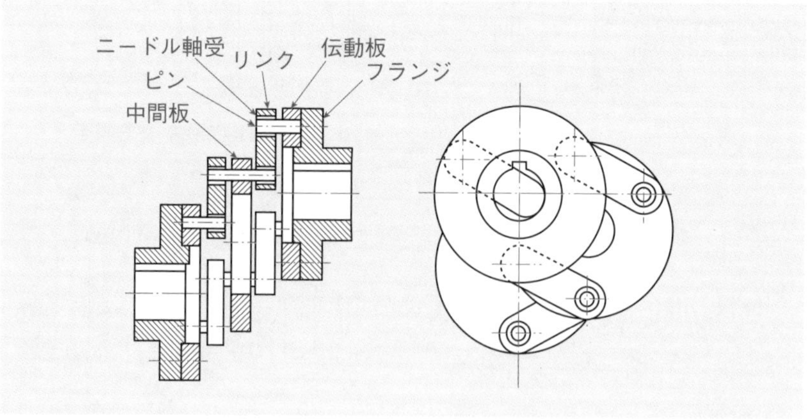

図 3.31　リンク形軸継手

3.2.2 軸継手の強度設計

軸継手に対して規格化された既製品を使用する場合は，システムに必要な伝達トルク，使用回転速度を満足する製品を選定すればよいが，システムの小型化・軽量化を図りたいときや構造上の要求から規格化されたものが使用できない場合には特別な設計・製作を必要とする．したがって，ここではいくつかの代表的な軸継手の強度設計法について述べる．

(1) フランジ形固定軸継手

フランジ形固定軸継手の基本構造は図 3.9 に示した通りで，主として両フランジの接合面の摩擦力でトルクを伝達するものと，ボルトのせん断でトルクを伝達するものとがある．前者は材質的にも加工精度的にもあまりよくない並級の軸継手が，後者はリーマボルトを使用した材質・加工精度のよい上級の軸継手が対象となる．

接合面の摩擦力でトルクを伝達する場合は次のような考え方で設計すればよい．ボルトで締め付けられたフランジの接合面での接触圧力は複雑な分布をし，それに応じて摩擦力も複雑な分布をする．したがって簡単のため，すべてのボルト穴の中心を結ぶ円上に，集中的に摩擦力は作用するものと考える．このとき，

T：伝達トルク
P：ボルト 1 本当たりの締付力
n：ボルトの本数
D_B：ボルト穴中心を結ぶ円の直径
d_1：ボルトねじ部の谷底直径
μ：フランジ接合面の静摩擦係数
σ：ボルトに生じる引張応力
σ_a：ボルト材料の許容引張応力

とすると，伝達トルク T は

$$T = \frac{\mu n P D_B}{2} \tag{3.26}$$

またボルトは締付力により破断してはいけないので，ボルトに生じる引張応力 σ を求め，それがボルト材料の許容引張応力より小さくなければならないので

$$\sigma = \frac{P}{\pi d_1^2/4} \leq \sigma_a \tag{3.27}$$

が成り立つ必要がある．これらの2つの式を満たすように設計すればよい．

ボルトのせん断でトルクを伝達する場合は以下のように設計を行う．

n 本のボルトが均等に作用するせん断力を受け持つと考えると

T：伝達トルク
Q：ボルト1本当たりのせん断力
n：ボルトの本数
D_B：ボルト穴の中心を結ぶ円の直径
d：ボルトシャンク部の直径
τ：ボルトシャンク部に生じるせん断応力
τ_a：ボルト材料の許容せん断応力

とすると，伝達トルク T は

$$T = \frac{nQD_B}{2} \tag{3.28}$$

また同時にボルトはせん断力で破断してはいけないので，ボルトに生じるせん断応力を求め，それがボルト材料の許容せん断応力よりも小さくなければならないので

$$\tau = \frac{Q}{\pi d^2/4} \leq \tau_a \tag{3.29}$$

が成り立つ必要がある．したがって，これらの2つの式を満たすように設計すればよい．

例題 3.3

図3.32に示すような上級フランジ継手において，回転数 $N = 200$ [rpm] で動力 $H = 50$ [kW] の動力を伝達する．$D_0 = 160$ [mm]，ボルトの本数 $Z = 4$ 本とするとき，次の問いに答えよ．ただし，ボルト材料の許容せん断応力は40 MPaである．

(1)　伝達トルクはいくらか．

(2)　使用するボルトの直径はいくらか．

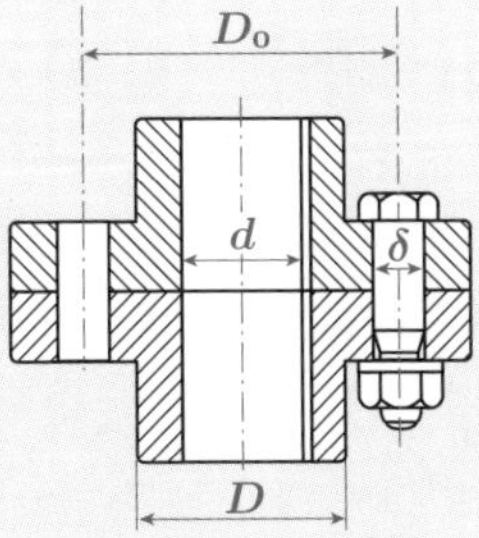

図 3.32

【解答】 (1) 上級のフランジ継手であるため，トルクはボルトのせん断で伝達する．まず伝達トルクを求める．動力 H はトルク × 回転角速度 である．また軸の回転角速度は回転数 200 rpm であるから，$2\pi \times 200/60$ となる．したがって，求める伝達トルク T は $50000/(400\pi/60) = 2388.5$ [Nm] となる．

(2) 式 (3.28) よりボルト 1 本当たりのせん断力 Q は $2T/nD_0$ である．したがって，1 本のボルトに作用するせん断応力 $\tau = Q/(\pi d^2/4)$．この値が 40 MPa 以下になるように設計すればよい．問 (1) で求めた伝達トルクの値や与えられているボルト本数，設計仕様等の値を使って計算すると $d \geq 0.015$ [m] と求まる．それゆえ，ボルト直径は 15 mm 以上に設計すればよい． ■

(2) 合成箱形固定軸継手

図 3.33 に示す．筒形固定軸継手の筒を半割にして 2 軸を入れ，ボルト・ナットで互いに締め付けたものとなる．

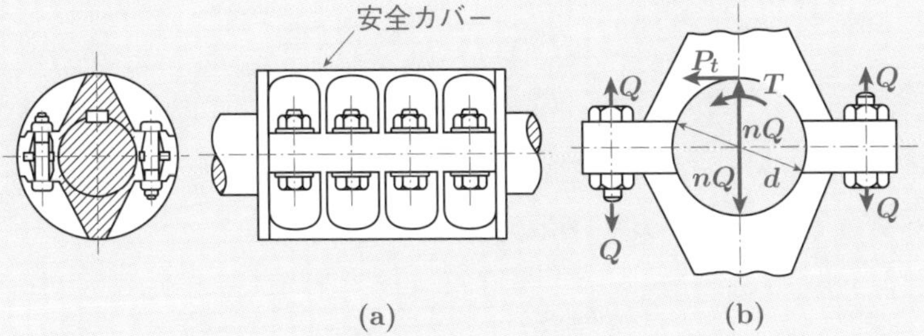

図 3.33 合成箱形固定軸継手

図(b)のように，軸と軸継手穴内面との間に働く摩擦力のみで動力を伝達する．しかし伝達トルクが大きい場合には，図(a)の側面図に示すように，沈みキーを使用する．摩擦のみでトルクを伝達する場合には，基本的な設計法としては，軸表面で必要な摩擦力が得られるように，ボルトの締付力を設計し，それに耐えられる直径のボルトを選択すればよい．すなわち，

d：軸直径
T：伝達トルク
P_t：軸表面で必要となる接線力
Q：1本のボルトの締付力
n：ボルト本数
μ：軸表面と継手穴内面の間の摩擦係数

とすると，伝達トルクと接線力，および摩擦力との関係から，以下の式が成立する．

$$\mu n Q = P_t = \frac{T}{d/2} \tag{3.30}$$

これより，必要となるボルトの締付力 Q が求まるので，後はその締付力でも破断しないボルトを選択すればよい．

(3)　十字形自在軸継手

この軸継手では原動側と従動側の間に回転角速度の変動を生じる．この速度変動に伴って，トルクは次に示す最大値と最小値の間を 180°，すなわち軸の半回転を周期として変動する．なぜならば，伝達される動力は基本的には一定と設計上は考えるからである．

$$T_{\mathrm{max}} = \frac{T}{\cos\alpha} \tag{3.31}$$

$$T_{\mathrm{min}} = T\cos\alpha \tag{3.32}$$

ただし，α は交差角である．変動するトルクの平均値 T_{mean} と変動トルク振幅 ΔT に分けて考えるとそれぞれ次の式のように求まる．

$$T_{\mathrm{mean}} = \frac{T(1+\cos^2\alpha)}{2\cos\alpha} \tag{3.33}$$

$$\Delta T = \frac{T\sin^2\alpha}{2\cos\alpha} \tag{3.34}$$

すなわち，軸継手は平均トルクでねじられた上に，振幅 ΔT で正負に変動するトルクで繰り返し交互に逆向きにねじられることになる．このような複雑な荷重変動に対する疲れ限度を予測する力学的な解析は材料力学的に

$$T_e = T_{\mathrm{mean}} + \beta \frac{\sigma_Y}{\sigma_w} \Delta T \tag{3.35}$$

で定義される相当トルクが静的に作用するとして，これまでと同様な解析検討を行えばよい．ただし，β は切欠き係数，σ_Y は使用する材料の降伏応力，σ_w は疲れ限度である．

さて以上の前提の上で軸継手の十字軸およびヨークの強度設計を行う．図 3.34 は十字軸の設計を行うために，十字軸の十字ピンに作用する力を表したものである．

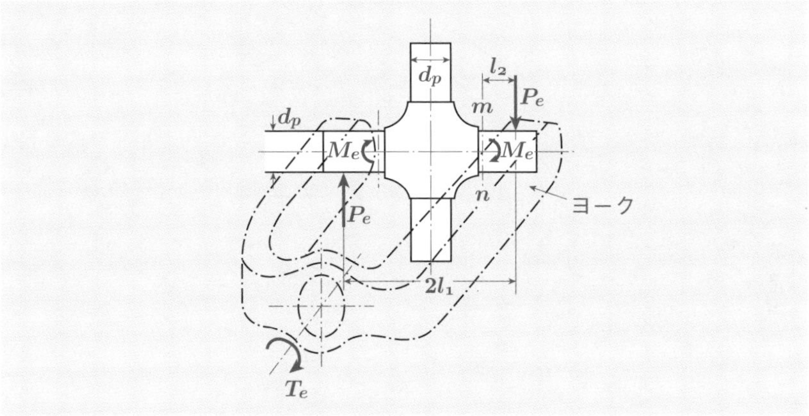

図 3.34 十字ピンに作用する力

ピンとヨーク穴の間に作用する力は分布しているが，複雑なため，ヨークピン穴中央断面に集中的に作用すると仮定する．そして回転中心からの距離を l_1 とすれば，ピンに作用する力 P_e は $P_e = T_e/2l_1$ となる．同図に示した mn をピン根元の危険断面とし，力 P_e の作用点からの距離を l_2 とすれば，断面 mn に作用する曲げモーメントは $M_e = P_e l_2 = T_e l_2/2l_1$ で与えられるので，曲げモーメントにより曲げ破損しないために必要となるピン直径は以下の式で求めることが可能である．

$$\sigma_b = \frac{M_e}{Z} = \frac{T_e l_2/2l_1}{\pi d_e^3/32} \leq \sigma_a \tag{3.36}$$

次にヨークの設計について考える．**図 3.35** にヨークの設計を行うために，ヨークに作用する力を表したものである．ヨークのアームは力 P_e によって曲げモーメントを受ける．アームの根本の危険断面 $m'n'$ のピン中心からの距離を l_3 とすると危険断面の曲げモーメント M_e' は $P_e l_3$ と与えられるので，アームの幅 b，厚さ t は次式を満足するように設計すればよい．すなわち，

$$\sigma_b = \frac{M_e'}{Z'} = \frac{T_e l_3/2l_1}{tb^2/6} \leq \sigma_a \tag{3.37}$$

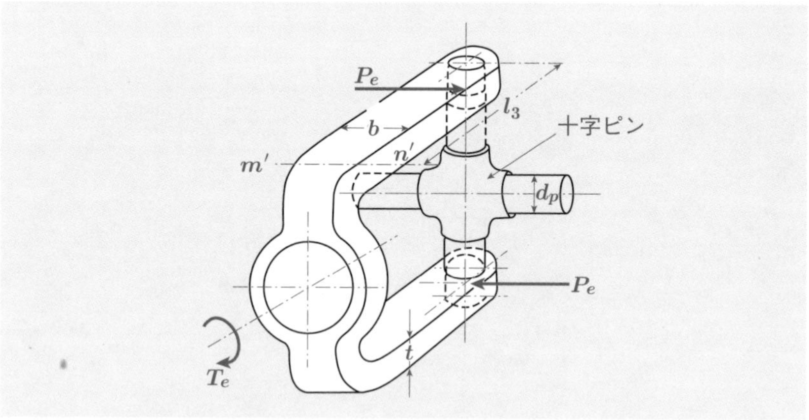

図 3.35　ヨークに作用する力

3章の問題

□ **3.1** 30 kW の動力を回転数 150 rpm で伝える伝動軸の軸直径を，強度設計および剛性設計の 2 つの観点から，両方の条件を満たすように設計する．ただし，軸材料の許容せん断応力は 20 MPa，横弾性係数 $G = 79.4$ [GPa] とする．またねじれ角は軸 1 m 当たり，0.25° 以内に抑えることとする．このとき，以下の問いに答えよ．

(1) 強度設計の観点から設計すると軸直径はいくらになるか．

(2) 剛性設計の観点から設計すると軸直径はいくらになるか．

(3) 両方の条件を満たすためには軸直径はいくらに設計すればよいか．

□ **3.2** 図 1 に示すように，直径 $D = 840$ [mm]，質量 $m = 76$ [kg] のベルト車を軸受端より $l = 150$ [mm] のところに取り付けた軸がある．ベルトの張力が垂直上方に $T_1 = 1.95$ [kN]，$T_2 = 3.05$ [kN] かかっている．このとき，以下の問いに答えよ．ただし，軸材料の許容曲げ応力は 78 MPa，許容せん断応力は 37 MPa である．

(1) 軸に作用する曲げモーメントを求めよ．

(2) 軸に作用するねじりモーメントを求めよ．

(3) 強度的に必要となる軸直径を求めよ．

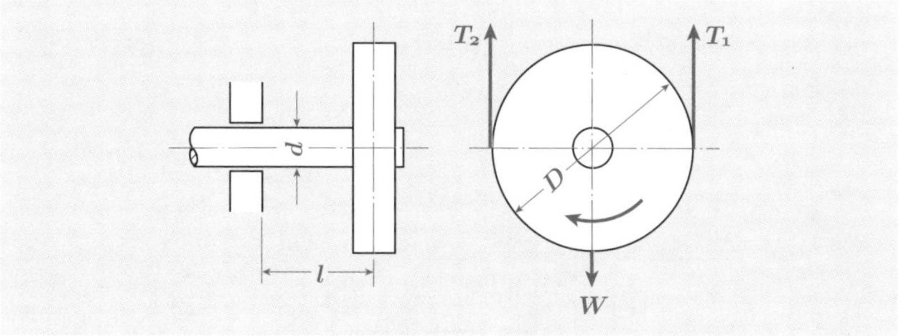

図 1

□ **3.3** 図 2 に示すように，長さ $l = 1.0$ [m] で外径 $d = 0.02$ [m] の軸の中央に質量 $m = 10$ [kg] の円板（厚さ 0.02 m，外径 0.285 m）を持ち，その両端を転がり軸受で支持する回転体がある．次の問いに答えよ．なお，軸の質量は無視できる．

(1) このときの軸の危険速度を周波数（固有振動数）として求めよ．

(2) またこの周波数で表した危険速度を 60 Hz まで上げるとしたら，軸の外径あるいは軸の長さをいくらにすればよいか．ただし，軸は鋼材で縦弾性係数を

$E = 2.06 \times 10^{11}$ [Pa] とする．

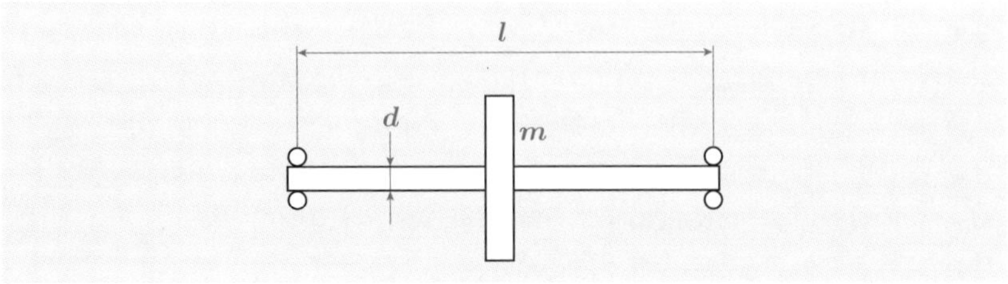

図 2

□ **3.4**　両端支持された長さ 1 m の中実軸の中央に質量 20 kg の薄い円板を取り付けた回転軸を，回転速度 900 rpm までは危険速度に到達しないようにしたい．このとき，軸の必要最小直径を求めよ．ただし，回転軸の縦弾性係数は 206 GPa とする．

□ **3.5**　図 3 に示すように，4 本のボルトで結合したフランジ軸継手がある．軸材料の許容せん断応力は 50 N/mm^2，ボルトの許容引張応力は 100 N/mm^2 である．

(1)　軸自身が伝達し得るトルクの上限を有効数字 2 桁で求めよ．

(2)　上で求めたトルクをフランジ突き合わせ面に作用する摩擦力のみで伝達するために必要なボルト 1 本当たりの締付力を摩擦係数を 0.2 として求めよ．なお，摩擦力はボルトを配置した円周上に集中的に作用すると考え，有効数字 2 桁で答えよ．

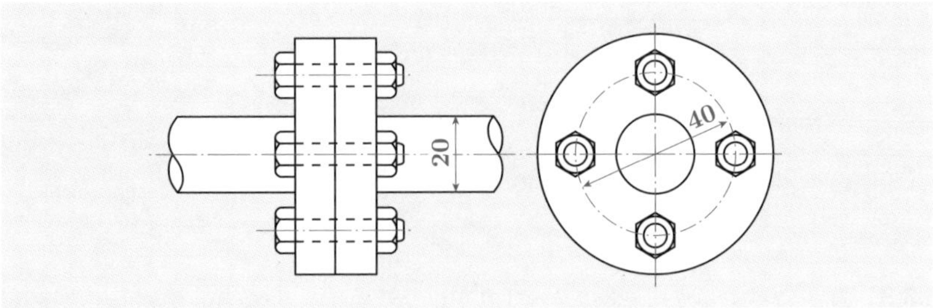

図 3

第4章

クラッチとブレーキ

駆動軸と従動軸をしっかり結合し，動力伝達を行う機械要素が前章で紹介した軸継手であった．クラッチは，運転期間中に，駆動軸と従動軸の間に動力を伝達したり遮断したりする機械要素である．ブレーキは，運転中の機械の運動エネルギーを吸収し，その速度を緩めたり停止させたりする機械要素である．クラッチは伝動要素に，ブレーキはエネルギー吸収要素に分類されるが，しばしば並べて論じられる．それは，最も多く使用されている摩擦クラッチと摩擦ブレーキを考えた場合よく理解できるように，クラッチが摩擦力を利用して静止している従動軸を運動状態にし，駆動軸と同一速度にまで加速し，最終的には結合して同一の運動状態にする機能を発揮するのに対して，ブレーキは運動状態にある物体に摩擦力を作用させて減速し，速度を調節したり，静止させたりする機能を発揮するという具合に，ちょうど裏腹の関係にあるためであり，その構造や構成材料に共通性があるためである．

4.1 クラッチ

クラッチの役割はすでに述べたように駆動軸から従動軸へ動力を伝達したり，遮断したりすることである．この役割を果たす手段として，機械的接触を利用するもの，電磁作用を利用するもの，流体力を利用するものが考えられている．これを表4.1に示す．

表4.1　伝達手段によるクラッチの分類

<table>
<tr><td rowspan="10">機械的接触によるもの</td><td rowspan="3">かみあいクラッチ</td><td colspan="2">ジョー</td></tr>
<tr><td colspan="2">ツース（歯形）</td></tr>
<tr><td colspan="2">歯車・スプライン</td></tr>
<tr><td rowspan="4">摩擦クラッチ</td><td>ディスク（円板）</td><td>単板―乾式
多板―乾式，湿式</td></tr>
<tr><td colspan="2">円すい</td></tr>
<tr><td>円　筒</td><td>チューブ，ブロック，シュー，バンド，ラップスプリング</td></tr>
<tr><td colspan="2">［パウダ（磁性鉄粉）］</td></tr>
<tr><td rowspan="3">自動クラッチ</td><td>定トルク</td><td>破壊，分離，摩擦，［磁力］</td></tr>
<tr><td>一方向</td><td>ボール，ローラ，カム，スプラグ，ラチェット，ラップスプリング</td></tr>
<tr><td>遠　心</td><td>摩擦，パウダ（金属粒子）</td></tr>
<tr><td rowspan="5">電磁作用によるもの</td><td colspan="3">ヒステリシスクラッチ</td></tr>
<tr><td colspan="3">渦電流クラッチ</td></tr>
<tr><td colspan="3">インダクションクラッチ</td></tr>
<tr><td colspan="3">マグネットクラッチ</td></tr>
<tr><td colspan="3">電磁パウダクラッチ</td></tr>
<tr><td rowspan="2">流体を媒体とするもの</td><td>流体継手</td><td colspan="2">一定充填《じゅうてん》形，可変充填形</td></tr>
<tr><td>トルクコンバータ</td><td colspan="2"></td></tr>
</table>

以下，よく使われるものの構造と特徴を紹介する．

4.1.1 機械的接触により動力を伝達するクラッチ

(1) かみあいクラッチ

角歯，台形歯，のこ歯，三角歯などを対向させ，それらの機械的かみあいによって駆動力を伝達するタイプのクラッチ．特徴を列挙すると，

- 小形で大きなトルクを伝達できる．
- 滑りがなく，確実に運動が伝わる（確実クラッチとか確動クラッチともいわれる）．
- 高速回転に耐えられる．
- 空転時のトルク損失がない．
- かみあいと同時に所定のトルクが伝わる．
- 組付け後の調整が不要．
- 構造が簡単で安価．
- 分離は自由に行えるが，かみあい時に衝撃を伴うので，結合は静止時あるいは低速時にさせなければならない．

図 4.1 はジョークラッチと呼ばれる，歯がスパイラル形状をした，かみあいクラッチの例である（ドッグクラッチとも呼ばれる）．**図 4.2** には，ジョークラッチの仲間の，その他の歯の形状を示す．

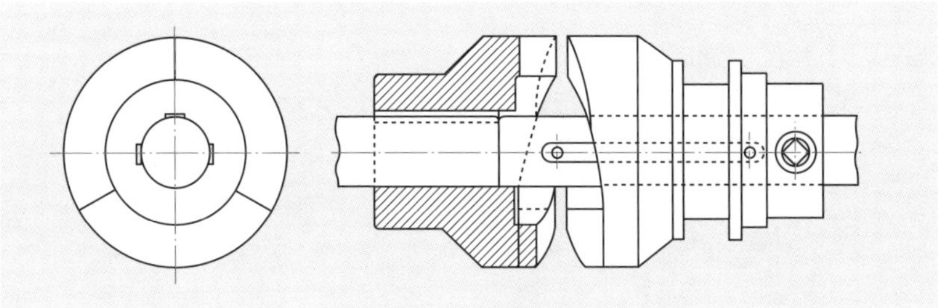

図 4.1　ジョークラッチ

このジョークラッチの特徴は歯のトルクを伝達するかみあい面は力の方向に対して垂直で，次に示すツースクラッチで問題になるかみあいによる分離力は生じないので，より大きな動力を伝達することができる．

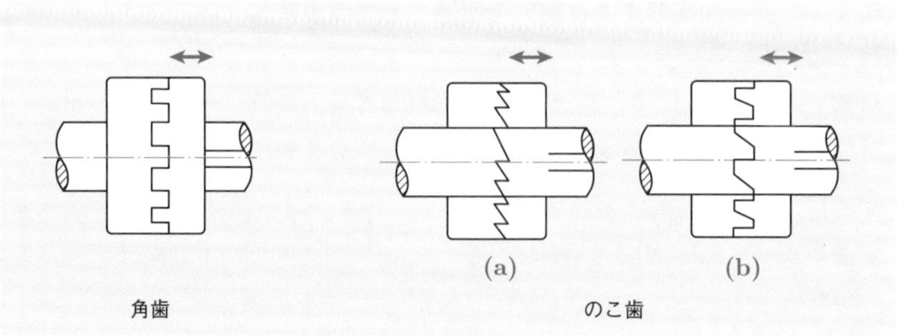

図 4.2 ジョークラッチのその他の歯の形状

図 4.3 は歯を多数の三角形状の山形にしたツース（歯形）クラッチの例を示す．山形には台形もあるが，このようなツースクラッチでは，図 4.4 に示すように，トルク伝達時，軸方向に分離力を生じるので，軸方向にはそれに打ち勝つ押付力を絶えず作用させておく必要がある．

いま，伝達すべきトルクを M_t，歯面の平均半径を r とすると，歯面に作用する円周方向力は $P_t = M_t/r$ となるので，必要な押付力 P は次のようになる．

$$P \geq P_Q = \frac{M_t \tan(\beta - \rho)}{r}, \qquad \rho = \tan \mu$$

ただし，β はかみあい面の傾き角，μ はかみあい面の摩擦係数である．

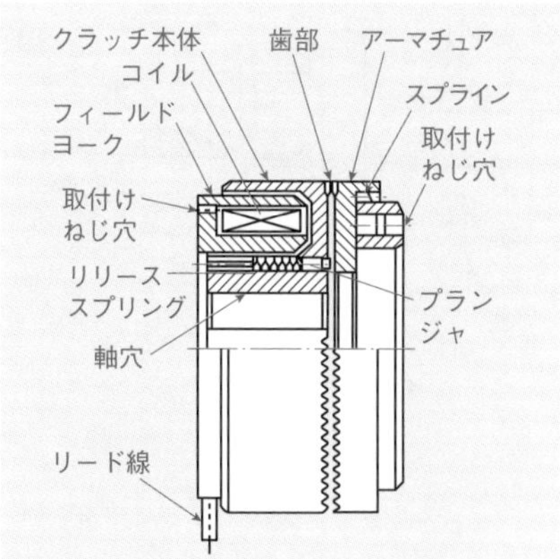

図 4.3 三角歯ツースクラッチ
（電磁式）

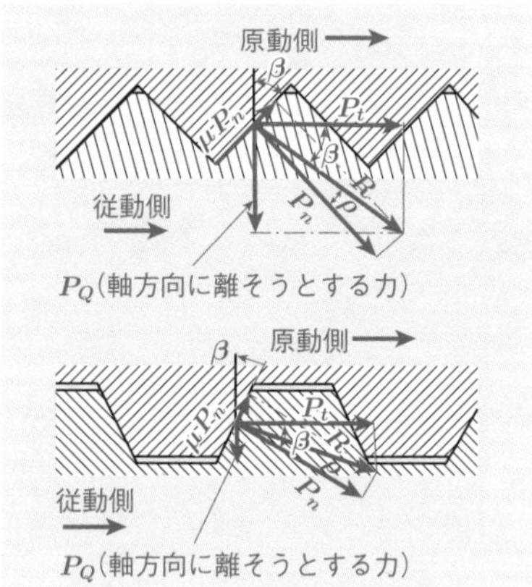

図 4.4 歯に作用する力

かみあいクラッチには，歯車形軸継手と同じように外歯車を内歯車にはめ込んだり，抜き出したりして着脱を行う形式の歯車形，スプライン軸継手をクラッチとして応用し，これをはめ込んだり，抜き出したりして着脱を行う形式のスプライン形もある．いずれの形式も駆動側を軸に固定し，従動側を滑りキーまたはスプラインを用いて軸方向にスライドさせて結合・分離を行う．

(2) 摩擦クラッチ

摩擦クラッチは，駆動側から従動側へのトルク伝達を，互いに接触したとき生じる摩擦力によって行うものである．接触面を押し付ける力を調節すれば，伝達されるトルクが調節できるので，駆動軸の回転が高速であっても，従動軸を静止した状態から駆動軸と一体となって回転するまでスムーズに加速し，所定の動力を伝達することができるという特徴を持っている．摩擦クラッチの典型例は自動車のクラッチに見ることができる．

摩擦クラッチは，摩擦面の形状によって，ディスク（円板）クラッチ，円すいクラッチ，円筒クラッチに分類され，押付力発生機構によって，手動式，ばね式，電磁式，油圧式，空気圧式，遠心式などに分類される．

① **ディスククラッチ**：ディスククラッチは，**図 4.5(a)** に示すように，軸端に直角に取り付けられたフランジ状の摩擦円板に軸方向の押付力を加え，円板の摩擦面に生じる摩擦力でトルクを伝える．押付力を P，摩擦面に生じる圧力を p，摩擦力によって伝達されるトルクを T とすると，それらの間には次の関係が成り立つ．

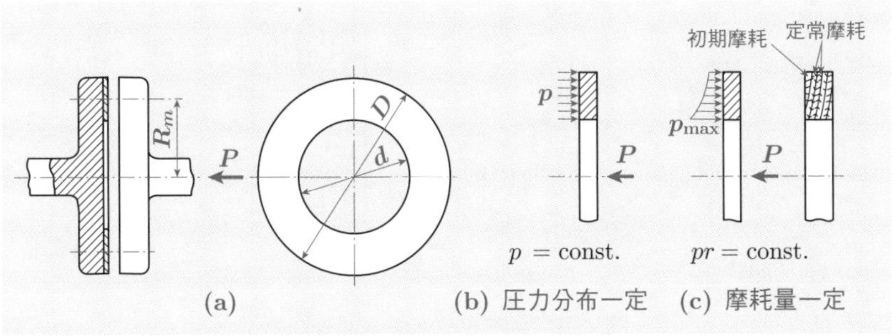

図 4.5　ディスククラッチ

$$P = \int 2\pi r \, dr \times p = 2\pi \int pr \, dr$$

$$T = \int \mu 2\pi r \, dr \times p \times r = 2\pi \int \mu pr^2 \, dr$$

摩擦円板が双方とも非常にリジッドな場合，圧力 p は**図 4.5(b)** のように面全体に均一に分布すると考えてよいので，そのような場合には，

$$P = \frac{\pi p(D^2 - d^2)}{4}$$

$$T = \left(\mu \frac{P}{3}\right) \frac{D^3 - d^3}{D^2 - d^2}$$

しかし，運転初期の摩耗の後は摩耗量が一定になるように，すなわち，pr の積が一定になるように摩擦円板は変形し，押し付けられると考える方が合理的なので，$pr =$ 一定 として T を求めると，

$$T = \frac{\mu P(D + d)}{4}$$

となる．すなわち，全摩擦力 μP が平均半径位置に集中して作用するとして取り扱えばよいということになる．回転角速度を ω とすると，伝達動力は $T\omega$ である．軸方向には自由に動くが，駆動軸と一体になって回転する摩擦円板と，やはり軸方向には自由に動くが，従動軸と一体になって回転する摩擦円板を，複数交互に配列し，摩擦面の数を増して伝達トルクの増大を図った，**多板式ディスククラッチ**というものがある．その原理図を**図 4.6** に示す．

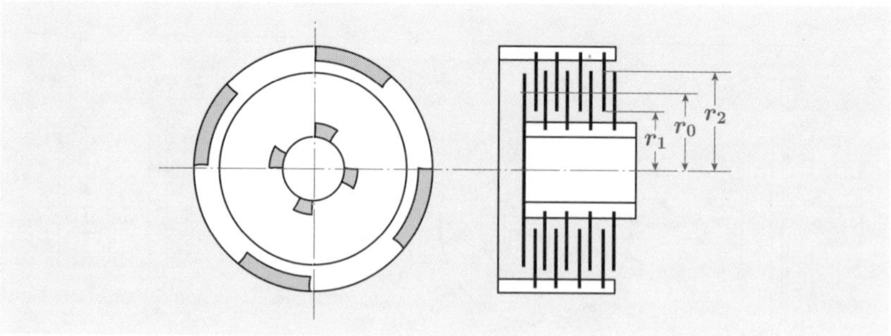

図 4.6　多板式ディスククラッチ

多板式ディスククラッチには，摩擦面を乾燥状態で使用する乾式と，潤滑油中で使用する湿式とがある．高速で大動力を伝達し，頻繁に着脱を繰り返す場合には湿式が用いられる．

例題 4.1

一対のディスクよりなるディスククラッチを考える．摩擦ディスクは内径 100 mm，外径 200 mm である．摩擦係数を 0.2 として，内径部の押付圧力を $1\,\mathrm{N/mm^2}$ とする．750 rpm のときの伝達動力はいくらになるか．ただし，摩擦ディスクは均一に摩耗するものとし，圧力 × 半径 が一定になるように圧力を与える．

【解答】 圧力 p × 半径 r は一定なので，摩擦トルクを T，押付力を P，内径を d，外径を D とすると下記で与えられる．

$$T = \frac{\mu P(D+d)}{4} \tag{4.1}$$

ここで，

$$\begin{aligned} P &= 2\pi \int pr\,dr = 2\pi pr \int dr \\ &= \pi pr(D-d) \\ &= \pi \times 1 \times 50 \times (200-100) \\ &= 15.7 \times 10^2 \quad [\mathrm{N}] \end{aligned}$$

式 (4.1) に代入して，

$$T = \frac{\mu P(D+d)}{4} = \frac{0.2 \times 15.7 \times 10^3 \times (0.2+0.1)}{4} = 235.5 \quad [\mathrm{N\,m}]$$

伝達動力を Q，回転軸の角速度を ω とすると，

$$Q = T\omega = 235.5 \times 2\pi \times \frac{750}{60} = 18.5 \times 10^3 \quad [\mathrm{W}]$$

ゆえに，伝達動力は 18.5 kW となる． ■

図 4.7，**図 4.8** に押付力に電磁力を利用した単板式と多板式の例を示す．

② 円すいクラッチ：軸方向に加える力をくさびの作用で拡大し，摩擦面を押し付けて，小さい力で大トルクの伝達を図ったもので，原理図を**図 4.9** に示す．

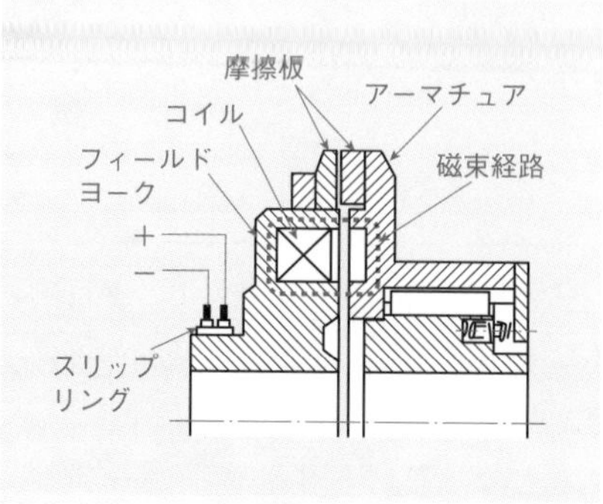

図 4.7　乾式電磁単板クラッチ

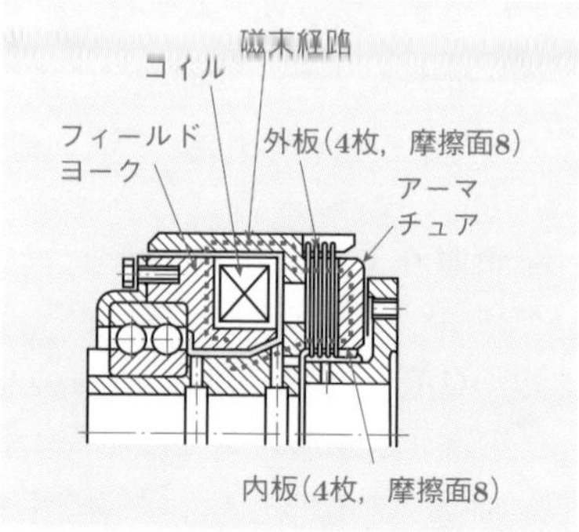

図 4.8　湿式電磁多板クラッチ

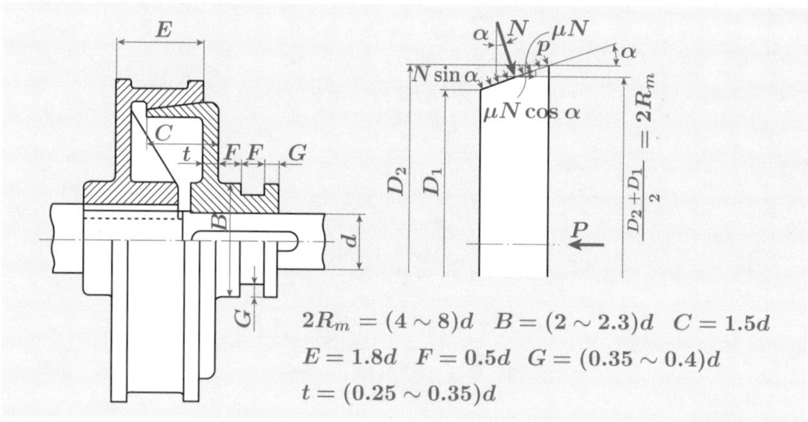

図 4.9　円すいクラッチ

摩擦面に作用する摩擦力は摩擦面の平均半径位置 R_m に集中的に作用するとすれば，伝達トルク T と軸方向力 P の間には次の関係が成り立つ．

$$T=\mu' R_m P$$

ただし，

$$\mu'=\frac{\mu}{\sin\alpha+\mu\cos\alpha}$$

α（円すい角の半分）が小さくなると μ' は増加し，小さい軸方向力で大きな伝達トルクを得ることができるが，着脱がスムーズでなくなるので，α は一般に 10〜15° に設計するよう指示されている．小形舶用機関，建設用機械などに見られる．

例題 4.2

図 4.9 に示した円すいクラッチにおいて，$D_1 = 180$ [mm]，$D_2 = 200$ [mm]，$\nu_1 = 180$ [mm]，$\alpha = 15°$ とする．クラッチ摩擦面の摩擦係数は 0.2 である．このとき，軸回転数 450 rpm で動力 15 kW を原動軸から従動軸に伝達する．このとき，伝達トルクはいくらになるか．また，押付力 P はいくらになるか．

【解答】 平均半径位置 R_m は下記で与えられる．

$$R_m = \frac{D_1 + D_2}{4} = \frac{180 + 200}{4} = 95 \quad \text{[mm]}$$

15 kW の動力 Q を軸回転数 450 rpm で伝達する際の伝達トルク T は，回転軸の角速度を ω として

$$T = \frac{Q}{\omega} = \frac{15 \times 10^3}{2\pi \times 450/60} = 318.5 \quad \text{[N m]}$$

ここで，押付力 P は，$T = \mu' R_m P$ より，下記で与えられる．

$$P = \frac{T}{\mu' R_m} = \frac{T}{\frac{\mu R_m}{\sin\alpha + \mu\cos\alpha}} = \frac{318.5 \times (\sin 15° + 0.2 \times \cos 15°)}{0.2 \times 95 \times 10^{-3}}$$
$$= 7.58 \times 10^3 \quad \text{[N]}$$

よって，伝達トルクは 318.5 N m，押付力は 7.58 kN である． ■

③ **円筒クラッチ**：ドラムクラッチともいわれ，円筒面を摩擦面にしたクラッチ．円筒の外周面を摩擦面にし，外側から締め付けるようにして摩擦材を押し付ける外締め形と，内周面を摩擦面にし，内側から張り出すようにして摩擦材を押し付ける内張り形がある．

- **チューブクラッチ**：図 4.10 に一例を示すように，円筒状に巻いたゴムチューブに圧縮空気を導入し，ゴムチューブが膨れる力を利用して摩擦材を押し付けるタイプのクラッチ．ゴムチューブそのものがトルクを伝達する設計と，ゴムチューブには押付力だけを期待し，トルク伝達は別の要素に担わす設計がある．図の例は前者．半径方向押付力を P_r，摩擦面半径を R と

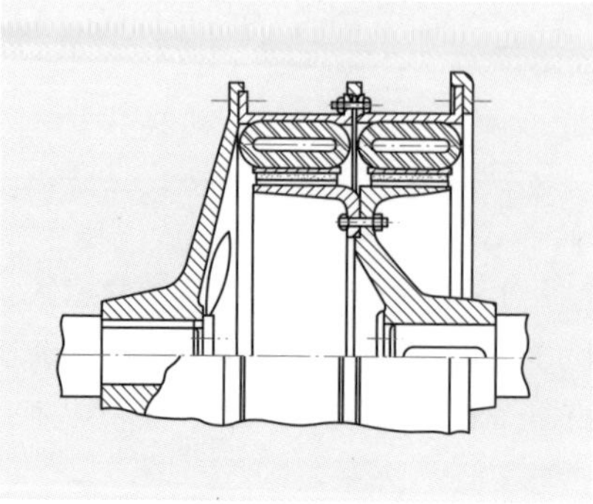

図 4.10　外締め形チューブクラッチ

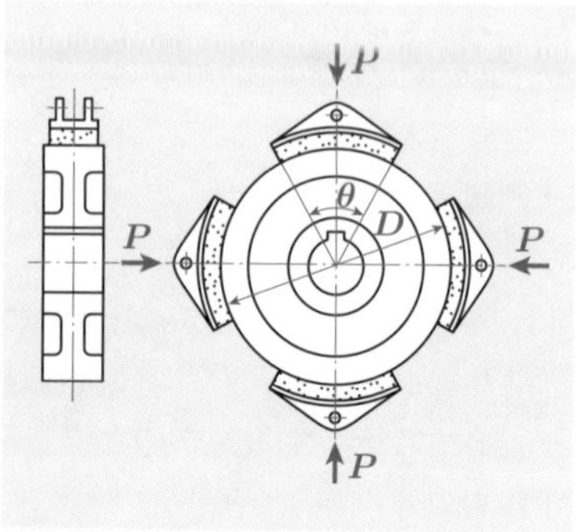

図 4.11　外締め形ブロッククラッチ

すれば，伝達トルク T は，

$$T = \mu P_r R$$

となる．

- **ブロッククラッチ**：図 4.11 に一例を示すように，円筒の外周面あるいは内周面に摩擦ブロックを押し付ける形式のクラッチ．n 個のブロックが半径 R の円筒面にそれぞれ P なる力で押し付けられている場合の伝達トルク T は，

$$T = n\mu PR$$

で与えられる．

- **シュークラッチ**：図 4.12 に一例を示すように，摩擦材を貼った 2 個のシューを円筒内周面に押し付ける形式のクラッチ．各シューは I，II の点を回転支点とし，他端を互いに押し広げて，円筒面に押し付けられる．作動力 Q_1，Q_2 によって摩擦面に生じる押付力 P_1，P_2 が図のようにちょうど摩擦面の中央に作用すると考えてよい場合には，伝達トルク T は次式で与えられる．

$$T = \frac{\mu lRQ_1}{a - \mu b} + \frac{\mu lRQ_2}{a + \mu b}$$

Q_1，Q_2 はくさび，あるいはカム機構によって与える．

- **バンドクラッチ**：図 4.13 のように，円筒外周面にバンドを巻き付け，一端を固定し，他端を引っ張って張力を与え，円筒外周面とバンドの間に生じる摩擦力でトルクの伝達を行うタイプのクラッチ．

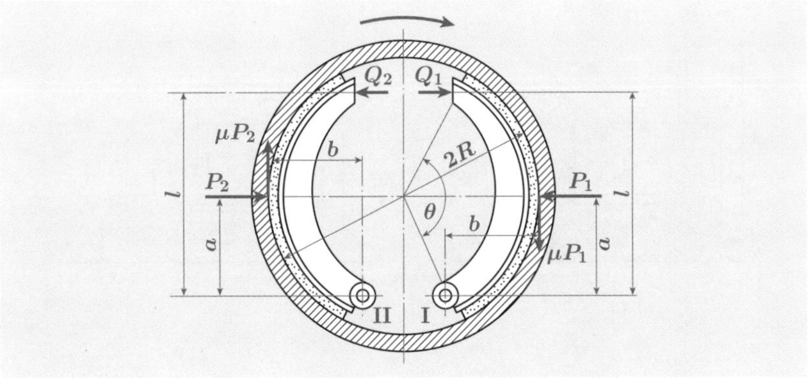

図 4.12　シュークラッチ

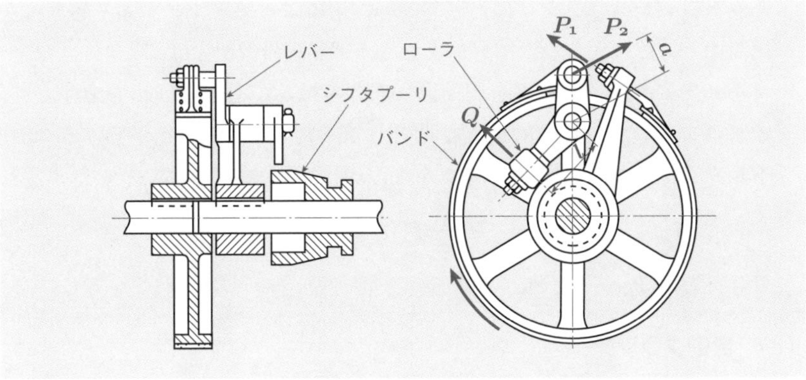

図 4.13　バンドクラッチ

張力 P_2 を与えるための作動力 Q は，円すい形のシフタプーリを軸方向に移動させ，レバーを押し上げて発生させる．伝達トルク T は次式で与えられる．

$$\text{円筒が右回転の場合：}\quad T = \frac{RlQ(e^{\mu\theta} - 1)}{a}$$

$$\text{左回転の場合：}\quad T = \frac{RlQ(e^{\mu\theta} - 1)}{ae^{\mu\theta}}$$

- **ラップスプリングクラッチ**：図 4.14 に原理図を示す．電磁力でアーマチュアを吸い付けて，スプリングをねじり，回転円筒面に巻き付ける．いった

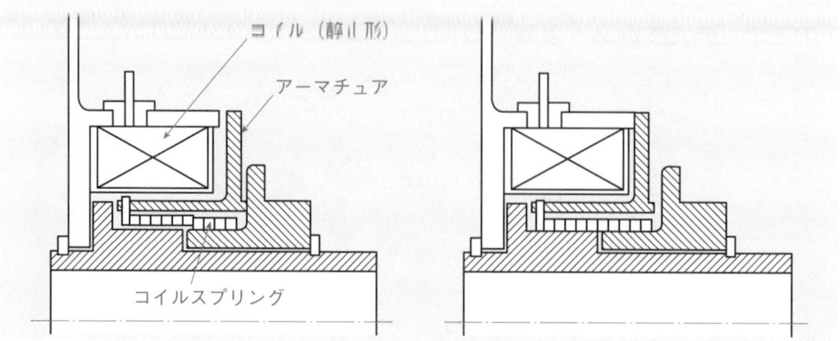

(a)　空転時　　　(b)　連結時

図 4.14　ラップスプリングクラッチ

ん巻き付いたスプリングは自己巻締め作用によってますます強く巻き付き，円筒面との間に大きな摩擦力を生じる．電磁石の吸引力は，吸い付けたアーマチュアに，スプリングを円筒面に巻き付けるに必要な回転力を与えさえすればよいので，比較的小さな吸引力で，大トルクの伝達ができる．伝達トルク T は，第 1 巻目のトルクを T_1，円筒面への有効巻数を n とすると，

$$T = T_1(e^{\pi\mu n} - 1)$$

で与えられる．

(3)　自動クラッチ

自動クラッチは，所期の運転条件が変化したとき，自動的に動力伝達を行ったり，伝達動力を制限したり，あるいは遮断したりする形式のクラッチで，定トルククラッチ，一方向クラッチ，遠心クラッチの 3 種類がある．

① **定トルククラッチ**：所期のトルクより過大なトルクが作用したとき自動的にトルク伝達を遮断したり，それ以上のトルクが伝達されないように工夫したクラッチ．

- **破壊式定トルククラッチ**：一定値以上のトルクが作用すると破壊する要素を媒介させ，トルク伝達を行うタイプのクラッチ．要素の破壊で完全にトルクは遮断される．復旧のためには破壊した要素を新しいものと交換する必要があるが，自動復旧はないので，安全である．シャーピンを使用した

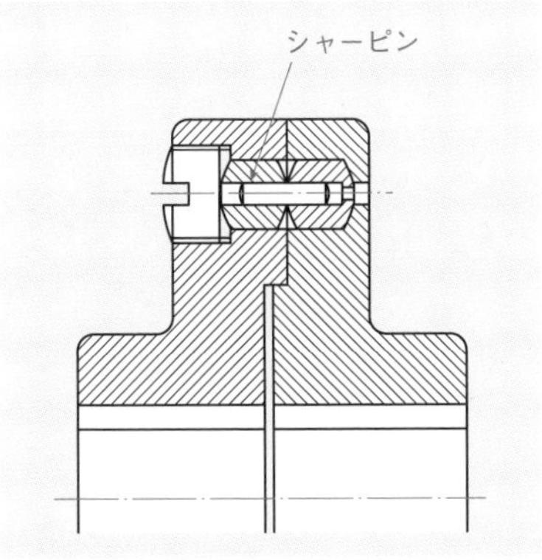

図 4.15 破壊式定トルククラッチ（シャーピン）

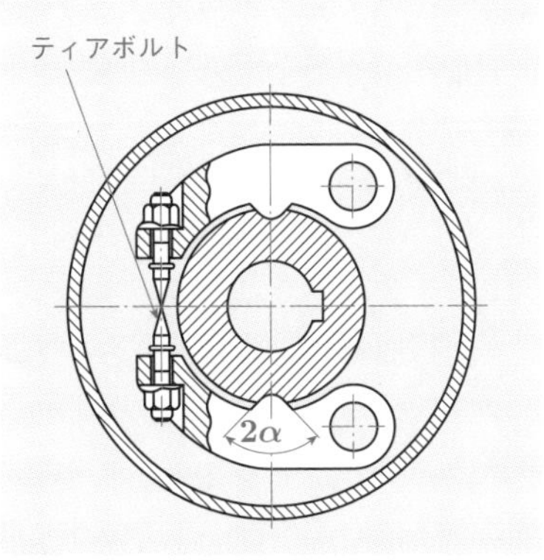

図 4.16 破壊式定トルククラッチ（ティアボルト）

例を図 4.15 に，ティアボルトを使用した例を図 4.16 に示す．

- **分離式定トルククラッチ**：一定値以上のトルクが作用すると，かみあいが外れ，それ以上のトルク伝達が不可能になるクラッチ．トルクが一定値以下に下がると自動的に復旧する．図 4.17 は台形歯のツースクラッチを応用したもの．所期トルクの設定はコイルばねの圧縮力を調整ナットで調節して与える．図 4.18 は円すい穴にボールを押し付けてトルク伝達を行うタイプ．所期トルクの設定は，同様に，調整ナットでばね力を調節して行う．軽負荷用に広く使用されている．

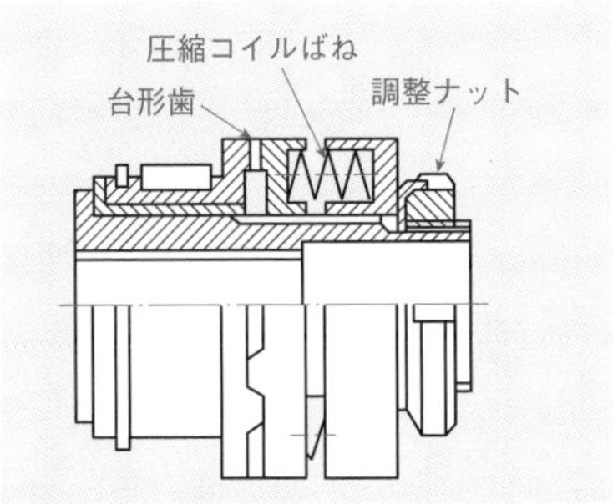

図 4.17 分離式定トルククラッチ（台形歯のツースクラッチの応用）

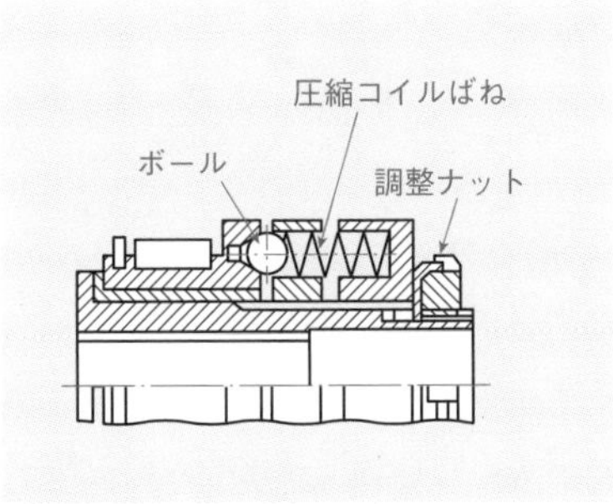

図 4.18 分離式定トルククラッチ（円すい穴にボールを押し付けて伝達）

- **摩擦式定トルククラッチ**：摩擦クラッチの押付力を調節して一定値以上のトルクが作用すると滑るようにしたもの．

② 一方向クラッチ：一方向のみにトルクを伝え，逆転した場合にはトルクを伝えないクラッチ．**図 4.19** に示す例は，トルク伝達要素にカムを用いたもので，円周上に多数配列されたカムはスプリングにより内・外輪に一定圧力で接触しており，正回転に対しては直径が大きくなる向きに転動し，瞬時にかみ合ってトルクを伝えるが，逆回転に対しては直径が小さくなる向きに転動し，かみあいが解けて滑り，トルクを遮断する．

図 4.20 に示す例は，爪と爪車で構成したラチェット機構を応用したものである．このような一方向クラッチはいろいろな機械の逆転防止や間欠送り装置などに広く用いられている．

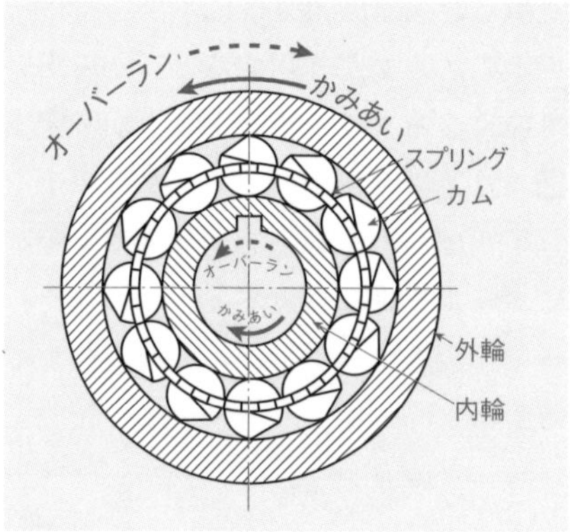

図 4.19　カム式一方向クラッチ

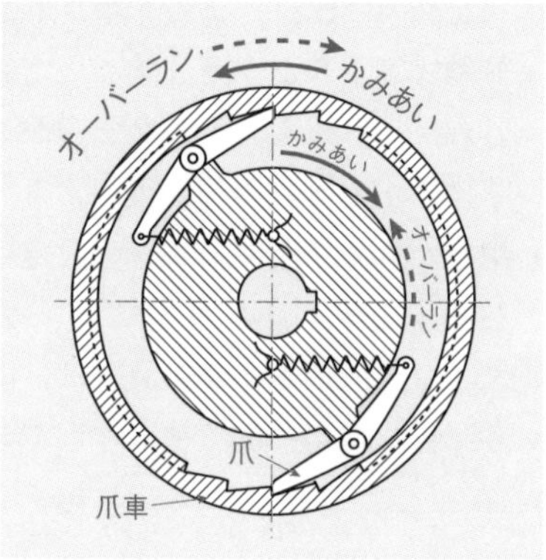

図 4.20　ラチェット式一方向クラッチ

③ 遠心クラッチ：あらかじめ定めた回転速度になると，遠心力によって摩擦媒体が内外円筒間に押し付けられ，内外円筒間に摩擦力を発生してトルクを伝達するタイプのクラッチ．**図 4.21** に摩擦ブロックを使用した設計例を示す．

始動する回転速度は遠心力に対抗するスプリング力で調整する．伝達トルクは回転速度の 2 乗に，伝達動力は回転速度の 3 乗に比例して大きくなる．**図 4.22** に示す例は**パウダクラッチ**と呼ばれるものの概念図で，充填《じゅうてん》された金属粒子（直径 0.5 mm 程度）が遠心力でロータとケーシングの間に押し込まれ，それら

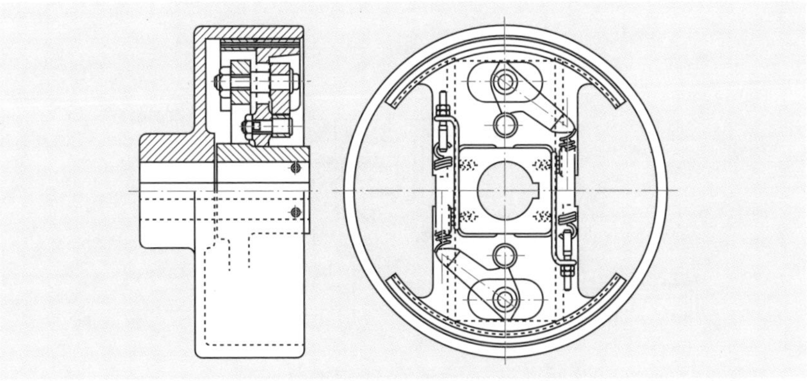

図 4.21 摩擦式遠心クラッチ

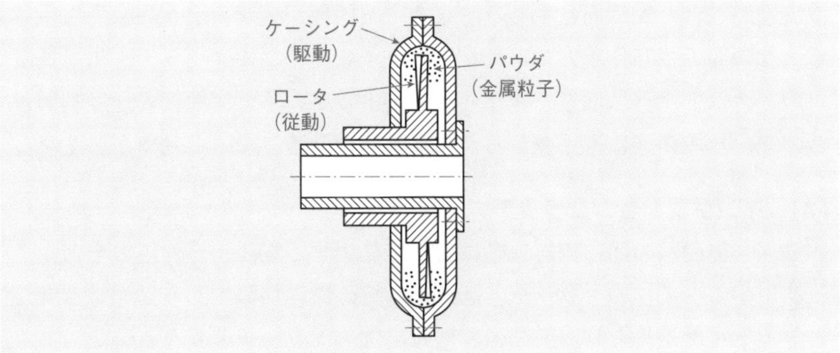

図 4.22 パウダクラッチ

の間に生じる摩擦力がトルク伝達を行う．始動する回転速度，連結されるまでの時間は充填量で調節する．

4.1.2 電磁作用により動力を伝達するクラッチ

(1) ヒステリシスクラッチ

図 4.23 に概念図を示す．駆動軸に固定した磁極間に従動軸へ固定した磁気ヒステリシスの大きいリングを挿入した構造で，コイルに電流を流して磁極を励磁するとリングが磁気的な力を受け，トルクが伝達される．機械的接触部分がないので，いろいろな利点があるが，外径が大きく，かつ高価になる．

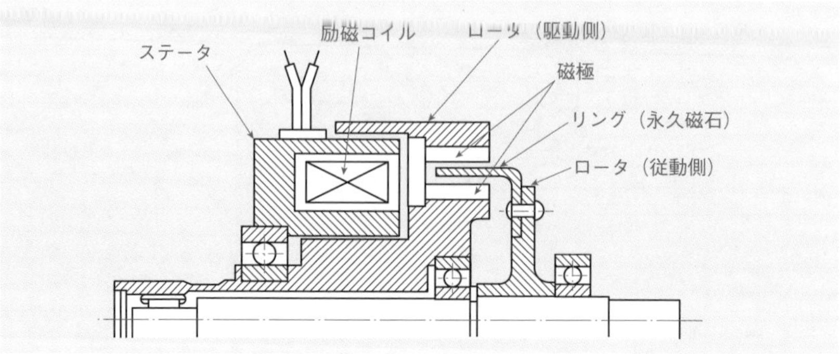

図 4.23　ヒステリシスクラッチ

(2)　渦電流クラッチ

直流励磁された磁極間に生じる磁束を金属円板が横切るとき円板内に生じる渦電流との間の相互作用力でトルクを伝達するタイプのクラッチ．相対速度がゼロのときはトルクは伝達できない．一定トルクの下で広範囲の速度制御ができるので，無段変速に適用されるが，従動側が低速になると効率が悪くなる．

(3)　インダクションクラッチ

駆動部と従動部の間に相対運動によって発生する電磁誘導作用力をトルク伝達に利用するタイプのクラッチ．誘導電動機の原理に似ており，相対速度が低いとき大トルクが得られる．この特徴は渦電流クラッチと異なる特徴である．

(4)　マグネットクラッチ

駆動側，従動側に多極永久磁石を対向させ，その間に発生する磁気力によってトルクを伝達するタイプのクラッチ．電源が不要であることが最大の特徴であるが，伝達トルクは小さい．

(5)　電磁パウダクラッチ

概念図を図 4.24 に示す．駆動側シリンダと従動側ロータの間に透磁率の高い残留磁気の小さい磁性粉を充填し，シリンダ外部に設けたコイルに通電，これを磁化して，シリンダとロータの間に磁性粉のブリッジを形成し，粉体間の結合力や摩擦力でトルク伝達を行うタイプのクラッチ．

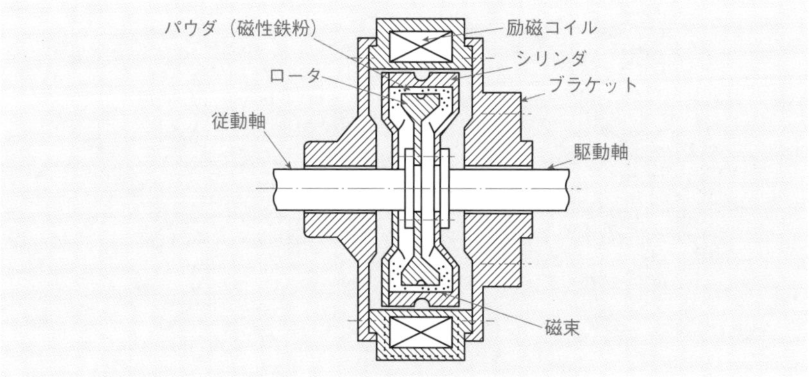

図 4.24 電磁パウダクラッチ

4.1.3 流体力を媒介させて動力を伝達するクラッチ

(1) 流体継手

クラッチに分類されるが，**流体継手**と称されている．原理図を図 4.25 に示す．駆動軸に取り付けたポンプの羽根車（インペラ）と，従動軸に取り付けたタービンの羽根車（ランナ）を向かい合わせて，間に流体を充填し，ポンプ羽根車で流体に運動エネルギーを与え，これをタービン羽根車で受け止めてトルクを伝達する．駆動軸と等しいトルクが従動軸に伝達される．流体を一定量充填した一定充填形と充填量を可変にした可変充填形がある．可変充填形は，流体の充填量を調節することによって，伝達トルクを変えることができるので，広範囲の無段変速ができる．しかし，この種の流体継手による変速は滑りを利用するものであるから，大きなエネルギーロスを伴う．また，従動軸に伝達されるトルクは駆動軸のそれに常に等しく，いくら減速してもトルクを増すことはできない．

(2) トルクコンバータ

減速してもトルクが増さないということは，減速すればするほどエネルギーロスが大きくなるということであり，これが流体継手の大きな欠点である．流体継手からこの欠点を取り除いたのが**トルクコンバータ**である．原理図を図 4.26 に示す．流体継手のポンプ羽根車とタービン羽根車の間に流体の流れの方向を調節する固定案内羽根車（ステータ）を設けている．案内羽根車はポンプ羽根

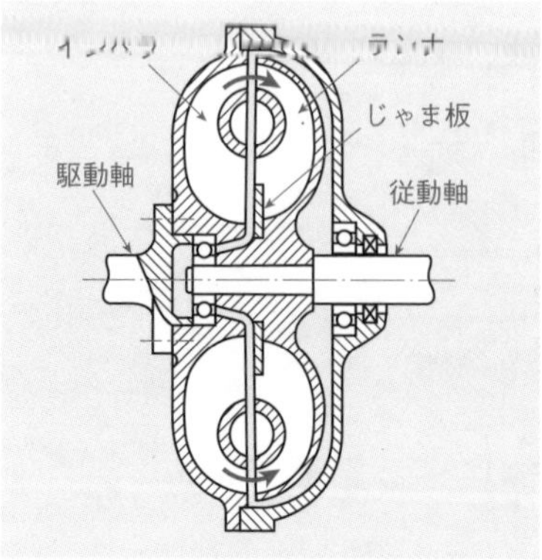

図 4.25 流体継手

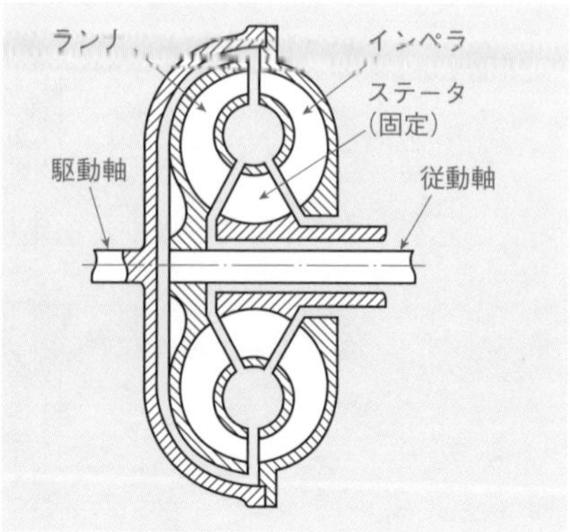

図 4.26 トルクコンバータ

車やタービン羽根車とは反対向きのトルクを受けるので，これが低速時のタービン羽根車のトルク増加をもたらす．トルクコンバータは広範囲の速度比で頻繁に変速する機械に利用される．

4.2 ブレーキ

ブレーキは機械あるいは機械部品の運動を妨げる向きに力を作用させ，運動エネルギーを減じて，減速したり静止させる役割を受け持つ機械要素である．多くは，機械の回転部分に使用するので，先のクラッチ（かみあいクラッチは除いて）と同じような構造をしている．クラッチは，駆動側と従動側の間に相互作用力を発生させ，運動する駆動側から静止している従動側へエネルギーを伝達してこれを動かし，最終的には駆動側と同じ運動状態にする役割を担う．他方，ブレーキは運動体と静止体の間に相互作用力を発生させ，運動体側から静止体側へエネルギーを伝達してこれを吸収し，運動体を減速，最終的には静止させるという役割を担う．したがって，クラッチの駆動側を運動体とみなし，従動側を静止体とみなせば，クラッチはそのままブレーキとなる．

ブレーキにも，クラッチと同様，機械的接触により制動力を得るもの，電磁作用により制動力を得るもの，流体を媒介させて制動力を得るものがあるが，大半のブレーキは機械的接触による摩擦力を制動力とする，いわゆる摩擦ブレーキである．

4.2.1 摩擦ブレーキ

摩擦クラッチと同様の構造で，一方が静止したものと考えればよい．摩擦ブレーキを構造により大別すると，ブロックブレーキ，ドラムブレーキ，バンドブレーキ，ディスクブレーキに分かれる．

(1) ブロックブレーキ

円筒状の回転体（ドラム）外周面に摩擦ブロックを押し付けて発生する摩擦トルクを制動トルクとする形式のブレーキ．ブロックには，鋳鉄，軟鋼，黄銅，青銅，木材やこれらに有機系，無機系の摩擦材をはり付けたものが使用される．

① **単ブロックブレーキ**：ドラムに片側から 1 個のブロックを押し付ける形式のブレーキで，てこの支点と接触部の位置関係で，**図 4.27** に示す 3 つの場合が想定される．

i，ii の場合，回転の向きによっては小さな入力 F によって，大きな制動力 T が得られるので，特定な向きに強い制動力を得たいときにはこのような形式に

回転方向	i	ii	iii
	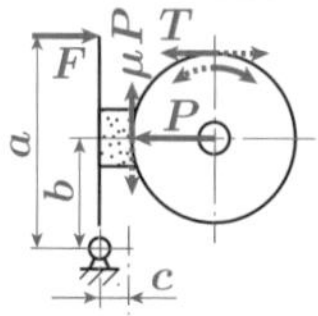	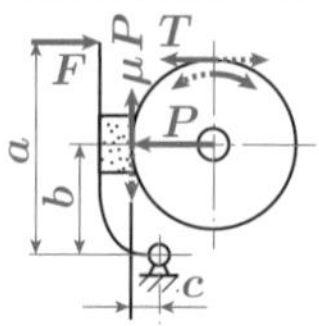	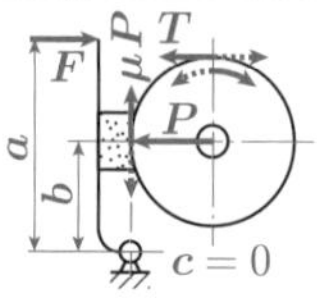
↻	$F=\frac{T(b+\mu c)}{\mu a}$	$F=\frac{T(b-\mu c)}{\mu a}$	$F=\frac{Tb}{\mu a}$
↺	$F=\frac{T(b-\mu c)}{\mu a}$	$F=\frac{T(b+\mu c)}{\mu a}$	

図 4.27　単ブロックブレーキ

すると都合がよいが，その場合，$b \leq \mu c$ になると，F が負になり，いわゆるセルフロッキング状態がもたらされて，解除できなくなるので，注意を要する．いずれの向きの回転に対しても，同じような効き方をさせたい場合には，iii の形式を採用する．

② **複ブロックブレーキ**：単ブロックブレーキの場合，入力 F がそのまま回転軸に作用するので，回転軸の曲げや軸受荷重の増加といった問題が生じる．これを解消し，より大きな制動力を得る目的で，**図 4.28** のように，ドラムの両側からブロックを押し当てる形式にしたブロックブレーキを複ブロックブレーキという．この形式を採用した鉄道車両用ブレーキはよく見かける．

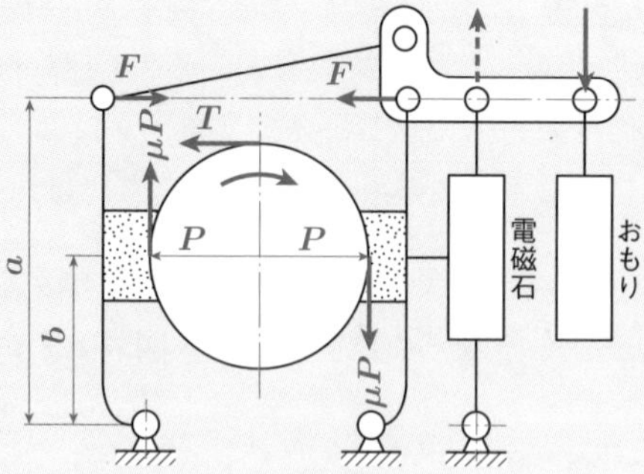

図 4.28　複ブロックブレーキ

例題 4.3

図 4.27 の i に示した単ブロックブレーキにおいて，右回転する直径 600 mm のブレーキドラムに，摩擦ブロックを押し付ける．レバーに加える力 $F = 500$ [N]，摩擦係数 $\mu = 0.2$，$a = 900$ [mm]，$b = 300$ [mm]，$c = 50$ [mm] のとき，制動力 T はいくらになるか．

【解答】 押付力を P として，レバーの支点まわりのモーメントの釣合いから，

$$aF = bP + c\mu P \qquad \therefore \quad P = \frac{a}{b + \mu c} F$$

ゆえに，制動力 T は，

$$T = \mu P = \mu \frac{a}{b + \mu c} F$$
$$= 0.2 \times \frac{0.9}{0.3 + 0.2 \times 0.05} \times 500 = 290 \quad [\mathrm{N}]$$

■

(2) しゅう動ブレーキ

ブロックブレーキはブロックを押し付ける相手がドラムであったが，レールにブロックを押し付けたり，レールを複数のブロックで挟み付つけて，レールに沿う運動体を制動する目的のブレーキをしゅう動ブレーキあるいは平面ブレーキという．エレベータ等では万一ケーブルが切断したような場合，自動的にレールを挟み付けて制動する．

(3) ドラムブレーキ

シュークラッチと同じように，摩擦材をライニングした 2 個のブレーキシューを回転するドラム内面に押し付け，発生する摩擦トルクを制動トルクとする構造のブレーキ．入力の与え方，シューの回転支点となるピンの位置関係によって，図 4.29 に示すように 3 つの形式が考えられている．

入力（作動力）F と制動トルク T の関係は，F によって摩擦面に生じる押付力，摩擦力が摩擦面の中央に作用すると考えてよい場合には，図(a) の形式に対しては図 4.12 に示したシュークラッチの場合と同様に，

$$T = \mu l R F \left(\frac{1}{a - \mu b} + \frac{1}{a + \mu b} \right)$$

左右のシューの働きが同じようになる図 4.29(b) の形式に対しては，

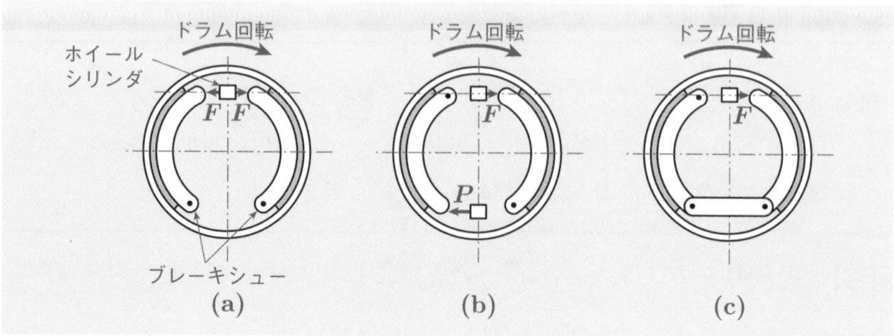

図 4.29　ドラムブレーキ

$$T = \frac{2\mu lRF}{a - \mu b}$$

と与えられる．図(c)の形式に対しては多少複雑になるのでここでは省略する．

入力の与え方には，シュークラッチと同様，カムやてこの利用，電磁力の利用，油圧の利用などがある．図 4.30 に，電磁式の例を示す．

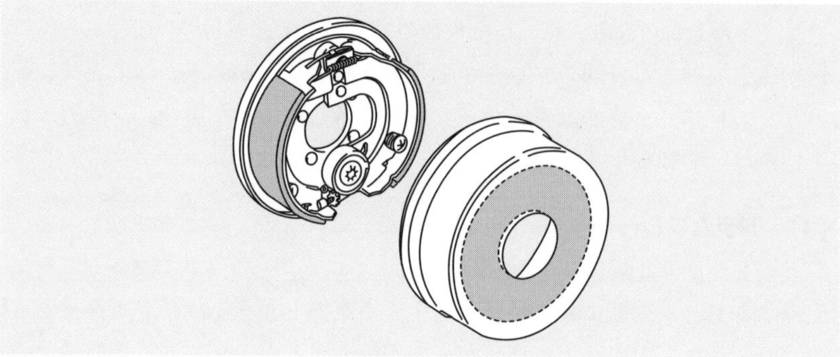

図 4.30　電磁式ドラムブレーキ

(4)　バンドブレーキ

バンドクラッチと同じ構造で，回転するドラムの外周面に，摩擦材を内張りしたブレーキバンドを巻き付けて制動トルクを発生させる形式のブレーキ．基本構造を図 4.31 に示す．

張力の与え方で，入力 F と制動トルク T の関係は図 4.32 のようになる．第一形式では，右回りに対して $ae^{\mu\theta} \leq b$，左回りに対して $be^{\mu\theta} \geq a$ となる

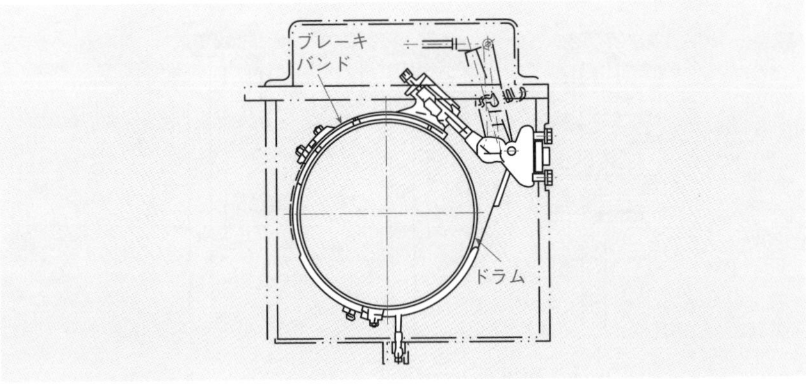

図 4.31 バンドブレーキ

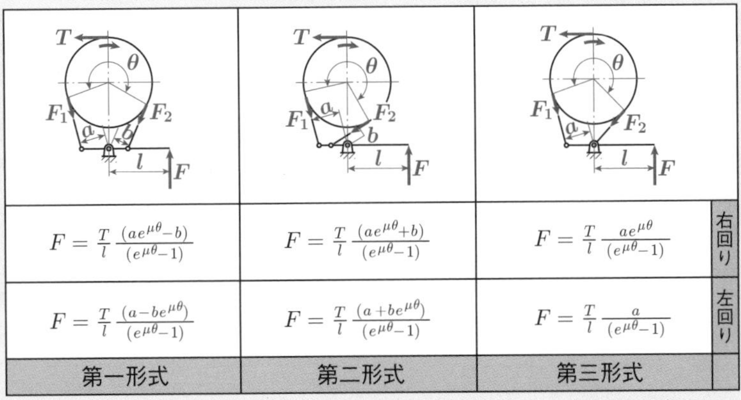

$F=\frac{T}{l}\frac{(ae^{\mu\theta}-b)}{(e^{\mu\theta}-1)}$	$F=\frac{T}{l}\frac{(ae^{\mu\theta}+b)}{(e^{\mu\theta}-1)}$	$F=\frac{T}{l}\frac{ae^{\mu\theta}}{(e^{\mu\theta}-1)}$	右回り
$F=\frac{T}{l}\frac{(a-be^{\mu\theta})}{(e^{\mu\theta}-1)}$	$F=\frac{T}{l}\frac{(a+be^{\mu\theta})}{(e^{\mu\theta}-1)}$	$F=\frac{T}{l}\frac{a}{(e^{\mu\theta}-1)}$	左回り
第一形式	第二形式	第三形式	

図 4.32 バンドブレーキの入力と制動トルク

と自縛作用を生じ，使用できない．

(5) ディスクブレーキ

多板ディスククラッチに似た構造で，ディスクロータと呼ばれる円板を摩擦材を貼った2枚のパッドで挟み付けて制動トルクを得る形式のブレーキ．挟み付けたとき，ディスクロータに余分な力をかけず，均等に挟み付けるためには，ディスクロータとパッドは軸方向に相対的に動き得る構造でなければならない．典型的な構成を図 4.33 に与える．

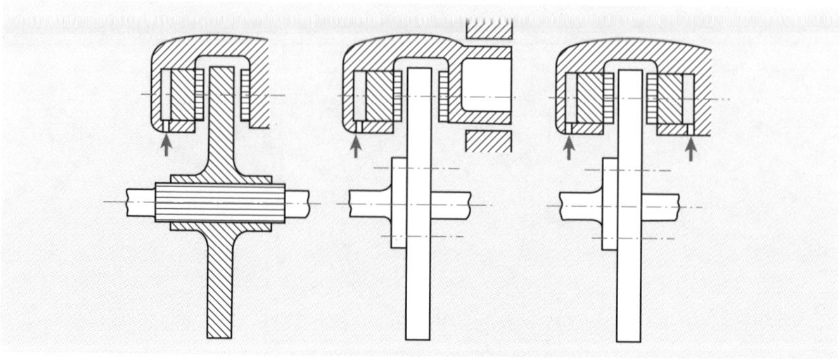

図 4.33 ディスクブレーキ

挟み付ける力（入力）を F，摩擦力が作用する有効半径を R_e とすると，制動トルク T は次式で与えられる．

$$T = 2\mu F R_e$$

図 4.34 に新幹線に使用されているディスクブレーキを示す．車輪の側面の光って見える部分がディスクロータである．ディスクブレーキはオートバイや乗用車にも見ることができる．ディスクロータの放熱を促進するため，これに穴をあけたり，いろいろな工夫がなされている．飛行機の車輪のブレーキもディスクブレーキで，制動力を増すためにディスクの枚数は 4，5 枚と多い．

摩擦力を利用する摩擦ブレーキには，これらの形式のほか，ドラムの内外面

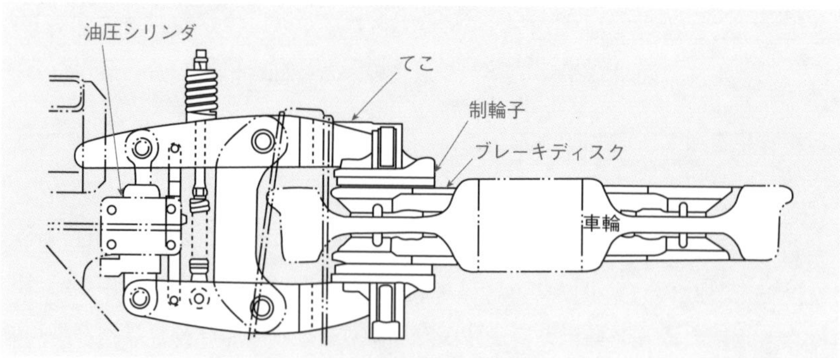

図 4.34 新幹線のディスクブレーキ

をブレーキパッドで挟み付けるクラウンブレーキ，円すいクラッチと全く同様の構造をしたコーンブレーキがある．

4.2.2 リターダ

電磁力や流体力を制動力として利用し，摩擦ブレーキへの負担を軽減するために使用される要素を**リターダ**という．自動車ではエンジンブレーキ効果を利用することもある．

(1) 電磁リターダ

永久磁石の間で導体ロータをまわし，ロータに発生する渦電流効果を利用して制動トルクを発生させるもので，その動作原理は渦電流クラッチと同様である．構成例を図 4.35 に示す．

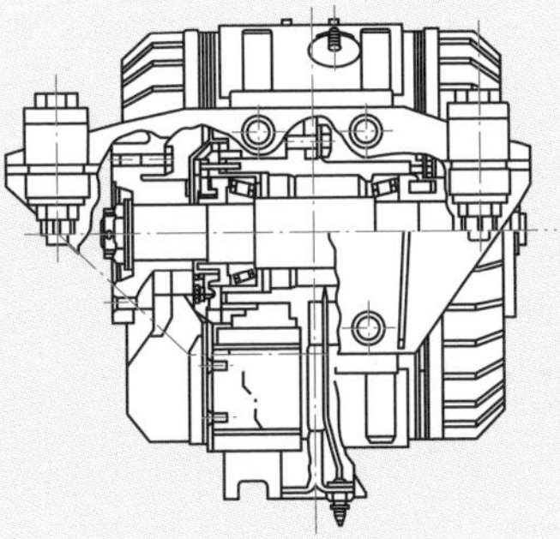

図 4.35 電磁リターダ

(2) 流体リターダ

流体抗力を制動トルクとして利用する．トルクコンバータを使用した変速機ではその中に組み込んで使用されることが多い．

4.2.3 エネルギー回収ブレーキ

ブレーキやリターダで吸収された運動エネルギーは熱になって大気中へ放出され，全く無駄になってしまうが，ブレーキエネルギーを回収して，これを再び動力の一部として再利用しようというものである．電車では，駆動用の電動機を発電機にして，運動エネルギーを発電の仕事に換え，制動トルクを発生させるとともに，電気エネルギーに変換して電源に返してやるという手段がとられるが，駆動用に内燃機関を使った自動車のようなものでは，そのような手段はとれないので，油圧ポンプをまわして流体圧に換え，これを蓄圧シリンダにガス圧として溜めて，始動時等に油圧ポンプを油圧モータに変身させて，駆動エネルギーとして取り出す．あるいは，フライホイールの回転エネルギーとして蓄え，始動時等に無段変速機でこれを取り出し，有効利用を図る．

4.2.4 摩擦ブレーキの設計

摩擦クラッチや摩擦ブレーキについての構造や動作原理については，すでに，詳しく紹介したので，この項では摩擦面の設計と押付力を得るメカニズムについて述べる．摩擦クラッチも摩擦ブレーキも摩擦力を伝達力，制動力として利用するので，摩擦面の設計と十分な押付力を得るメカニズムの設計が要になる．

(1) 摩擦面の設計

どのような材料でも摩擦すると摩耗するが，その程度は材料の組合せで大きく異なる．クラッチやブレーキの摩擦面は，比較的大きな安定した摩擦係数が得られ，摩耗は逆に小さく抑えられるものが望ましい．ドラムやディスクは機械的強度にも優れていなければならないので，通常，鋳鉄や鋳鋼を使用する．ドラムに押し付けるブロックやシューは摩擦材料そのもので構成することもあるが，やはり，機械的強度の面から鋳鉄や鋼など，機械的強度に優れる材料で構成し，摩擦特性に優れる摩擦材料をその摩擦面にライニングする方法が採用される．代表的なブレーキ用摩擦材料の，鋳鉄あるいは鋳鋼を相手材料としたときの摩擦係数の値と，使用される押付圧力（面圧）を**表 4.2** に示す．ウーブン系，モールド系，シンタード系摩擦材料の特徴を**表 4.3** に示す．クラッチ用にもほぼ同じものが同じ押付圧力で使用される．設計時に制動力を算定する場合の摩擦係数には表中の下限値を使用するようにしたほうがよい．大きな制動トルクを得たい場合には，大きな押付力を与えればよいが，構造的な工夫をして，押付圧力が表中の上限値を超えないように注意する．クラッチでもブレーキでも摩擦面の温度上昇は摩擦材料にとって大敵である．このため，高速で大きな制動トルクを必要とするシステムでは摩擦面に熱がこもらないよう，放熱や冷却の工夫も設計時の重要な課題である．単位面積当たりの発熱量は，μ を摩擦係数，P を押付圧力（面圧），v を滑り速度とすると，次式で与えられる．

表 4.2 ブレーキ用摩擦材料

摩擦材料	摩擦係数 f	押付け圧力 P MPa (P kgf/cm^2)	記 事
鋳 鉄	0.10～0.20	0.93～1.72 (9.5～17.5)	乾燥
	0.08～0.12		潤滑
鋼 鉄 帯	0.15～0.20		乾燥
	0.10～0.20		潤滑
軟 鋼	0.10～0.20	0.83～1.47 (8.5～15)	乾燥
黄 銅	0.10～0.20		乾燥，潤滑
青 銅	0.10～0.20	0.54～1.83 (5.5～8.5)	乾燥，潤滑
木 材	0.10～0.35	0.20～1.30 (2.0～3.0)	潤滑
ファイバ	0.05～0.10	0.05～0.30 (0.5～3.0)	乾燥，潤滑
皮	0.23～0.30		
ウーブン系 (織物)	0.35～0.60	0.07～0.69 (0.7～7.0)	木綿，アスベスト（石綿）
モールド系 (練物)	0.30～0.60	0.34～1.76 (3.5～18)	アスベスト，レジン，ゴム，セミメタリック
シンタード系 (焼結)	0.2 ～0.50	0.34～0.98 (3.5～10)	メタリック，サーメット

【備考】相手材（ブレーキ輪，ドラム，ディスクなど）は，鋳鉄，鋳鋼，特殊鋳鉄とする．

表 4.3 ウーブン系，モールド系，シンタード系摩擦材料の特徴

材 質		基 材	結 合 材	特 徴	用 途
ウーブン系	軟質ウーブン	石綿織布	熱可塑性樹脂か熱硬化性樹脂の併用	軟質でドラム径変化に対応できる．耐熱性は低い	クレーン等産業機械，工作機械など軽負荷用
	特殊加工硬質ウーブン	石綿織布	熱硬化性樹脂	軟質ウーブンより耐熱．耐摩耗性大	同上中負荷用．クラッチフェーシング
	セミモールド	石綿織布とゴム	天然または合成ゴム	摩擦係数が高い．安価	クラッチフェーシング
モールド系	ゴムモールド	石綿織布または粉末と有機無機繊維．金属粉末	同上	ノイズによい．安価耐熱性はレジンより低い	中負荷用ブレーキライニング
	レジンモールド	同上	熱硬化性樹脂	耐熱，耐摩耗性大	交通機械用ブレーキライニング，パッド
	セミメタリック	鋼繊維と金属粉末	同上	耐摩耗性がレジンの 1/3～1/10 で良好．温度安定性も良	主としてパッド，一部ブレーキライニング
焼結	メタリック	金属粉末	同左	耐熱，耐摩耗性大	高負荷用

$$S = \mu P v \tag{4.2}$$

P を MPa，v を m/s の単位で与えたときの S の値を，自然冷却では 1 以下に抑え，通風に工夫し，冷却効果を高めた設計でも 3 程度までに抑えるようにしている．

(2)　押付力付与機構の設計

ブレーキに押付力を与える入力は人力，重力，ばね力，油圧，空気圧，電磁力などであるが，これらの入力を拡大して大きな押付力を得るために，てこ，カム，くさび，ねじなどの機械的な力の拡大機構が使用されることが多い．少し込み入った図でわかりにくいかもしれないが，鉄道車両用のブロックブレーキの例を図 4.36 に示す．車輪の踏面がブレーキドラムに相当し，これに制輪子と呼ばれるブロックを押し付けるものであるが，空気圧シリンダで得た操作入力をてこやリンク機構を介して，制輪子を両側の車輪踏面に大きな力で押し付ける仕組みになっている．

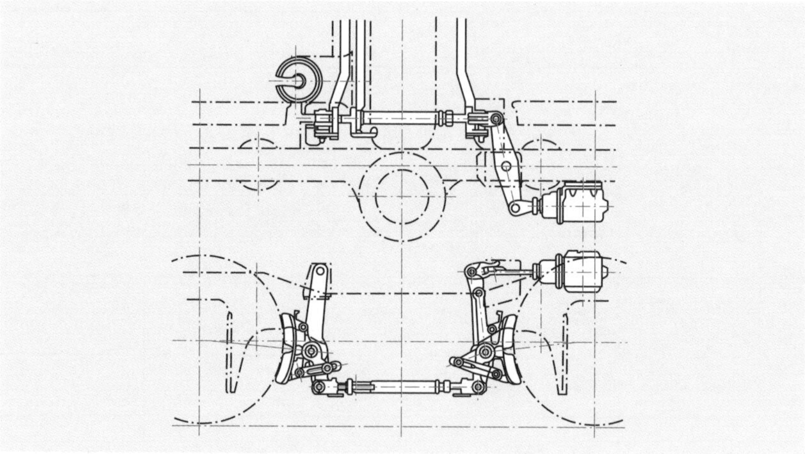

図 4.36　鉄道車両用制輪子片押し式車給踏面ブレーキ

このようなてこやリンク機構では，部材は互いにピンで結合され，ピンの周りに回転できる構造になっている．てこの基本構造は図 4.37 に示すようなもので，支点や着力点の位置関係は目的に応じて異なるが，力学的には集中荷重

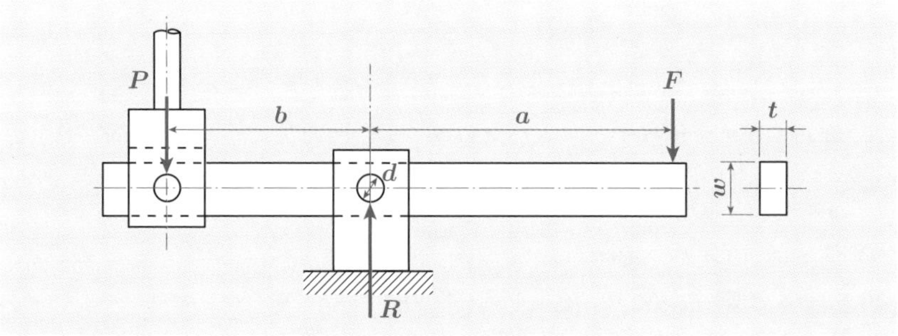

図 4.37　操作レバーの基本構造

が作用する「はり」と考えればよい．

操作入力を F，操作出力を P とすると，支点周りのモーメントの釣合いより

$$P = F \times \frac{a}{b} \tag{4.3}$$

支点反力 R は

$$R = F + P \tag{4.4}$$

となるので，出力端および支点のピンには，それぞれ P，R のせん断力が作用することになる．したがって，ピンはこれらのせん断力に対してせん断破損しないように設計しなければならない．

レバーに作用する曲げモーメントは，この場合，支点位置で最大で，その大きさを M とすると

$$M = F \times a = P \times b \tag{4.5}$$

したがって，支点位置のレバーの断面はこのモーメントに対して曲げ破損しないように設計しなければならない．レバーの幅を w，厚さを t，ピン穴の直径を d とすると，断面二次モーメントは

$$I = (w^3 - d^3)\frac{t}{12} \tag{4.6}$$

となるので，断面係数はこれを $w/2$ で除し

$$Z = w^2\left\{1 - \left(\frac{d}{w}\right)^3\right\}\frac{t}{6} \tag{4.7}$$

と与えられる．曲げ応力 σ_b は

$$\sigma_b = \frac{M}{Z} \tag{4.8}$$

より算出できるので，これがレバーの材料に措定された許容応力を超えないように，b および t を選択する．レバーの厚さ t や出力端に接続する二股の腕の厚さが小さい場合には，ピンの円筒面や穴の内面の平均面圧のチェックも必要になる．

例題 4.4

図 4.37 のようなレバーを設計する．レバー端に $F = 1.5$ [kN] の操作力を加え，作用力 P を発生させる．支点はピン継手で支えられている．レバーとピンの許容引張応力を $\sigma_a = 400$ [N/mm^2]，許容せん断応力を $\tau_a = 200$ [N/mm^2]，ピン部の許容軸受圧力を $\sigma_{Ha} = 10$ [N/mm^2] とし，安全率を 5 とする．また，レバーの長さ $a = 400$ [mm]，$b = 200$ [mm]，支点のピンの長さと直径の比は 1.25 : 1 とし，レバーの断面形状は長方形で幅 w，厚み t の比は，3 : 1 とし，ピンの長さとレバーの厚みは等しいとする．以下の問いに答えよ．

(1)　作用力 P はいくらになるか．

(2)　支点のピンに作用するせん断力を求めよ．

(3)　支点のピンの長さと直径を設計せよ．

(4)　レバーの断面形状を設計せよ．

【解答】　(1)　式 (4.3) より

$$P = F \times \frac{a}{b} = 1.5 \times 10^3 \times \frac{400}{200} = 3 \times 10^3 \quad \text{[N]}$$

よって P は 3 kN.

(2)　式 (4.4) より

$$R = F + P = 1.5 \times 10^3 + 3 \times 10^3 = 4.5 \times 10^3 \quad \text{[N]}$$

ピンの危険断面はレバーの側面に沿って 2 か所あるので，せん断力は $R/2 = 2.25$ [kN] となる．

(3)　ピンの直径を d とすると，$t = 1.25d$．このときの軸受圧力 σ_H は，

$$\sigma_H = \frac{R}{t \times d} = \frac{R}{1.25d^2} \leq \frac{\sigma_{Ha}}{5}$$

$$\therefore \quad d \geq \sqrt{\frac{5R}{1.25\sigma_{Ha}}} = \sqrt{\frac{5 \times 4.5 \times 10^3}{1.25 \times 10}} = 42.4 \quad [\mathrm{mm}]$$

そこで，$d = 45\,\mathrm{mm}$ とする．このとき，ピンに発生するせん断応力 τ は

$$\tau = \frac{4 \times R/2}{\pi d^2} = \frac{4 \times 2.25 \times 10^3}{\pi \times 45^2} = 1.42 \leq \frac{\tau_a}{5} = \frac{200}{5} = 40$$

となり，許容せん断応力よりも小さいので，せん断力では破損しない．ゆえにピンの直径 $d = 45$ [mm]，またピンの長さ $t = 45 \times 1.25 = 56.3$ [mm] より，60 [mm] とする．

(4)　レバーには支点のピン位置に曲げモーメント M が作用するので，式 (4.5) より

$$M = F \times a = 1.5 \times 10^3 \times 400 = 0.6 \times 10^6 \quad [\mathrm{N\,mm}]$$

ピン位置の危険断面における断面係数は，ピン直径 d，幅 w，厚み t として

$$Z = \frac{tw^2}{6}\left\{1 - \left(\frac{d}{w}\right)^3\right\}$$

なので，このときの曲げ応力 σ_b は式 (4.8) を用いて，$t = 1.25 \times d$ [mm]，$w = 3 \times t$ として，

$$\sigma_b = \frac{M}{Z} = \frac{6 \times 0.6 \times 10^6}{60 \times (3 \times 60)^2 \times \{1 - (\frac{45}{3 \times 60})^3\}} = 1.88 \ [\mathrm{N/mm^2}]$$
$$< \frac{\sigma_a}{5} = 80 \quad [\mathrm{N/mm^2}]$$

よって，$d = 45$ [mm] であれば，曲げモーメントでレバーは破損しない．ゆえにレバーの厚さ $t = 60$ [mm]，幅 $w = 180$ [mm] とする．■

4章の問題

□ **4.1**　6 kW の動力を 200 rpm で伝える鋼製の単板クラッチの接触面の外径 D_2 と内径 D_1 を求めよ．ただし，$D_2/D_1 = 1.4$，摩擦係数 $\mu = 0.1$，平均接触面圧 $p = 1$ [MPa] とする．圧力は摩擦円板に均一に分布すると考えよ．

□ **4.2**　図 1 のような直径 $D = 200$ [mm] のブレーキ胴にブレーキ片を押し付け，回転軸を停止させる装置について，次の設問 (1)〜(3) に答えよ．なお，$l_1 = 900$ [mm]，$l_2 = 300$ [mm]，$l_3 = 30$ [mm]，接触面の摩擦係数 $\mu = 0.2$ とする．

(1)　ブレーキ片を力 $W = 450$ [N] で押し付けたときの制動トルク T_1 [N m] を計算しなさい．

(2)　軸トルク $T_2 = 30$ [N m] の回転を停止させるために加える力 F [N] を計算しなさい．回転方向は右回りとする．

(3)　図 1 の回転軸に，図 2 のような直径 $d = 250$ [mm]，質量 $m = 10$ [kg] の円板を取り付ける．円板の慣性モーメントは考慮して，ブレーキ胴および軸の慣性モーメントは無視するとき，回転速度 $N = 900$ [rpm] から停止するまでの時間を求めよ．ただし，ブレーキ片の押付力を 450 N とする．

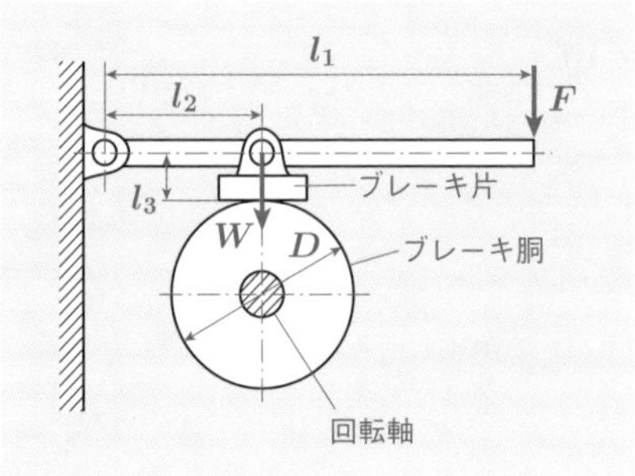

図 1

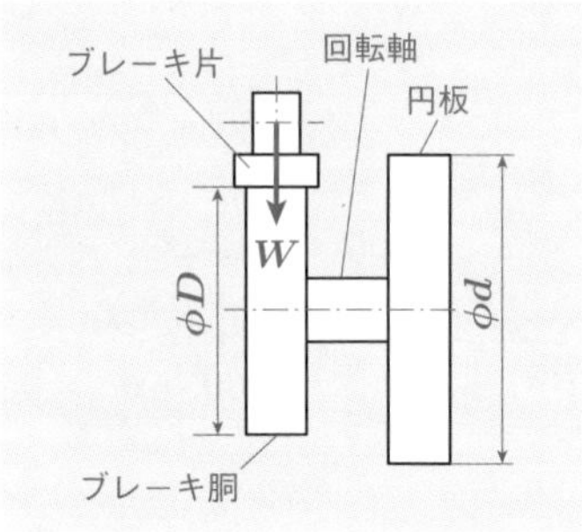

図 2

□ **4.3**　外径 $D = 400$ [mm]，内径 $d = 200$ [mm] のブレーキパッドを持つ単板ディスククラッチがある．押付力と摩擦力は，この内外径の平均値を直径とする円周上に集中的に作用するものとする．また，摩擦係数は 0.25 とする．

(1)　押付力 100 N としたとき，回転数 3500 rpm で伝達可能なトルクはいくらになるか．

(2)　このとき，伝達動力はいくらになるか．

(3) このとき，ディスククラッチ摩擦面の平均接触面圧はいくらになるか．

□ **4.4** 図 4.32 の第一形式に示すドラムが右回転するバンドブレーキがある．スチールバンドの幅は 100 mm，厚みは 3 mm，$\theta = 240°$，$a = 50$ [mm]，$b = 200$ [mm]，$l = 950$ [mm]，ドラム半径を 300 mm で，最大許容引張応力は 50 N/mm^2 である．ドラムとバンドの間の摩擦係数は 0.25 であるとして，次の問いに答えよ．

(1) バンドの最大張力はいくらか．

(2) 加えることのできる力 F は最大でいくらか．

(3) ブレーキの最大摩擦トルクはいくらか．

第5章

歯車伝動装置

原動機で発生した動力は，多くの場合，作業にマッチするように回転角速度を増したり減じたりしながら回転軸から回転軸へと伝達されていく．このような目的に使用される機械要素を総称して伝動要素という．その代表例が歯車である．

歯車は，回転体の外周面あるいは内周面に，ある形状をした歯を並べて設けた機械要素で，2つ1組でその機能を発揮する．一対の歯車を歯車対というが，歯車対では，互いの歯を連続的にかみ合わせて，動力の伝達を行う．互いの歯が連続的にかみ合うためには，両歯車の歯の大きさはある意味で等しくなければならず，また，滑らかな回転運動を伝えるためには，歯の形はある要件を満足しなければならない．当然のことながら，一対の歯車の回転速度比は歯数比の逆数になる．歯車対を複数組み合わせたものを歯車列といい，歯数の異なる歯車を掛け替えることにより入出力回転速度比を可変にした装置を歯車変速装置という．自動車のトランスミッションはその典型例である．歯の大きさや歯の形については後ほど検討することにし，まずは歯車の種類について概観してみよう．

5.1 歯車（対）の種類

歯車には，両回転軸の位置関係，歯すじの形状によって，いろいろな種類が存在する．これを一括して図5.1に示す．

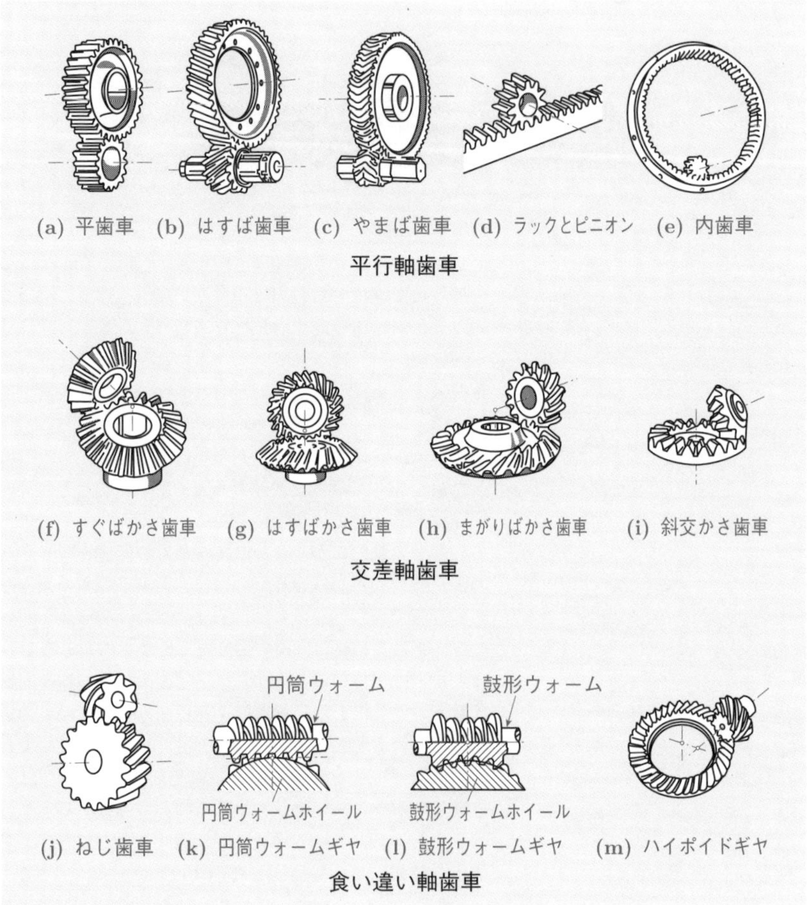

図5.1 歯車（対）の種類

(1) 平行軸歯車

かみ合う両歯車の回転軸が平行に位置する歯車．歯すじ形状によって以下のものが存在する．

① **平歯車**：図 5.1(a) のように歯すじが回転軸に平行な円筒歯車を平歯車という．最も多く使用されている基本的な歯車であるが，高速・高負荷では振動・騒音を発しやすいので，中・低速で使用される．
② **はすば歯車**：図 5.1(b) のように歯すじが回転軸に対してある角度傾いた円筒歯車をはすば歯車という．一対の歯車では歯の傾きは互いに逆になっている．①の平歯車を限りなく薄く輪切りにして少しずつ回転方向にずらせて重ねたものということができる．かみあいが滑らかで振動・騒音が少なく，高速・高負荷に適しているが，歯すじが傾いているため回転力によって互いに軸方向に離れようとする力が発生するので，回転軸の支持にはこれを受け止める機能を持った軸受を使用する必要がある．
③ **やまば歯車**：図 5.1(c) のように一対のはすば歯車を 2 個背中合わせにくっ付けた円筒歯車をやまば歯車という．こうすることで，回転軸に作用する軸方向力（スラスト）を打ち消すことができる．
④ **ラックとピニオン**：図 5.1(d) のように片方の歯車の直径を無限大に引き延ばして，平面上に歯を並べたものをラックといい，ピニオンと呼ばれる小歯車をかみ合わせて，回転運動を直線運動に，あるいは，直線運動を回転運動に変換する歯車対．平歯車のようなすぐ歯と，はすば歯車のようなはす歯がある．
⑤ **内歯車**：図 5.1(e) のように片方の歯車が円筒内面に歯を持ち，内面と外面でかみ合う形式の歯車．遊星歯車装置によく見かける．

(2) 交差軸歯車

かみ合う両歯車の回転軸が直角あるいは任意の角度で交差する歯車で，以下のようなものがある．

⑥ **すぐばかさ歯車**：図 5.1(f) のように，直交する 2 軸の交点を頂点とする円すい面に歯を設けた歯車で，歯すじが円すいの母線に一致した歯車．
⑦ **はすばかさ歯車**：図 5.1(g) のように歯すじが円すいの母線に対してある角度傾いたかさ歯車．

⑧ **まがりばかさ歯車**：図5.1(h)のように歯すじが円弧やインボリュート状に曲げられたかさ歯車.
⑨ **斜交かさ歯車**：図5.1(i)のように2軸が任意の角度で交差するかさ歯車.

これらのかさ歯車は対で製作され，検査される．組立時には2軸の中心線を所定の角度で確実に交わるようにし，各歯車の軸方向位置は調整可能に設計する．軸・軸受の剛性が低いと歯が均一にかみ合わなくなるので注意を要する．円筒歯車の場合と同様，歯すじが傾いたり，曲がったりしている形式の方がかみあいが滑らかで，高速・高荷重に適しているが，製作は面倒になる．

(3)　食い違い軸歯車

かみ合う両歯車の回転軸が同一面内に存在せず，互いに食い違った状態にある歯車で，以下のようなものがある．

⑩ **ねじ歯車**：図5.1(j)のように，傾き角（ねじれ角）の異なるはすば歯車をかみ合わせて，互いに食い違う軸の間の動力伝達を行う歯車．互いの歯面は一点でしか接触せず，歯すじ方向に滑るので，高速・高荷重には適さない．
⑪ **円筒ウォームギヤ**：図5.1(k)のように2軸の間の角度を直角にしたねじ歯車．ねじの格好をした方をウォームというが，これが円筒状をしたもの．
⑫ **鼓形ウォームギヤ**：図5.1(l)のようにウォームが鼓形をしたウォームギヤ．円筒ウォームギヤよりも，同時にかみ合う歯が多くなるので，大動力を伝達できる．

これらウォームギヤの最大の特徴は一対一組で大きな減速比が得られることであるが，かみあい部は滑り接触になるため，潤滑の良否が効率や寿命を大きく左右する．

⑬ **ハイポイドギヤ**：図5.1(m)のように，2軸の食い違った，円すいあるいは円すいに近い形をしたかさ歯車状の歯車．滑らかなかみあいで振動・騒音が少ないので，自動車の後輪を駆動する差動歯車装置によく使用される．歯すじ方向に滑りを伴うので，伝達効率はかさ歯車よりも若干悪くなる．

いろいろな機械の歯車伝動装置では上記の各種歯車対を巧みに組み合わせて，所望の動力を所望の回転速度で所望の場所へ伝えているわけである．

5.2 歯形曲線

5.2.1 機構学的要件

5.1 節で紹介した歯車対が一定の回転角速度比で滑らかに回転運動を伝えるためには，歯を形作る曲線，すなわち，**歯形曲線**は特定の機構学的要件を満足するものでなければならない．図 5.2 を用いて，これを検討してみよう．

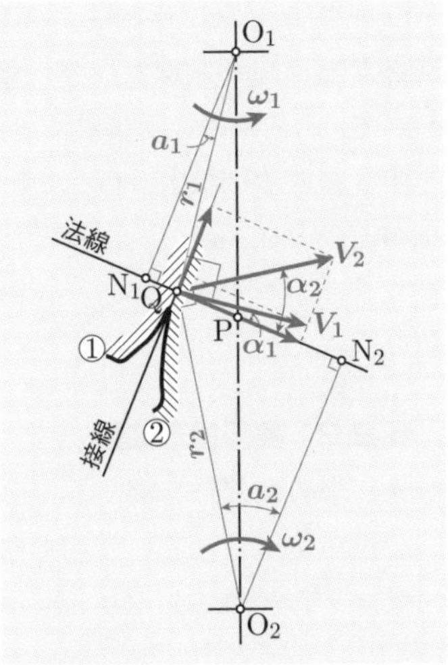

図 5.2 接触点での速度関係

図 5.2 は歯車対のかみ合う一組の歯を示している．①は O_1 に回転中心を持つ歯車 1 の歯，②は O_2 に回転中心を持つ歯車 2 の歯とする．これらがある瞬間 Q 点で接触していて，歯車 1 は回転角速度 ω_1 で，歯車 2 は回転角速度 ω_2 で回転している状況を想定しよう．この瞬間，Q 点上の歯①に属する部位は，回転半径 $QO_1 = r_1$ とすると，図のように QO_1 に直角な方向に $V_1 = r_1\omega_1$ なる速度を持つ．Q 点上の歯②に属する部位は，図のように QO_2 に直角な方向に $V_2 = r_2\omega_2$ なる速度を持つ．接触点で両歯は滑ることはできるが，めり込んだり離れたりしては困るので，V_1，V_2 の法線方向成分は等しくなければならない．すなわち

$$r_1\omega_1 \cos\alpha_1 = r_2\omega_2 \cos\alpha_2$$

回転角速度比に書き直すと，

$$\frac{\omega_1}{\omega_2} = \frac{r_2 \cos\alpha_2}{r_1 \cos\alpha_1}$$

幾何学的関係より，$\angle QO_1N_1 = \alpha_1$，$\angle QO_2N_2 = \alpha_2$ であるので，

$$\frac{\omega_1}{\omega_2} = \frac{O_2N_2}{O_1N_1}$$

また，$\triangle O_1N_1P$ と $\triangle O_2N_2P$ は相似形であるので，結局次の関係式が得られる．

$$\frac{\omega_1}{\omega_2} = \frac{O_2P}{O_1P}$$

この関係式は，どの瞬間をとっても回転角速度比が一定であるためには，点Pは動いてはいけないということを示している．すなわち，歯の形は，両歯がいかなる点で接触しようとも，その共通法線が定点を通るように形作られねばならないということである．逆に言えば，接触点での法線が一定点を通るような曲線ならば歯形曲線となり得る，ということである．

さて，両歯車の歯が接触する点Qは刻々と移動するが，O_1 に中心を持ち O_1P を半径とする円板と，O_2 に中心を持ち O_2P を半径とする円板を考えると，歯車の伝動の様子は，ちょうど，それら2つの円板が点Pで接触し，滑らずに転がり合うかのようである．この点Pを**ピッチ点**，各円板に相当する円を**ピッチ円**という．

5.2.2　実用歯形曲線

先に求めた要件を満足したとしても，創成が困難な場合には，実用的ではない．現在使用されている歯形曲線には，サイクロイドや円弧もあるが，工業的にはほとんどがインボリュート曲線である．

(1)　インボリュート歯形

図5.3のように，円板に巻き付けた糸の先端を持ってピンと張った状態でこれを開いていくとき，糸の先端が描く曲線がインボリュートである．円板に相当する円を基礎円という．このインボリュート曲線を歯形曲線とした歯車，すなわち，インボリュート歯形を持った歯車をインボリュート歯車と呼ぶが，ほ

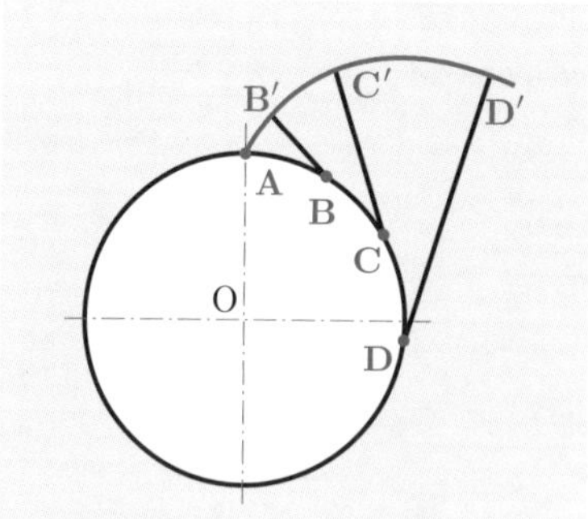

図5.3　インボリュート曲線

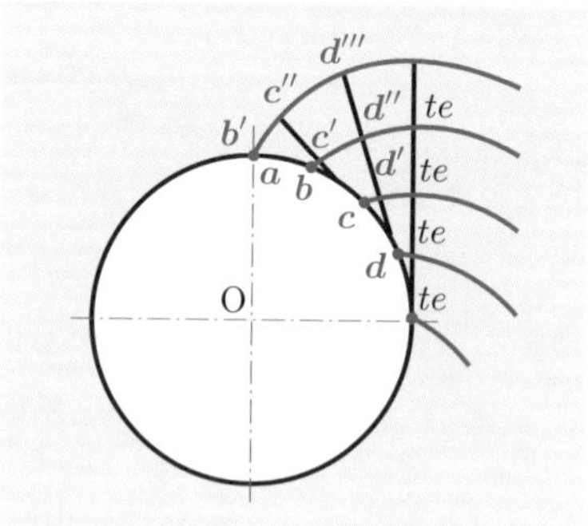

図5.4　法線ピッチ

とんどの歯車がインボリュート歯車であるので，単に歯車と言えば，このインボリュート歯車を指す．

(2)　インボリュート歯形の特徴

① **法線ピッチが一定になる**：歯数 Z のインボリュート歯車を作ることを考えると，図 5.4 のように，基礎円を $a, b, c, \ldots$ と，z に等分し，$a, b, c, \ldots$ からインボリュート曲線を引き出せばよい．各曲線の法線方向の間隔を法線ピッチというが，図からわかるように，この法線ピッチはどこで測っても一定になる．

② **歯形の創成が簡単である**：図 5.5 は，歯車が回転したとき，基礎円の接線方向に移動可能なタペットをインボリュート歯形が押し上げる様子を描いたものである．

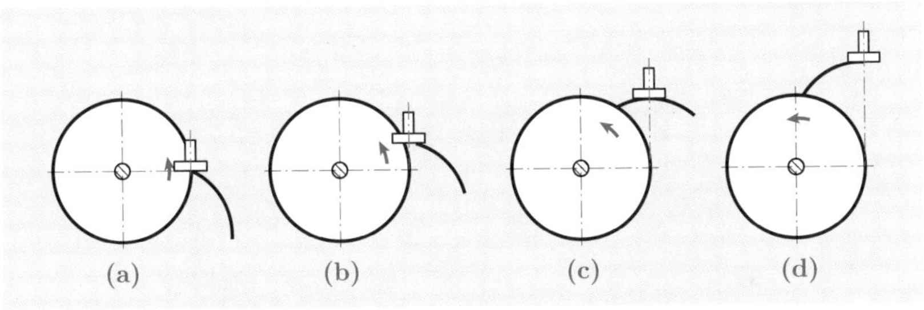

図 5.5　インボリュート歯車の創成（基礎円方式）

図より明らかなように，タペットと歯形曲線との接触点は常にこの接線の上に存在し，タペットの上昇速度は基礎円上の周速度に等しくなる．いま，タペットを工具に見立ててやれば，歯車素材の円板を回転させながら，基礎円周速度に一致させて工具と円板を相対的に動かすことで，歯が削り出されるということになる．この原理で行う歯切りを**基礎円方式**という．

歯形についてある程度の理解ができたところで，最も基本的な標準平歯車を対象に，ぜひとも知っておいてほしい重要事項を説明しておこう．

5.3 標準平歯車

作り方はのちほど説明するとして，**図 5.6** で示すような一対の**標準平歯車**がかみ合った状態から話を進めることにしよう．

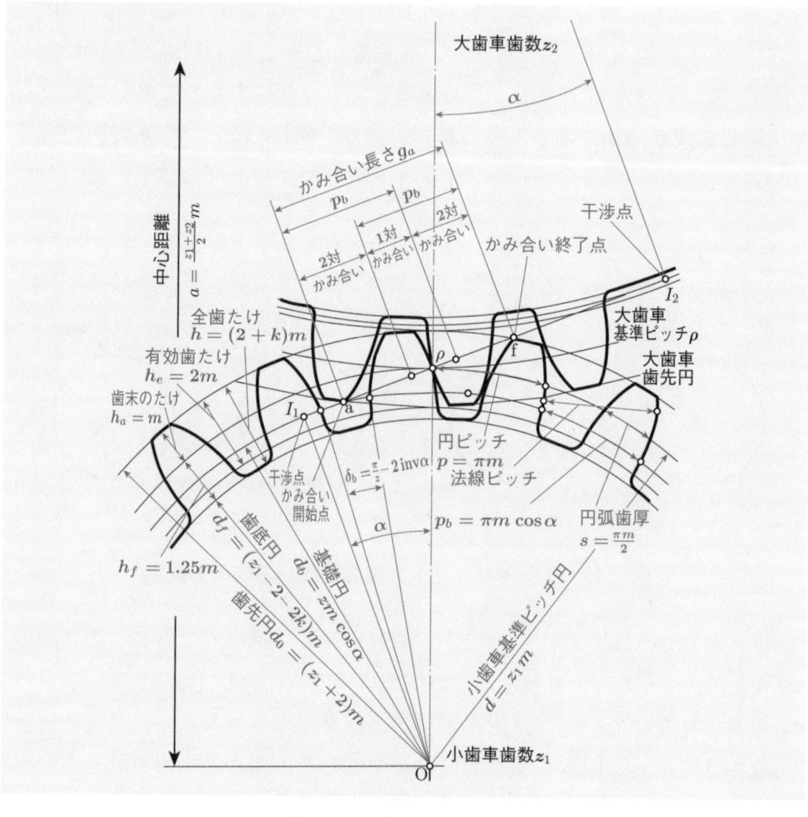

図 5.6　標準平歯車対

これまでの考察からもわかるように，両歯車のかみ合う歯の接触点は，両歯車の基礎円にたすき掛けした接線（歯形曲線の法線）の上を移動する．滑りによる摩擦力は小さいのでこれを無視すると，歯面に作用する力は法線方向に押し合う力のみであるから，どの瞬間を見ても，たすき掛け接線は力の**作用線**になっている．作用線が両歯車の回転軸中心を結ぶ線と交わる点が**図 5.2** で説明した定点，すなわち**ピッチ点**である．ピッチ点を通り，両歯車軸中心を中心とする仮想的な円をそれぞれの歯車の**ピッチ円**という．標準平歯車の場合，これを**基準ピッチ円**という．ピッチ円のピッチ点での接線（両歯車軸中心を結ぶ線に対しては法線）と作用線のなす角度を**圧力角**，標準平歯車の場合，**基準圧力角**という．基礎円の半径を変えることで基準圧力角は自由に変えられるが，JISでは20° と定めている．標準平歯車対は，両基準ピッチ円がピッチ点で接触し，滑ることなく転がり合うかのような回転運動を伝達するが，次から次へとかみあいが進行するためには，小歯車も大歯車も歯の大きさはある意味で同じでなければならない．

図 5.6 は両歯車のある歯がピッチ点でかみ合った状態を示している．ある時間後，小歯車の次の歯と大歯車の次の歯が同じようにピッチ点でかみ合うためには，前の歯と次の歯の基準ピッチ円上での円弧距離が，小歯車においても大歯車においても同じでなければならない．隣り合う歯の基準ピッチ円上での円弧距離を**円ピッチ**というが，この円ピッチが等しくなければ，歯車はかみ合わないことになる．

基準ピッチ円上での歯の厚みを円弧長さで表したものを**円弧歯厚**という．円弧歯厚は円ピッチの 1/2 以下でないと，歯と歯の間（これを**歯溝**という）に相手の歯がはまり込めない．

さて，円ピッチが歯の大きさを代表する重要な量であることは理解できたと思う．当然のことながら，基準ピッチ円の直径を d，歯数を Z とすると，円ピッチは $\pi d/Z$ で与えられる．メートル系の歯車では，この円ピッチを π で除した値を**モジュール**と称して，これを歯の大きさの指標として用いている．m という記号を用い，mm 単位で表した数値を用いる．$m = d/Z$ である．基準ピッチ円から歯先までの歯の高さを**歯末のたけ**，歯の根元から基準ピッチ円までの歯の高さを**歯元のたけ**，全体を**全歯たけ**という．標準平歯車の歯末のたけはモジュールに等しくとり，全歯たけはモジュールの 2.25 倍以上とされている．

歯の大きさの指標となるモジュールには，**表 5.1** に示すような標準値が定められていて，歯車設計は，強度を考慮してその中から適切な値を選択するという要領で行われる．繰り返すようであるが，小歯車も大歯車も，同じモジュールの歯でなければかみ合ってくれない．大小歯車で違うのは歯数である．小歯車に添字 1 を，大歯車に添字 2 を付けて表すと，回転角速度比や歯車軸間距離

表 5.1　JIS B 1701 モジュールの標準値
（JIS B 1701，表 2 より，単位 mm）

第1系列	第2系列	第3系列	第1系列	第2系列	第3系列
0.1	0.15		4	4.5	
0.2	0.25		5	5.5	
0.3	0.35		6	7	6.5
0.4	0.45		8	9	
0.5	0.55		10	11	
0.6	0.7	0.65	12	14	
0.7	0.75		16	18	
1	0.9		20	22	
1.25			25	28	
1.5	1.75		32	36	
2	2.25		40	45	
2.5	2.75	3.25	50		
3	3.5	3.75			

【備考】第 1 系列を優先的に使用する．必要に応じて第 2 系列，第 3 系列の順に選ぶ．

は次のようになる．

$$\frac{\omega_1}{\omega_2} = \frac{d_2\ (= mz_2)}{d_1\ (= mz_1)} = \frac{z_2}{z_1}$$

$$\mathrm{O_1O_2} = \frac{d_1}{2} + \frac{d_2}{2} = \frac{m(z_1 + z_2)}{2}$$

いま，図 5.6 で小歯車を右へ回転させたとする．次の歯がかみあいを開始するのは，小歯車の歯元側に大歯車の歯先が当たり始める点である．しかるに，接触は作用線上でしか起こらないので，大歯車の歯先が描く円と作用線の交点が，その点に対応することになる．かみ合っている歯がかみあいを終了するのは，小歯車の歯先が大歯車の歯元から離れようとする瞬間である．同様な理由で，小歯車の歯先が描く円と作用線の交点が，その点に対応することになる．かみあい開始点からかみあい終了点までの作用線上の長さを**かみあい長さ**という．先に出てきた法線ピッチ（隣り合う歯の作用線上の間隔）よりもかみあい長さが短いと，前の歯がかみあいを終了しようとしても，次の歯がまだかみ合わず，運動の伝達が途切れることになる．かみあい長さ ÷ 法線ピッチを**かみあい率**というが，かみあい率は 1 以上でなければ伝動は成り立たない．

5.4　平歯車の歯の形状

歯形は，最終的に図 5.7 に示した歯末（はずえ）のたけ，歯元のたけ，全歯たけ，有効歯たけ，歯厚，歯幅（歯車の歯の厚さ方向の幅）などで決定される．これらの寸法はモジュールを基準に以下の関係がある．

歯末のたけ　$h_a = m$

歯元のたけ　$h_f = 1.25m$

全歯たけ　$h = h_a + h_f = 2.25m$

基準ピッチ円直径　$d = mz$

歯先円直径　$d_a = d + 2h_a$

歯底円直径　$d_f = d - 2h_f$

軸間距離　$a = \dfrac{d_1 + d_2}{2} = \dfrac{m(z_1 + z_2)}{2}$

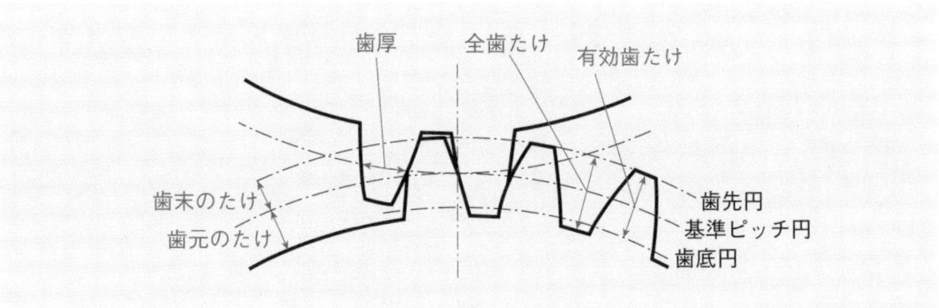

図 5.7　歯車の歯の形状を表すパラメータ

歯車の歯数が少なくなると，歯を加工するときにカッタで歯元がえぐり取られる現象が生じる．これは**歯の切下げ**（アンダーカット）と呼ばれ，歯の強度が弱くなったり，スムーズな回転の伝動が行えなくなったりする．切下げが始まる限界歯数 Z_g は次式で表される．

$$Z_g = \frac{2}{\sin^2 \alpha} \tag{5.1}$$

標準歯では $\alpha = 20°$ であるから，$Z_g = 17$ 枚となるが，実際には 14 枚まで使用可能である．これ以下の歯数で使用したい場合には，切下げ防止策として転移歯車とする．転移歯車は歯車をラック工具で加工する際に，ラック工具の中心線をピッチ円の位置からずらし加工することで作られる．ラック工具をピッチ円より歯先側にずらすことで切下げが無くなる．このときのずらした量を転移量と呼ぶ．転移歯車はこのほかに，

(1)　歯元を太くして強度を増したい場合

(2)　歯車の中心間距離を任意に変えたい場合

(3)　かみあい率，滑り率を変えたい場合

に用いられる．

例題 5.1

図5.8のような2段の平歯車減速機を設計する．入力軸には900 rpmで9 kWの動力が入力される．出力軸の回転数を150 ± 1 rpmにする．それぞれの歯車対の減速比は同じとし，歯車1と歯車3の歯数も同じとする．以下の問いに答えよ．

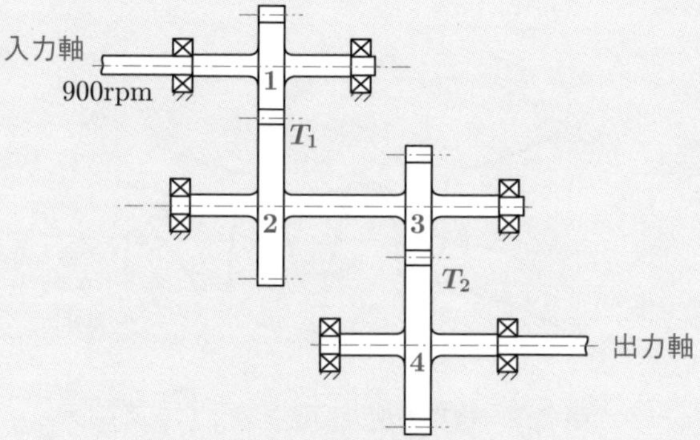

図5.8　歯車減速機

(1)　入力軸の歯車の歯数を18にしたとき，それぞれの歯車の歯数はいくらになるか．

(2)　出力軸のトルクはいくらになるか．

(3)　歯車のモジュールを3としたとき，入力軸と中間軸の間の軸間距離はいくらになるか．

【解答】 (1) 各歯車対の減速比は同じであるから，減速比を γ，それぞれの歯車の歯数を Z_1～Z_4，回転数を N_1～N_4 とすると，

$$\gamma = \frac{Z_2}{Z_1} = \frac{Z_4}{Z_3}$$

$$\therefore \quad \gamma^2 = \left(\frac{Z_2}{Z_1}\right)^2 = \frac{N_1}{N_4}$$

$N_1 = 900$，$N_4 = 150$，$Z_1 = Z_3 = 18$ とすると，

$$Z_2 = Z_4 = Z_1\sqrt{\frac{N_1}{N_4}} = 18 \times \sqrt{\frac{900}{150}} = 44$$

(2) 入力軸のトルクを T_i，出力軸のトルクを T_o とすると

$$T_o = \gamma^2 T_i = \left(\frac{44}{18}\right)^2 \left(\frac{9 \times 10^3}{2\pi \times 900/60}\right) = 571 \quad [\mathrm{N\,m}]$$

(3) モジュールが 3 だから，軸間距離は，

$$L_1 = L_2 = \frac{m(Z_1 + Z_2)}{2} = \frac{3 \times (18 + 44)}{2} = 93 \quad [\mathrm{mm}]$$

■

5.5　平歯車の強度計算

歯数 Z が決定されたので次にモジュール m と歯幅 b を決定すれば，歯車の歯形や直径などは決定できる．かみ合った歯車の歯の接触点には，相対する歯から作用線方向に力を受けるため，歯元には曲げ応力が，接触点には接触応力が発生する．そのため，モジュールと歯幅が小さすぎると強度不足となる．逆に，歯幅が大きすぎると歯車をかみ合わせたときに片当たりを生じる可能性がある．一般的に，歯幅をモジュールの6倍（並幅）～10倍（広幅）として計算するが，具体的には，後述する．歯車の歯の設計を間違い，曲げ応力が曲げ疲労強度より大きくなると**図5.9**に示すように，回転中に歯が折損し，接触応力がヘルツ応力の疲労限度値を超えると歯面の疲労摩耗（スポーリングやピッチングと呼ばれる）が発生し損傷する．

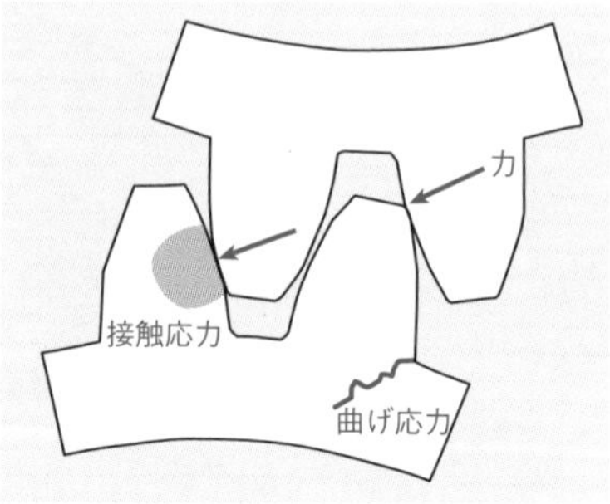

図5.9　歯車の損傷の原因

5.5.1　平歯車の材質・熱処理

多少高価になっても小型・軽量化を図りたいときや，特殊環境下で使用したいときなどでは特殊な材料を指定することが必要である．しかし，今回は，高価な材料ではなく一般的な鉄鋼材料を用いて，歯車や回転軸の精度は一般的な機械加工を前提しているので，材料は機械構造用炭素鋼としてよく知られるS45Cを第一候補とする．また，歯車の歯面に発生する接触応力に対する強度向上のため，調質処理（焼入れ焼戻し）を行うことにする．炭素鋼調質材の材料強度の参考として，**表5.2**に硬さと引張強さ下限値，許容歯元曲げ応力，許容ヘルツ応力（ヘルツ応力については後述する）を示す．**表5.3**には各種金属材料の縦弾性係数 E およびポアソン比を参考に示す．

表 5.2　炭素鋼調質材の許容歯元曲げ疲労応力およびヘルツ応力

材料（矢印は参考）		硬さ		引張強さ下限	$\sigma_{F\lim}$	$\sigma_{H\lim}$
		$\mathbf{H_B}$	$\mathbf{H_V}$	$\mathbf{N/mm^2}$	$\mathbf{N/mm^2}$	$\mathbf{N/mm^2}$
炭素鋼焼入れ焼戻し		160	167	536	178	500
		170	178	570	190	515
		180	189	604	198	530
		190	200	635	206	545
	S35C	200	210	670	216	560
		210	221	699	225	575
		220	231	735	230	590
	S43C	230	242	769	235	600
	S48C	240	252	796	240	615
		250	263	832	245	630
	S53C	260	273	868	250	640
	S58C	270	284	905	255	655
		280	295	935	255	670
		290	305	968	260	685

表 5.3　炭素鋼調質材の許容歯元曲げ疲労応力およびヘルツ応力

材　料	記　号	縦弾性係数 $\boldsymbol{E}$ [$\mathbf{N/mm^2}$]	ポアソン比 $\boldsymbol{\nu}$
構造用鋼	S-C SNC SNCM SCr SCM	2.06×10^6	0.3
鋳鋼	SC	2.01×10^5	
球状黒鉛鋳鉄	FCD	1.72×10^5	
ねずみ鋳鉄	FC	1.18×10^5	

5.5.2　歯の曲げ強さ

(1)　歯に作用する力

歯に作用する力は伝達動力 W，軸回転数 n [rps] と歯車の大きさから次のようにして求めることができる．入力軸小歯車と出力軸のかみあいについて考えると，動力とトルクと回転角速度の関係から，下式が得られる．

$$W = P_{12}\frac{d_1}{2} \times 2\pi \times n_1 = P_{12}\frac{d_2}{2} \times 2\pi \times n_2 \tag{5.2}$$

ここで，P_{12} は図 5.10 に示すような，ピッチ円上で考えた伝達接線力である．

歯面を押し合う力 P_{n12} は基準圧力角 α を用いて，

$$P_{n12} = \frac{P_{12}}{\cos\alpha} \tag{5.3}$$

となる．

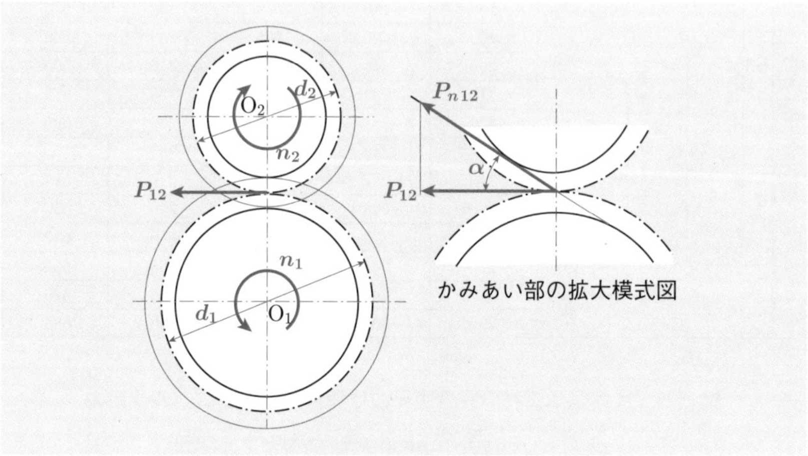

図 5.10　歯に作用する力

(2)　曲げ強さ評価式

歯はかみ合っているとき P_n という力で作用線の方向に押し合っている．P_n の値はかみあいが始まって終了するまで，2 枚かみあい，1 枚かみあい，2 枚かみあいと，かみあいの状況に応じて変化する．図 5.11 はピッチ点でかみ合った状態を示す．当然，かみ合っていないときは何の力も作用しない．すなわち，歯はかみあいのたびに繰り返しこの力を受けるので，歯元には繰り返されるモーメント荷重で疲労損傷を生じることがある．疲労損傷が進むと歯が折れる折損事故に至る．このことを考慮して，歯の曲げ強さと伝達接線力 P の関係が与えられている．

図 5.11 に示すように，歯形中心線と 30° なす直線が歯元の歯形曲線と内接する点を点 B，点 C とする．この BC が歯に作用するモーメント荷重に対する危険断面と仮定し，その歯厚を s とする．また，歯の幅 b は図 5.12 に示される．

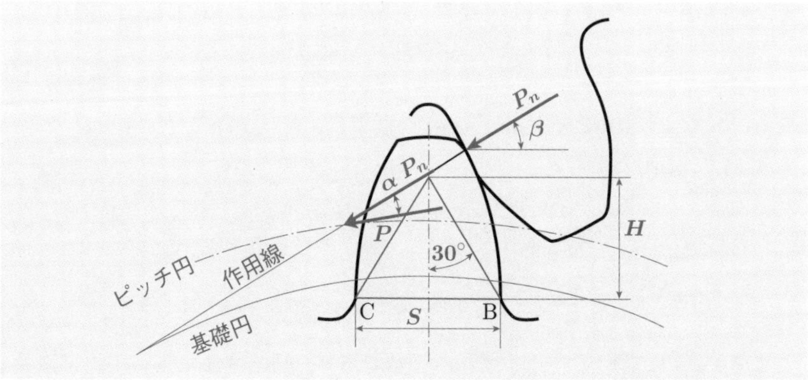

図 5.11　歯元応力の求め方

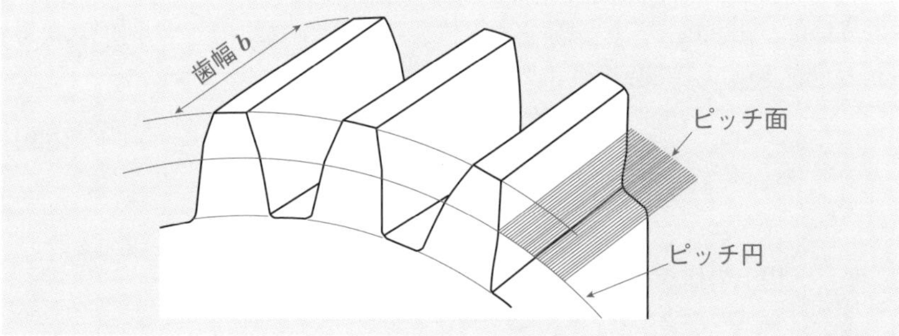

図 5.12　歯車の歯幅

危険断面と最悪荷重点に作用する力 P_n のなす角を β，力の作用線と歯形中心線との交点から危険断面までの距離を H とする．危険断面に作用する曲げモーメント M は

$$M = P_n H \cos\beta \tag{5.4}$$

となる．一方，先に仮定した三角形断面のはりの歯底面の断面係数 Z は下式で与えられるので，危険断面 BC に発生する曲げ応力を，歯幅 b を用いて以下のように求めることができる．

$$Z = \frac{bS^2}{6} \tag{5.5}$$

$$\sigma_b = \frac{M}{Z} = \frac{6P_n H \cos\beta}{bS^2} \tag{5.6}$$

方，ピッチ円上の伝達接線力 P は式 (5.3) で与えられるので，式 (5.6) は

$$\sigma_b = \frac{6PH}{bS^2} \times \frac{\cos\beta}{\cos\alpha} \tag{5.7}$$

となる．S および H をモジュール m を基準に，$S = mS'$，$H = mH'$ と変形して式 (5.7) に代入すると

$$\sigma_b = \frac{P}{bm} \times \frac{\cos\beta}{\cos\alpha} \times \frac{6H'}{S'^2} = \frac{P}{bm} Y_F \tag{5.8}$$

$$\left(Y_F \equiv \frac{\cos\beta}{\cos\alpha} \times \frac{6H'}{S'^2} \right)$$

ここで，Y_F は歯形係数と呼ばれる係数であり，**図 5.13** に相当平歯車歯数 Z と歯形係数 Y_F との関係を示す．相当平歯車歯数は，はすば歯車のねじれ角を考慮した歯数で，標準平歯車の場合は歯数 Z そのものである．実際の曲げ強さの評価には，歯元応力に影響を与える種々の要因を考慮して，下記の式が用いられる（日本歯車工業会規格 JGMA 401-01）．

$$\sigma_b = \frac{P}{bm} Y_F Y_\varepsilon Y_\beta \left(\frac{K_V K_O K_{F\beta}}{K_L K_{FX}} \right) S \tag{5.9}$$

ここで，

P：ピッチ円上の伝達接線力

m：モジュール

b：歯幅

Y_F：歯形係数（**図 5.13** より求める，ただし x は転移係数）

Y_ε：荷重分配係数（かみあい率係数）．かみ合う歯の数が変化するため，誤差があれば最悪の場合 1 枚の歯で全荷重を支えなければならないので，最悪の状態を想定すると $Y_\varepsilon = 1$．

Y_β：ねじれ角係数．はすば歯車の場合の係数である．平歯車の場合は $Y_\beta = 1$ とする．

K_V：動荷重係数（歯車の精度と周速度によって決まる係数）（**表 5.4**）．

K_O：過負荷係数（使用係数）．実際に作用するピッチ円上接線力と呼び接線力 P との比率で与える．実際に作用する接線力は，駆動装置や被駆動装置の駆動状態で変化するため，それらの組合せで係数が**表 5.5** のような目安が与えられている．

$K_{F\beta}$：歯すじ荷重分布係数．歯幅が大きくなったり，組立誤差が大きいと歯が

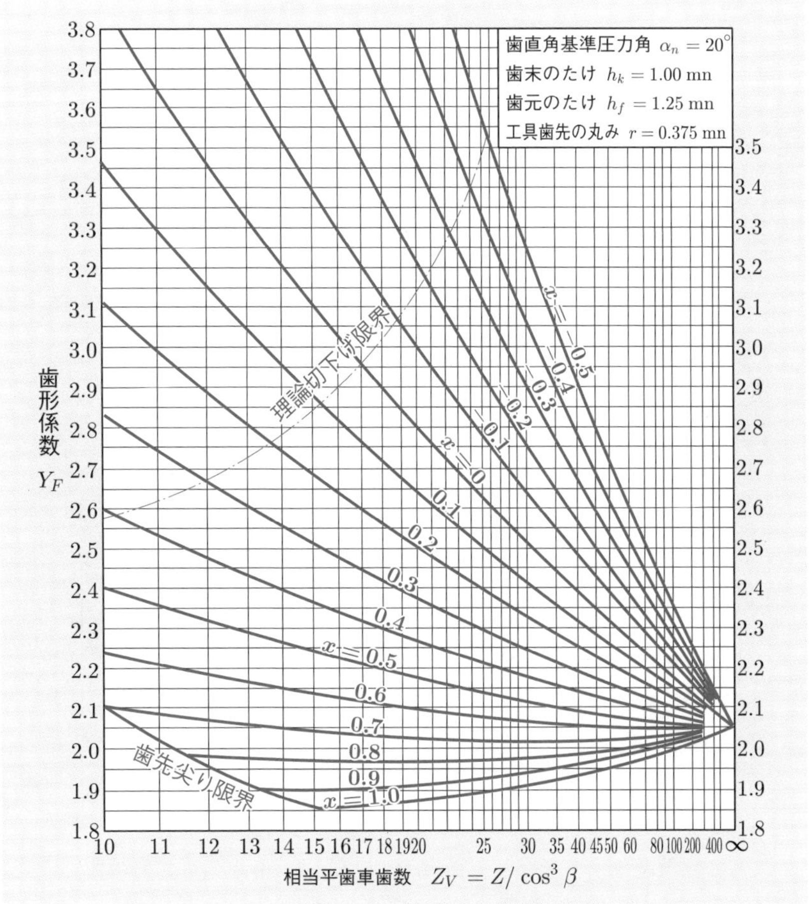

図 5.13　歯形係数と相当平歯車歯数の関係

均一に当たらない．この効果を考慮する係数．一様に組み立てられているとすると $K_{F\beta} = 1$.

K_L：寿命係数（負荷を受けてかみ合う回数 10^4〜10^7 で決まる係数）．10^7 回以上のかみあい回数を仮定した場合 $K_L = 1$.

K_{FX}：歯元応力に対する寸法係数（切欠き係数）．歯底のすみ肉部の曲率半径が $0.3m$ 以上あるときは $K_{FX} = 1$ とする．

S：歯元曲げ破損に対する安全率（1.2 以上）

表 5.4　動荷重係数 K_V の求め方

JIS B 1702 による歯車精度等級		かみあいピッチ円上の周速度 (m/s)						
歯　形		1以下	1をこえ3以下	3をこえ5以下	5をこえ8以下	8をこえ12以下	12をこえ18以下	18をこえ25以下
非修整	修　整							
	1	–	–	1.0	1.0	1.1	1.2	1.3
1	2	–	1.0	1.05	1.1	1.2	1.3	1.5
2	3	1.0	1.1	1.15	1.2	1.3	1.5	
3	4	1.0	1.2	1.3	1.4	1.5		
4	–	1.0	1.3	1.4	1.5			
5	–	1.1	1.4	1.5				
6	–	1.2	1.5					

表 5.5　過負荷係数（使用係数）K_O の求め方

原動機（入力）側からの衝撃	被駆動機（出力）側からの衝撃		
	均一負荷	中程度の衝撃	激しい衝撃
	発電機 タービン 送風機など	工作機械 往復型圧縮機 ベルトコンベアなど	圧延機 パワーショベル 鍛造機など
均一負荷 電動機・タービンなど	1.00	1.25	1.75
軽度の衝撃 多気筒エンジン	1.25	1.50	2.00
中程度の衝撃 単気筒エンジン	1.50	1.75	2.25

これらの係数をすべて考慮し，式 (5.9) で求める σ_b が歯車材料の曲げ疲労強度 $\sigma_{F\,\mathrm{lim}}$ を超えないように設計する．

例題 5.2

動力 $W = 3.7$ [kW]，回転数 1800 rpm で駆動される 2 段の歯車減速機に用いる歯車を設計する．各歯車の歯数を，$z_1 = z_3 = 21$，$z_2 = z_4 = 89$ とする．駆動原動機が電動機，被駆動機械がベルトコンベアとして，コストを抑えるため，通常の切削加工で制作するとして，各歯車のモジュールと歯幅を歯車の歯の曲げ強度から設計しなさい．

【解答】　1段目と2段目の歯車対のモジュール m は同一に設計する．したがって，歯幅 b を調節して曲げ強さの設計を行うものとする．ピッチ円上の伝達接線力は伝達トルクに依存するので，伝達トルクから接線力を見積もる．伝達トルクは低速側歯車対において大きくなるので，まず低速側より設計検討を行い歯幅を求め，後に高速側歯車対の歯幅調節を行って，両者の間に強度上の大きなアンバランスを生じないようにする．

式 (5.4) の関係を低速側歯車対に適用すると

$$W = P_{34}\,\frac{d_3}{2} \times 2\pi n_1 \times \frac{z_1}{z_2} \tag{5.10}$$

$d_3 = mz_3$ だから，

$$P_{34} = \frac{W}{\pi n_1 m} \times \frac{z_2}{z_1 z_3} \tag{5.11}$$

式 (5.9) に代入すると

$$\begin{aligned}\sigma_{b\,\mathrm{lim}} &\geq 1.2 \times \frac{P_{34}}{m \cdot b_3}\,Y_F K_V K_O \\ &= \frac{1.2W}{\pi b_3 m^2 n_1} \times \frac{z_2}{z_1 z_3}\,Y_F K_V K_O \end{aligned} \tag{5.12}$$

歯幅 b は一般的にはモジュールの 6〜10 倍とするので，

$$b = (6\text{〜}10) \times m \tag{5.13}$$

ここでは，$b_3 = 10m$ とする．このとき，式 (5.12) は，

$$\sigma_{b\,\mathrm{lim}} \geq \frac{0.12W}{\pi m^3 n_1} \times \frac{z_2}{z_1 z_3}\,Y_F K_V K_O \tag{5.14}$$

これより，

$$m \geq \sqrt[3]{\frac{0.12W}{\pi n_1 \sigma_{b\,\mathrm{lim}}} \times \frac{z_2}{z_1 z_3}\,Y_F K_V K_O} \tag{5.15}$$

これは，歯の曲げ強度上必要なモジュールの大きさで，後で検討する歯面強度上必要なモジュールと比較して，最終的に大きい方を採用する．

1段目（高速側）歯車対の歯幅 b_1 あるいは b_2 は2段目（低速側）と同じ強度を保証するためには，

$$b_1 = b_2 = b_3\,\frac{z_3}{z_2} \tag{5.16}$$

で十分であるが，あまり小さすぎると，中間軸大歯車のボス部（軸を通す穴）の設計に別の配慮が必要になるため，式 (5.15) で計算された値が式 (5.16) より小

さくなるときには，$b_1 = 6m\sim10m$ として，適切な値を選ぶこととする．また，軸方向の組立や部品公差によるずれに対して十分なかみあいを保証するため，実際の歯幅の寸法は小歯車側を上記歯幅よりも 2〜4 mm 大きくし，選択する．

呼称動力 $W = 3.7$ [kW]，回転数 1800 rpm であるから，$n_1 = 30$ [回/s] となる．歯数は $z_1 = z_3 = 21$，$z_2 = z_4 = 89$ なので，**図 5.12** より，$x = 0$ の曲線上で $z = 21$ の点の歯形係数 Y_F を求めて，$Y_F = 2.76$ となる．ベルトコンベアの衝撃は中程度と想定して**図 5.4** より，$x = 0$ の曲線上で $z = 21$ の点の歯形係数 Y_F を求めて，$Y_F = 2.76$ となる．過負荷係数 $K_O = 1.25$ となる．また，コストを抑えるため，通常の切削加工を想定し，動荷重係数 $K_V = 1.2$ とする．また，曲げ疲労強度は，$\sigma_{b\,\mathrm{lim}} = 240$ [N/mm^2] と与えると，これらの値を式 (5.15) に代入してモジュール m を計算すると，

$$
\begin{aligned}
m &\geq \sqrt[3]{\frac{0.12 \times 3.7 \times 10^3 \times 10^3}{\pi \times 30 \times 240}\,\frac{89}{21^2} \times 2.76 \times 1.2 \times 1.25} \\
&\approx 2.54\ [\mathrm{mm}] \quad \rightarrow \quad 3.0\ [\mathrm{mm}]
\end{aligned}
$$

となる．このとき，歯幅 $b_4 = 10m$ として，$b_4 = 30$ [mm] となる．歯幅 b_3 はそれよりも少し大きくとって，$b_3 = 32$ [mm] とする．

式 (5.16) に，$b_4 = 30$ の値を代入して，

$$
b_1 = b_2 = 30 \times \frac{21}{89} = 7.08 \quad [\mathrm{mm}]
$$

そこで，歯幅 $b_1 = 10$ [mm]，$b_2 = 8$ [mm] とする． ■

5.5.3 歯面強さ

歯車の歯は互いに接触しながらトルクを伝達する．そのため繰返し接触応力による破損に対しても考慮する必要がある．これは**疲労摩耗**と呼ばれ，とくに歯車ではスポーリングやピッチングと呼ばれ，ひどい損傷になると**図 5.14** に示したような摩耗が観察される．このような損傷は振動や騒音を引き起こすだけでなく，さらに多大な損傷を引き起こし重大な事故につながる可能性もある．

歯面の接触は，接触部におけるそれぞれの歯面の曲率半径を半径とする円筒同士の接触に置き換えて考えることができる．接触の際の変形を考慮しないと，接触部は面積を持たないので接触部の圧力は無限大になる．実際には変形を伴うので，ある面積を持ち，無限大とはならず，相当大きな有限の圧力となる．この接触圧力は当然，歯に塑性変形を生じないように設計しなければならないが，

弾性変形の限度内にあったとしても接触が繰り返されることから，材料の接触疲労の許容限度を超すと，疲れによる歯面の損傷に至る．したがって，前述の曲げ強度のほかに，接触強度に対しても十分な歯の大きさを設計する必要がある．

図 5.14　歯面のピッチング損傷例

(1)　ヘルツ応力

図 5.15 のように円筒面が接触したとき，接触部に生じる接触応力の最大値 σ_H はヘルツの弾性接触理論により次式で与えられる．

$$\sigma_H = \sqrt{\frac{P_n}{b}\,\frac{\dfrac{1}{\rho_1}+\dfrac{1}{\rho_2}}{\pi\left(\dfrac{1-\nu_1^2}{E_1}+\dfrac{1-\nu_2^2}{E_2}\right)}} \tag{5.17}$$

ここで，

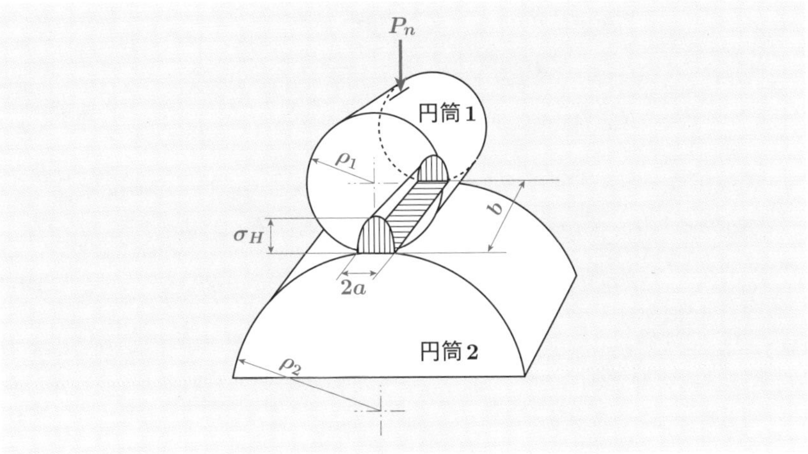

図 5.15　2 円筒の接触応力分布

P_n：押付力

b：歯幅

ρ_1，ρ_2：接触点における大小歯車の歯面の曲率半径

E_1，E_2：大小歯車の縦弾性係数

ν_1，ν_2：大小歯車のポアソン比

である．

(2)　歯面強さの評価式

ピッチ点での歯面のかみあいを上述したヘルツ接触理論に基づき接触応力 σ_H を求めるが，その際に曲げ強さの場合と同様に各係数を考慮すると次式のように与えられる．

$$\sigma_H = \sqrt{\frac{P}{bd_0}\frac{R+1}{R}} \times \frac{Z_H Z_M Z_\varepsilon Z_\beta}{K_{HL} Z_L Z_R Z_V Z_W} \times \sqrt{K_{H\beta} K_V K_O}\, S_H \quad (5.18)$$

ここで，

P：ピッチ円上伝達接線力

b：歯幅

d_0：ピッチ円直径

R：減速比

であり，その他の係数は，以下のようなものである．

Z_H：領域係数．かみあいピッチ点における歯面の曲率に対応する接線応力を考慮した係数であり，平歯車の場合は下式で与えられる．

$$Z_H = \frac{2}{\sqrt{\sin 2\alpha}} \qquad (\alpha：基準圧力角 = 20^\circ) \quad (5.19)$$

Z_M：材料定数係数．式 (5.18) の合成縦弾性係数の項を表す係数であり，一般的な金属材料を想定すると，$\nu = 0.3$ として，かつ同一材料を用いると仮定すると，以下で与えられる．

$$Z_M = \sqrt{0.175E} \quad (5.20)$$

Z_ε：かみあい率係数．平歯車の場合は $Z_\varepsilon = 1$ となる．

Z_β：ねじれ角係数．平歯車の場合 $Z_\beta = 1$ とする．

K_{HL}：寿命係数（負荷を受けてかみ合う回数 $10^4 \sim 10^7$ で決まる係数）．10^7 回以上のかみあい回数を仮定して $K_{HL} = 1$ とする．

Z_L：潤滑油係数．潤滑状態が接触応力に及ぼす影響を考慮した係数．潤滑に使用する潤滑油の 50℃ における動粘度から決定される．

Z_R：粗さ係数．歯面の粗さは接触応力に及ぼす影響を考慮した係数．

Z_V：潤滑速度係数．かみ合う歯面間の接線方向速度の影響を考慮した係数．

Z_W：硬さ比係数．小歯車歯面の材料が表面硬化された材料で，大歯車が表面硬化されていない場合の影響を考慮した係数．

$K_{H\beta}$：歯すじ荷重分布係数．曲げ強さ評価式の場合と同じ．

K_V：動荷重係数．曲げ強さ評価式の場合と同じ．

K_O：過負荷係数（使用係数）．曲げ強さ評価式の場合と同じ．

S_H：歯面損傷（ピッチング）に対する安全率（1.15 以上）．

これらの係数をすべて考慮し，式 (5.18) で求める σ_H が歯車材料のヘルツ応力の疲労限度 $\sigma_{H\,\mathrm{lim}}$ を超えないように設計する．

5.5.4　平歯車の全体形状設計

平歯車は，図 5.16 に示すように歯・リム・ウェブ・ボス（ハブとも呼ぶ）から成り立っており，歯車のサイズによって，

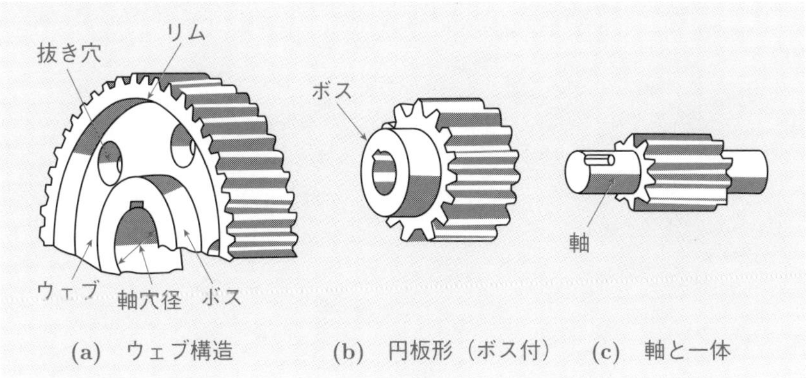

図 5.16　平歯車の全体形状

(a)　ウェブ構造

(b)　円板形

(c)　ピニオン（軸と一体形）

の3種類に分けられる．ウェブ構造では，ウェブと抜き穴を用いることで，歯車の強度を保持しつつ重量の軽量化を図っている．円板形・ウェブ形ともボスの部分が歯車の歯幅以上で，軸方向に両側に飛び出したタイプの (b) のようなもの，片側に飛び出したタイプ，歯車全体の幅が歯幅と同じもの，などがある．これは，歯幅が小さい場合に，回転軸と歯先との平行度を上げるために用いられる．また，歯車のピッチ円直径が小さい場合には，回転軸と一体構造として作成する場合が多い．歯車として完成させるには，上記のどの構造にするか，またウェブやハブの寸法を決定する必要がある．

5 章の問題

□ **5.1**　例題 5.1 の図 **5.8** に示したような平歯車を用いた 2 段減速機において，それぞれの歯車を A～D とし，その歯数を Z_{A}，Z_{B}，Z_{C}，Z_{D} とする．また，歯車 A，B および歯車 C，D の軸間距離は等しく，$a = 420$ [mm] である．次の問いに答えなさい．

(1)　歯数比を $Z_{\mathrm{A}} : Z_{\mathrm{B}} = 1 : 4$，$Z_{\mathrm{C}} : Z_{\mathrm{D}} = 1 : 5$ とすると，この減速機の減速比はいくらか．

(2)　上記歯数比のとき，モジュールを 4 とすると，各歯車の歯数はいくらか．

(3)　入力軸に動力 5 kW，回転数が 1200 rpm の入力があったとき，出力軸のトルクはいくらか．

□ **5.2**　標準平歯車を採用した 2 段の歯車減速機がある．1 段目はモジュールが 4 で，小歯車 1 の歯数は 18 枚，大歯車 2 の歯数は 36 枚である．2 段目のモジュールは不明であるが，小歯車 3 の歯数は 19 枚，大歯車 4 の歯数は 57 枚である．動力損失はないとして以下の問いに答えよ．

(1)　1 段目の軸間距離 L_1 を求めよ．

(2)　2 段目の軸間距離 L_2 を測定すると 114 mm であった．2 段目のモジュールはいくらか．

(3)　入力軸は 1500 rpm で回転している．そのとき，中間軸と出力軸の回転数はそれぞれ何 rpm か．

(4)　上記の回転数で，入力軸のトルクが 10 N m のとき，中間軸，出力軸のトルクはそれぞれいくらか．

(5)　そのとき，伝達されている動力はいくらか．

□ **5.3**　図 1 のように負荷 $W = 6$ [kN] がかかる直径 $D_1 = 80$ [mm] の輪軸があって，これと同軸に取り付けたピッチ円直径 $D_2 = 450$ [mm] の歯車と，それにかみ合うピッチ円直径 $D_3 = 63$ [mm] の歯車軸を取り付けた直径 $D_4 = 560$ [mm] の鋳鉄製のブレーキ輪を図のように単ブロックブレーキで制動したい．以下の問に答えよ．ただし，図の a，b，c の寸法はそれぞれ 750 mm，250 mm，30 mm とする．

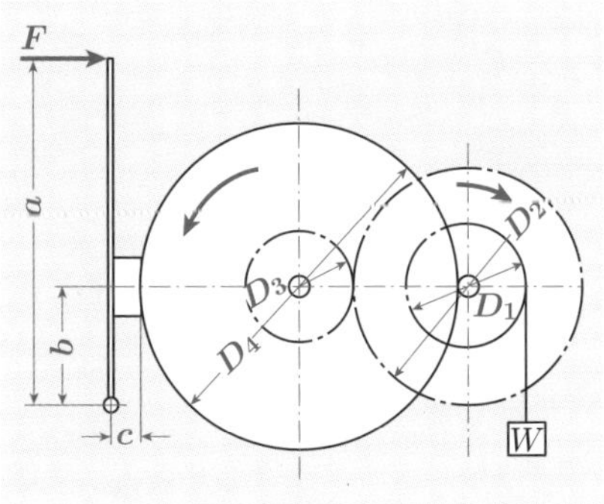

図 1

(1)　必要となる制動力を求めよ.

(2)　レバー先端に加える力を $F = 150$ [N] としたい. このときに鋳鉄製のブレーキ輪とブレーキブロックとの間の摩擦係数はいくらにすればよいか.

□ **5.4**　例題 5.2 で求めた平歯車のかみあい時における歯面の接触応力を求めよ.

第6章

巻掛伝動装置

第5章で歯車伝動装置について学んだが，歯車伝動装置では，歯車の軸間距離は，歯車のサイズで決定されるため，小さくなる．しかし，機械では駆動軸と従動軸を離して配置することが必要になる場合も存在する．そのような場合に使用されるのがベルト伝動やチェーン伝動に代表される巻掛伝動装置である．

6.1 ベルト伝動

図 6.1 のように駆動軸に取り付けられたプーリ（ベルト車）と従動軸に取り付けられたプーリにベルトを巻き掛けて動力を伝達する方法.

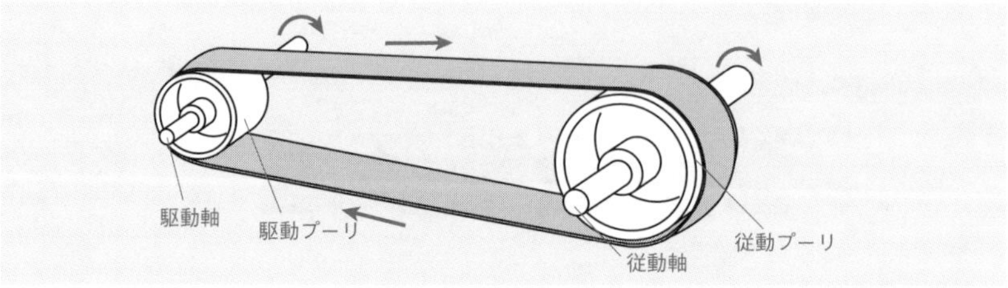

図 6.1 ベルト伝動

性能の良い歯車伝動装置が作られるようになってからは少なくなったが，最近になって再び見直され，ベルトやプーリの構造上の改良，ベルト材料の改良もあって，現在では各分野で広く利用されている.

ベルト伝動を大別すると，平ベルトや V ベルト，丸ベルト伝動のような摩擦力による伝動と，歯付ベルト伝動のような歯のかみあいによる伝動とに分けられる．摩擦力による伝動では，伝達動力はベルトとプーリ間に作用する摩擦力に支配され，摩擦係数，巻掛角，ベルト張力，遠心力によって制限される．これは，摩擦力による伝動方式の大きな欠点であるが，過負荷時に一種の安全装置として機能したり，衝撃を和らげたり，あるいは，駆動軸を回転させたままで従動軸を回転・停止可能にすることができるなど，その欠点を長所として利用することもできる.

6.1.1 平ベルト伝動

先の図 6.1 が平ベルト伝動の基本形．**平ベルト**は，他の形式のベルトに比べて曲げ剛性が小さく，曲げによるエネルギー損失も小さいので，プーリの直径を小さくすることができる．したがって，小形で小動力の機械装置での使用が多い．案内車（アイドラ）を用いて，平行 2 軸間以外に，図 6.2 に示すように，いろいろな位置関係にある軸間に対応させることができるのも平ベルト伝動の大きな特徴である.

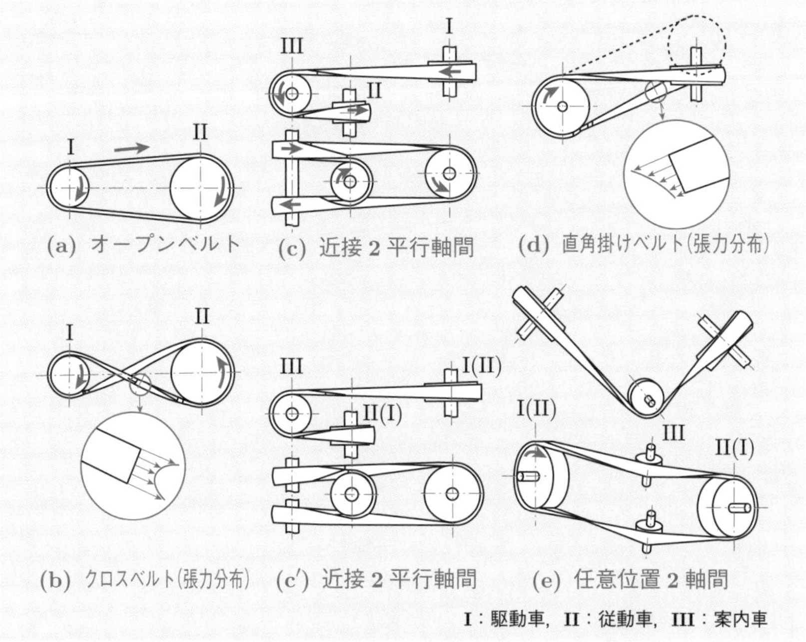

図 6.2　平ベルト伝動の軸位置とベルトのかけ方

(1)　速度比

駆動側プーリの直径を d_1，回転角速度を ω_1，従動側プーリの直径を d_2，回転角速度を ω_2 とすると，ベルトの厚さが小さい場合，速度比 γ は

$$\gamma = \frac{\omega_2}{\omega_1} = \frac{d_1}{d_2}$$

厚さが無視できない場合は，厚さを t とすると，速度比 γ は次式で与えられる．

$$\gamma = \frac{\omega_2}{\omega_1} = \frac{d_1 + t/2}{d_2 + t/2}$$

(2)　ベルトの長さ

図 6.3 に示すようなオープンベルトの場合のベルト長さ L と巻掛角 θ は，軸間距離を a とすれば幾何学的な関係から次のように求めることができる．

$$L = (\pi - 2\varphi)\frac{d}{2} + (\pi - 2\varphi)\frac{D}{2} + 2\alpha\cos\phi \tag{6.1}$$

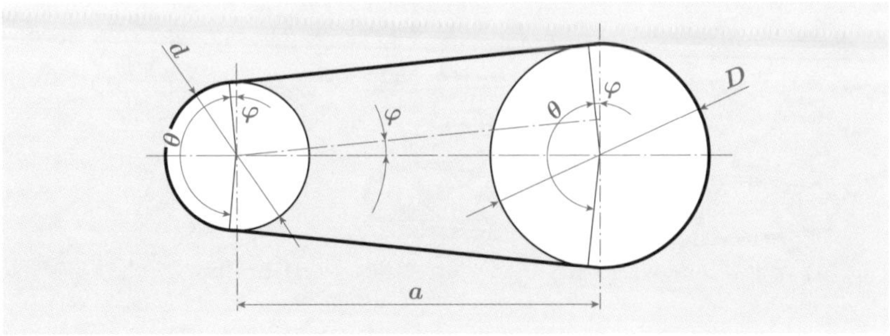

図 6.3　オープンベルト

$$\varphi = \sin^{-1}\left(\frac{D-d}{2a}\right) \tag{6.2}$$

ただし，

$$\theta = \pi - 2\varphi$$

(3)　ベルトの強度

ベルトの張力を大きくすれば伝達動力も大きくできるが，ベルトの強度には限界がある．そのため，ベルト運転中に作用する最大張力である張り側の張力がベルトの許容張力以下になるようにベルトを選定する．

例題 6.1

軸間距離 a が 3 m で駆動・従動プーリの直径 d，D がそれぞれ 300，600 mm のときのプーリの巻掛角とベルトの長さはそれぞれいくらか．

【解答】　式 (6.2) から，

$$\theta = \pi \pm 2\varphi = \pi \pm 2\sin^{-1}\left(\frac{D-d}{2a}\right)$$

$$= \pi \pm 2\sin^{-1}\left(\frac{600-300}{2\times 3000}\right) \approx 3.04,\ 3.24\ [\mathrm{rad}]\ (174.3,\ 185.7^\circ)$$

式 (6.1) から，

$$L = 3.04 \times \frac{300}{2} + 3.24 \times \frac{600}{2} + 2 \times 3000\cos(2.87^\circ) \approx 7420 \quad [\mathrm{mm}]$$ ■

(4) 伝達動力

ところで，平らなベルトを円筒表面に巻き掛けるだけで比較的大きなトルクを伝達できるのはなぜであろう．次の解析はこの答えを導き出すために行ったものである．

図 6.4(a) は駆動側プーリに平ベルトが巻き掛けられた状態を示している．図(b) は図(a) に示す任意の角 θ の位置のベルトの微小部分を取り出して，これに作用する力を図示したものである．T は θ の位置でのベルトの張力，$T+dT$ はそこから微小角 $d\theta$ 先のベルトの張力，dQ はベルトがプーリから受ける垂直抗力，$\mu\, dQ$ は μ を摩擦係数とするときベルトがプーリから受ける摩擦力，dF はベルトの微小部分に作用する遠心力である．

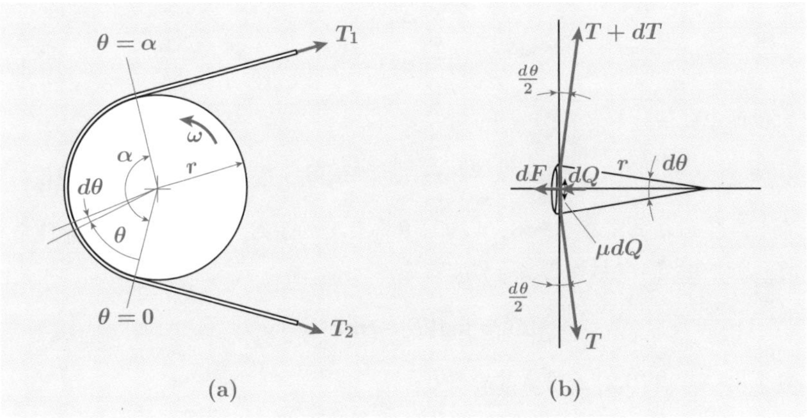

図 6.4　摩擦側で平ベルトに作用する力

まず，半径方向の力の釣合いを考えてみよう．ベルトの微小部分を引っ張る力，張力 T および $T+dT$ の半径方向成分は $T\sin(d\theta/2)$，$(T+dT)\sin(d\theta/2)$ で与えられ，ともに左から右へ向かう力である．$d\theta$ は微小であるので，$\sin(d\theta/2)$ は $d\theta/2$ と与えることができる．dT も $d\theta$ 同様微小量であるので，それらの積 $dT\,d\theta$ は高次の微小量となって無視できる．結局のところ，ベルト張力によりベルト微小部分に作用する左から右への半径方向力は $Td\theta$ ということになる．一方，ベルトの単位長さ当たりの質量を m とすると，プーリとともに角速度 ω で回転しているベルトの微小部分には遠心力 $dF=mr^2\omega^2\,d\theta$ が作用する．こ

の dF は垂直抗力 dQ とともにベルト微小部分に半径方向右から左へ向かって作用することになる．左から右への力と右から左への力は釣り合わねばならないので，$dQ = (T - mr^2\omega^2)\,d\theta$ なる関係が得られる．

次に接線方向の力の釣合いを考えてみよう．張力 T の接線方向成分は下向きに $T\cos(d\theta/2)$，$T + dT$ の接線方向成分は上向きに $(T + dT)\cos(d\theta/2)$ が作用する．$d\theta$ を限りなく小さくすると $\cos d\theta$ は 1 になるので，その差 dT が張力によってベルト微小部分に上向きに作用する力ということになる．これが摩擦力 $\mu\,dQ$ と釣り合う．すなわち，

$$dT = \mu\,dQ$$

先に求めた dQ を代入し整理すると，張力分布について次の微分方程式が得られる．

$$\frac{dT}{T - mr^2\omega^2} = \mu\,d\theta \tag{6.3}$$

これは簡単に積分できて，

$$\log(T - mr^2\omega^2) = \mu\theta + C \tag{6.4}$$

ただし，C は積分定数である．いま，$\theta = 0$ での張力，すなわち，緩み側張力を T_2 とすると，C は次のように定まる．

$$C = \log(T_2 - mr^2\omega^2)$$

これを用いて式 (6.2) を書き改めると，

$$\log\left(\frac{T - mr^2\omega^2}{T_2 - mr^2\omega^2}\right) = \mu\theta \tag{6.5}$$

対数を真数に書き改めると，

$$\frac{T - mr^2\omega^2}{T_2 - mr^2\omega^2} = e^{\mu\theta} \tag{6.6}$$

$\theta = \alpha$ での張力，すなわち，張り側張力を T_1 とすると，T_1 は θ に α を代入して，次のように求まる．

$$\frac{T_1 - mr^2\omega^2}{T_2 - mr^2\omega^2} = e^{\mu\alpha} \tag{6.7}$$

プーリがベルトを回転させようとするトルク M_t は，$M_t = (T_1 - T_2)r$ であるから，伝達し得る動力 W は，これに回転角速度 ω を乗じて求めることができ

る．T_2 を消去し，T_1 で表すと，

$$W = (T_1 - mr^2\omega^2)\frac{e^{\mu\alpha} - 1}{e^{\mu\alpha}} r\omega \tag{6.8}$$

伝達し得る動力 W は回転角速度 ω の 3 次関数になることがわかる．回転角速度 ω の増加とともに伝達動力 W は増加するが，あるところで最大になり，それ以上の回転角速度では逆に低下する．その限界の回転角速度 ω_c は次のように与えられる．

$$\omega_c = \sqrt{\frac{T_1}{3mr^2}} \tag{6.9}$$

これがベルト伝動の特徴である．

さて，バンドブレーキが大きな制動トルクを発生するメカニズムも同様に解析することができる．バンドブレーキでは円筒は回転しないので，$\omega = 0$ と考えればよい．そのときには，式 (6.6) は次のようになる．

$$\frac{T_1}{T_2} = e^{\mu\alpha} \tag{6.10}$$

制動トルク M_t は，$M_t = (T_1 - T_2)r$ で与えられるので，T_1 を使って表せば，

$$M_t = (1 - e^{-\mu\alpha})T_1 r$$

T_2 を使って下記の式で表される．

$$M_t = (e^{\mu\alpha} - 1)T_2 r$$

これらの結果を用いて，**図 6.5** に示すような差動式バンドブレーキで制動トルク M_t を発生させるために必要な力 P を求めてみよう．

レバーの支点周りのモーメントの釣合いから，$Pl = T_2 a - T_1 b$ が成り立つので，式 (6.9) を用いて T_1 を消去すれば，

$$Pl = (a - be^{\mu\alpha})T_2$$

先に求めた T_2 と M_t の関係を代入すると，制動トルク M_t を発生させるために必要な入力 P を次のように求めることができるのである．

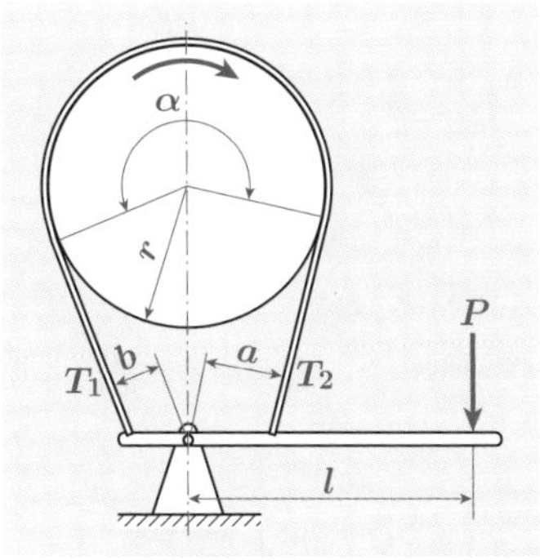

図 6.5　差動式バンドブレーキ

$$P = \frac{a - be^{\mu\alpha}}{(e^{\mu\alpha} - 1)rl} M_t$$

もし，$a \leq e^{\mu\alpha}b$ となるようにレバーを設計したとすれば，$P \leq 0$ となって，常にブレーキがかかった状態になる．これを自縛作用という．

例題 6.2

駆動プーリの直径 d が 300 mm，回転数 n が 1800 rpm で，動力 $P = 1.5$ [kW] を伝達する平ベルト伝動装置について，ベルトの必要断面積を求めよ．ただし，平ベルトとプーリの間の摩擦係数 $\mu = 0.3$，ベルトの許容引張り応力 $\sigma_a = 2.5$ [MPa]，密度を $\rho = 1000$ [kg/m^3]，巻き掛け角 $\alpha = 200°$ とする．

【解答】 T_1（張り側）$\leq$ 許容張力 T_a の関係を満たすようにベルト断面積を決定する．式 (6.8) の $m = \rho A$，$r = d/2$ として，式 (6.8) を変形すると

$$T_1 = \frac{e^{\mu\alpha}}{e^{\mu\alpha} - 1}\frac{2W}{d\omega} + \rho A\frac{d^2\omega^2}{4} \leq T_a = \sigma_a A$$

この式に各値を代入して A を求めると

$$\begin{aligned} A &= \frac{e^{\mu\alpha}}{e^{\mu\alpha} - 1}\frac{2W}{d\omega}\Bigg/\left(\sigma_a - \frac{\rho d^2\omega^2}{4}\right) \\ &= \frac{e^{0.3\times3.49}}{e^{0.3\times3.49} - 1}\frac{2\times1.5\times10^3}{0.3\times2\pi\times30}\Bigg/\left(2.5\times10^6 - \frac{10^3\times0.3^2\times(2\pi\times30)^2}{4}\right) \\ &= 4.8\times10^{-5}\ [\mathrm{m}^2] = 48\ [\mathrm{mm}^2] \end{aligned}$$

■

6.1.2　V ベルト伝動

断面形状が V 形のベルトを **V ベルト**といい，図 6.6 に示すように，これをプーリ外周面に設けた断面形状が V 形の溝にはまり込むよう巻き掛けて動力伝達を行う．厚みがあるため，平ベルトに比べてプーリ径は大きくなるが，くさび効果により摩擦力が増して，平ベルト伝動より大きなトルクの伝達ができるので，各分野で広く用いられている．

(1)　V ベルトの種類

V ベルトは使用目的に応じて，その欠点を除き，長所を生かすための工夫がなされており，図 6.6 に示すような種類がある．

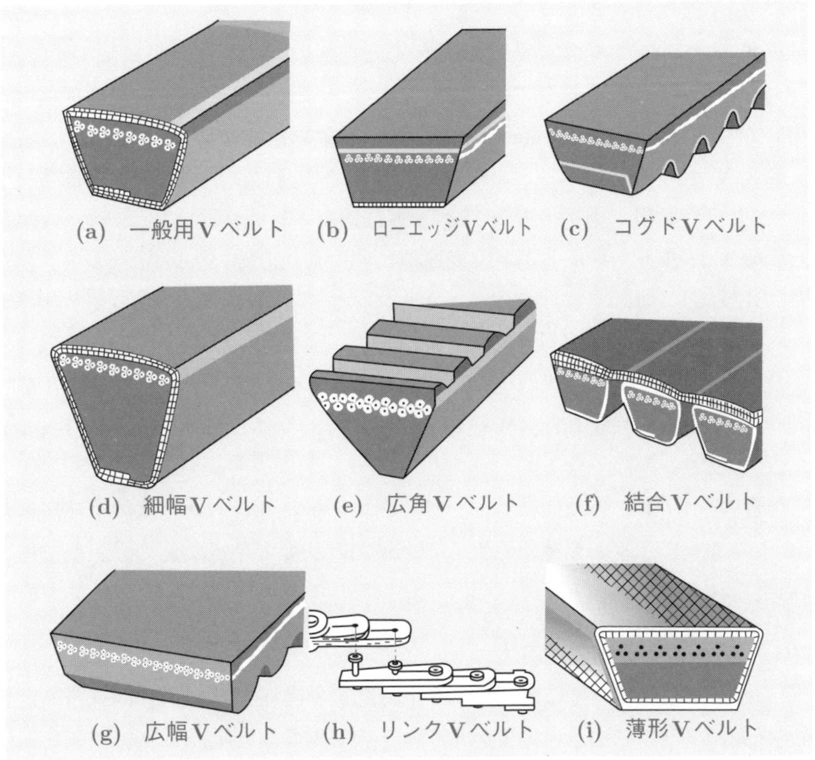

図 6.6　**V** ベルト

① **一般用 V ベルト**：従来最も多く使用されていたもので，安価で入手しやすいが，目的に合った他のものを使用するケースが多くなり，減少傾向にある．周囲ぐるりをゴム引きの織布で巻き，芯線はポリエステルコード．

② **ローエッジ V ベルト**：外周面，内周面にのみ織布を当て，V 溝と接触する側面には織布を当てないタイプ．摩擦係数が高く，自動車用やベルト式無段変速機用など条件の厳しいところに使用される．

③ **コグド V ベルト**：ベルト内周面を波形にし，曲げやすくして，小径プーリへの適応性を増したもの．家庭電化製品や事務用機器など小形の機械に使用される．

④ **細幅 V ベルト**：側面からの圧縮力に強く，芯線に張力むらが少ない．一般用 V ベルトよりも大きなトルクをより高速で伝達できるが，曲がりにくいので，

プーリ最小直径は大きくなる.

⑤ **広角Vベルト**:V字の角度を大きくしたもの.くさび効果は減少するが,その分,プーリから離れやすくなる.芯線部分が幅広くとれるので強度的にも有利.トルク変動の少ない高速伝動用として適する.

⑥ **結合Vベルト**:Vベルトを複数列使用する場合に,連結して一体構造にしたベルト.一般用,細幅,広角Vベルトに適用される.

⑦ **広幅Vベルト**:ベルト式無段変速機に使用される幅の広いVベルト.側面からの圧縮力に対して強度を保つとともに,プーリ径が小さくなっても適応できるように,内周面は波形にしてある.

⑧ **リンクVベルト**:板状の小片をピンでつなぎ合わせて作った,一般用Vベルトと同じ断面形状をした,Vベルト.小片を取り外したり,取り付けたりすることで長さを調節できる.

⑨ **薄形Vベルト**:外周面にもプーリを当て,逆に曲げられた状態で使用されてもよいように,厚さを薄くしたもの.逆曲げ状態で使うことの多い農業機械に適用される.

(2) Vベルト伝動の速度比

駆動側プーリに巻き付いているベルトの芯線の回転半径を r_1,回転角速度を ω_1,従動側プーリに巻き付いているベルトの芯線の回転半径を r_2,回転角速度を ω_2 とすると,速度比 γ は

$$\gamma = \frac{\omega_2}{\omega_1} = \frac{r_1}{r_2}$$

で与えられる.近似的にはプーリのピッチ円直径を用いてもよい.

(3) Vベルト伝動の伝達動力

Vベルト伝動では,ベルトがV溝に押し込まれるときのくさび効果により,摩擦力が増大する.その力学的関係は図6.7に示すようになる.

半径方向の力の釣合いから

$$Q = 2(R\sin\beta + \mu R\cos\beta), \qquad R = \frac{Q}{2(\sin\beta + \mu\cos\beta)}$$

この押付力 R により発生する回転方向の摩擦力 F は

$$F = 2\mu R = \frac{\mu Q}{\sin\beta + \mu\cos\beta}$$

となる．くさび効果のない平ベルト伝動と対比させるため，$\mu' = F/Q$ で「見かけの摩擦係数」を定義すると，

$$\mu' = \frac{\mu}{\sin\beta + \mu\cos\beta} \qquad (6.11)$$

が得られる．分母は 1 より小さいので，見かけ上，摩擦係数が増えたようになる．これがくさび効果である．

Ｖベルト伝動の伝達動力を求めるに当たっては，先の平ベルト伝動の伝達動力の解析で，摩擦係数 μ をこの「見かけの摩擦係数」μ' で置き換えればよいのである．

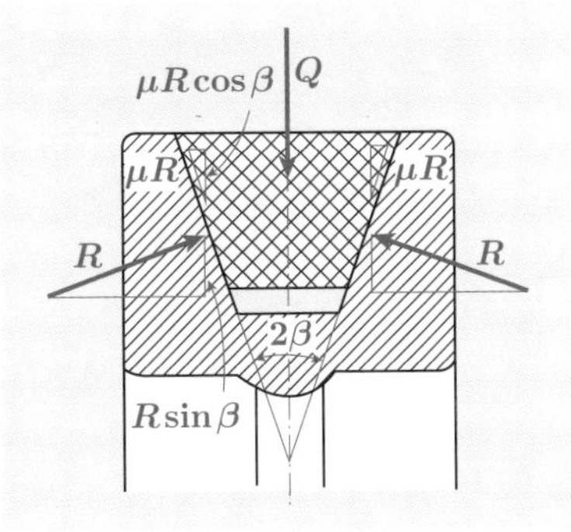

図 6.7　くさび効果

例題 6.3

プーリ溝角度が 34° のＶベルトを用いる．ベルトとプーリ間の摩擦係数を 0.3 としたとき，見かけの摩擦係数はいくらになるか．

【解答】　式 (6.11) から，

$$\mu' = \frac{\mu}{\sin\beta + \mu\cos\beta} = \frac{0.3}{\sin\frac{34^\circ}{2} + 0.3 \times \cos\frac{34^\circ}{2}} \approx 0.52 \qquad ■$$

6.1.3　Ｖリブドベルト

プーリ径を小さくできる平ベルトの長所と，くさび効果により大きなトルク伝達ができるＶベルトの長所を併せ持つよう考案されたベルトで，通常，Ｖベルトとは別に分類される．すでに**図 6.6** に紹介したが，ベルト形状を改めて**図 6.8** に示す．平ベルトの内周面に，Ｖ溝にはまるリブを複数本設けた構造．芯線はリブより外側に配置されているので，くさび作用による圧縮力は受けない．

そのため，芯線には均一な張力のみが作用し，大トルクの伝達に適する．ベルトの外周面を平ベルトとして使用することもできるなど，適用範囲が広く，最近注目されている形式のベルトである．

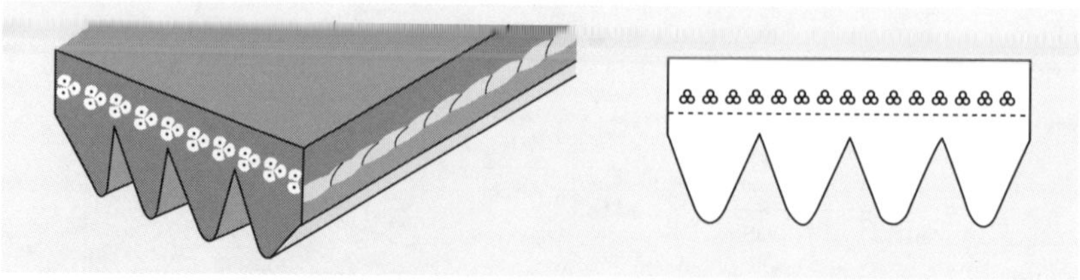

図 6.8　V リブドベルト

6.1.4　丸ベルト伝動

断面形状が丸いベルトを溝付きプーリに巻き掛けて動力の伝達を行う．丸ベルトは曲げに対する方向性がないので，平ベルト以上に立体的な伝動に向いているが，伝達し得るトルクは小さく，動力伝達というよりも回転運動の伝達が要求される箇所に適用される．

6.1.5　歯付きベルト伝動

図 6.9 に示すように，内周面に歯を設けたベルトを，これとかみ合う歯を設けたプーリに巻き掛け，歯のかみあいによって動力の伝達を行う．滑りがなく，駆動軸と従動軸の間のタイミングを確実にするので，タイミングベルトとも呼ばれる．エンジンのカムシャフト躍動用に用いたり，外周面に突起を設けて種々の作業をさせることも可能であり，逆曲げや両面に歯を付けて多軸伝動もできるので，多機能ベルトとして，事務機器や娯楽機器等への適用が広がっている．

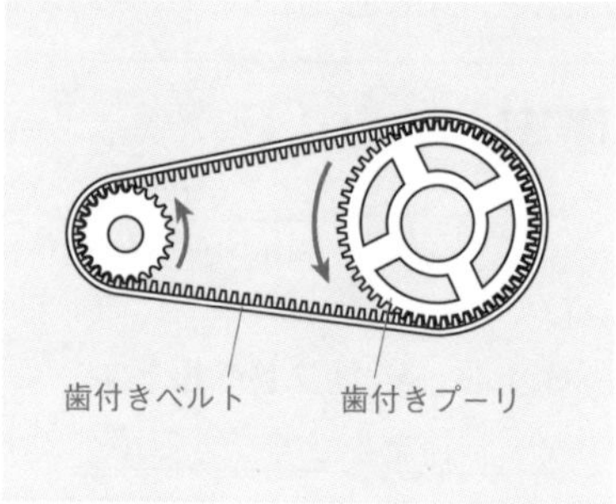

図 6.9　歯付きベルト伝動

6.2　チェーン伝動

図 6.10 に示すように，多数のリンクをピンでつなぎ合わせたチェーンをスプロケットと呼ばれる鎖車に巻き掛けて動力を伝達する方法．身近な例は自転車に見ることができる．

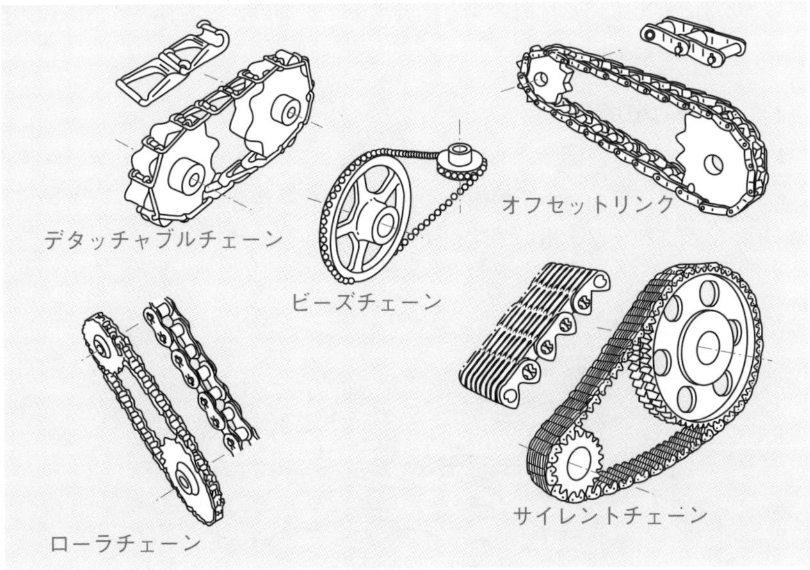

図 6.10　チェーン伝動の例

6.2.1　チェーン伝動の特徴

チェーン伝動もベルト伝動と同様，離れた 2 軸の間の動力伝達に使用されるが，ベルト伝動と比較すると，次のような長所・短所がある．

長所：①滑らないので，確実で，より大きな動力を伝達することができる．
②あらかじめ張力をかけておかなくてもよいので，軸受に余分な力がかからない．
③伝達効率が高い．
④多軸伝動がやりやすい．
⑤金属材料で構成できるので，耐熱，耐油，耐湿性がよい．

短所：①線密度が大きいため遠心力が大きくなり，高速回転には向かない．
②振動・騒音を発生しやすい．
③大きな動力の伝達は平行2軸間に限られる．

6.2.2　ローラチェーン伝動

チェーンは，用途に応じて，構造や材料に多種類が存在している．ローラチェーンは，動力伝達を主たる目的とする伝動用チェーンの代表的存在で，一般の機械に広く使用されている．

(1)　チェーンの構造

ローラチェーンは，図6.11に示すように，ローラをはめたローラリンクをピンとピンリンクプレートで順次つなぎ合わせた構造をしている．ピンの脱落は割りピンかクリップを用いて防止する．

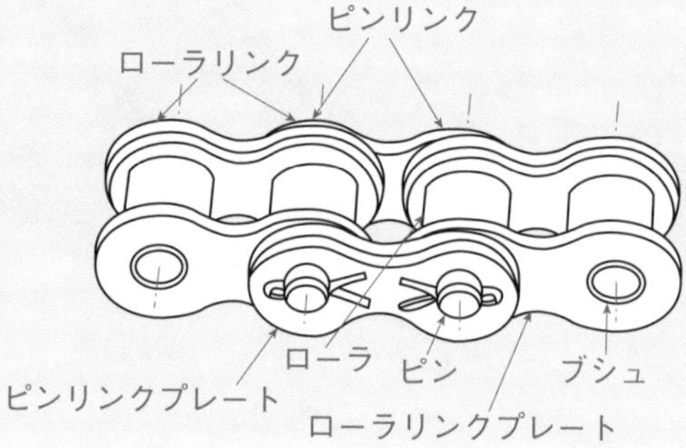

図6.11　ローラチェーン

チェーンは両端をつないで環状にして使用される．チェーンの全体長がピッチの偶数倍のときは，ピンとピンリンクプレートからなるピンリンクと同じ形状の継手リンクと呼ばれるリンクで結合するが，奇数倍になるときには，ローラリンクの半分とピンリンクの半分を一緒にした形状のオフセットリンクと称するリンクで結合する．通常の目的には，図6.11に示すようなチェーン1本からなる，単列ローラチェーンが使用されるが，とくに大動力の伝達用には，複数本からなる多列ローラチェーンが使用される．これを図6.12に示す．

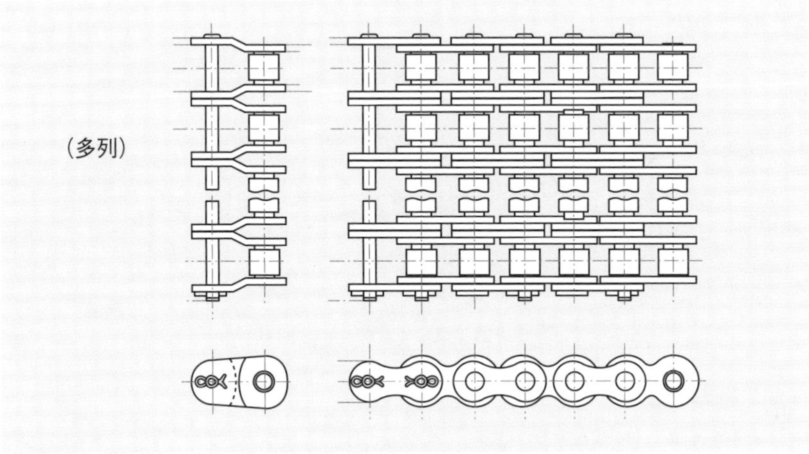

図 6.12　多列ローラチェーンの構造

(2)　スプロケットの形状

スプロケットの歯の底は円弧状で，その円弧直径 D_s はチェーンのローラ径 D_r よりもわずかに大きく，$D_s\ [\mathrm{mm}] = 2R = 1.005D_r\ [\mathrm{mm}] + 0.076\ [\mathrm{mm}]$ で与えられ，完全な円弧状の S 歯形と歯底中央部にわずかな直線部を設けた U 歯形とがある．また，歯先部はチェーンが円滑に着脱できるよう先細り形状になっている．

チェーンのピッチ（ローラ間隔）を p，歯数を N とすれば，図 6.13 に示す基本寸法は次のように与えられる．

ピッチ円直径：　$$D_p = \frac{p}{\sin(\pi/N)}$$

スプロケット外径：　$$D_o = p\left(0.6 + \cot\frac{\pi}{N}\right)$$

歯底円直径：　$$D_s = D_p - D_r$$

歯底距離：　$$D_c = D_s \quad \text{（偶数歯）}$$

$$D_c = D_p \cos\left(\frac{\pi}{2N}\right) \quad \text{（奇数歯）}$$

最大ハブおよび溝部直径：　$$D_{H\,\max} = p\left(\cot\frac{\pi}{N} - 1\right) - 0.76 \quad [\mathrm{mm}]$$

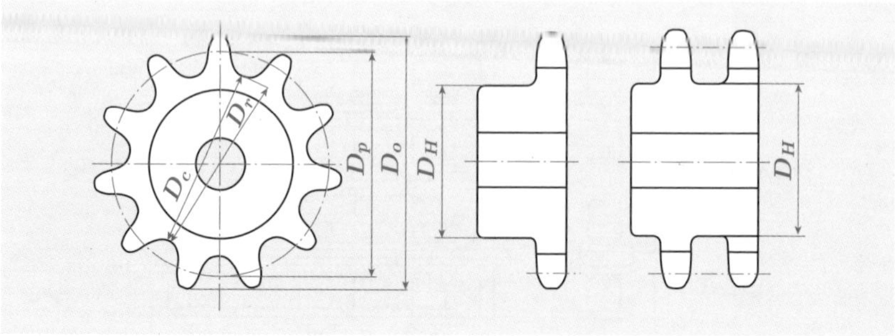

図 6.13　スプロケットの形状

(3)　速度変動

ローラチェーン伝動では，図 6.14 に示すように，スプロケットの回転角によって有効回転半径が異なる．

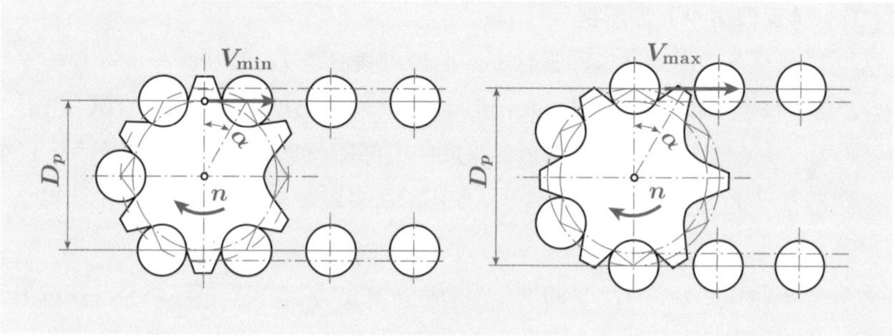

図 6.14　速度変動

スプロケットが一定回転角速度で回転するとき，チェーン走行速度の最小値と最大値の比率は次のようになる．

$$\frac{V_{\rm min}}{V_{\rm max}} = \cos\alpha$$

ただし，α はスプロケットのピッチ半角である．また，このときチェーンは走行方向に直角に浮沈する．

この浮沈はチェーンに強制振動を与えて，高速時には激しい振動・騒音の原因になる．

速度変動度として

$$\Delta = \frac{V_{\max} - V_{\min}}{V_{\max}}$$

を定義すると，これは

$$\Delta = 1 - \cos\alpha$$

と，スプロケットのピッチ半角 α のみの関数として与えられる．α は π を歯数 N で除した値になるので，結局のところ速度変動度はスプロケットの歯数のみの関数になり，歯数の関数として図 6.15 のようになる．

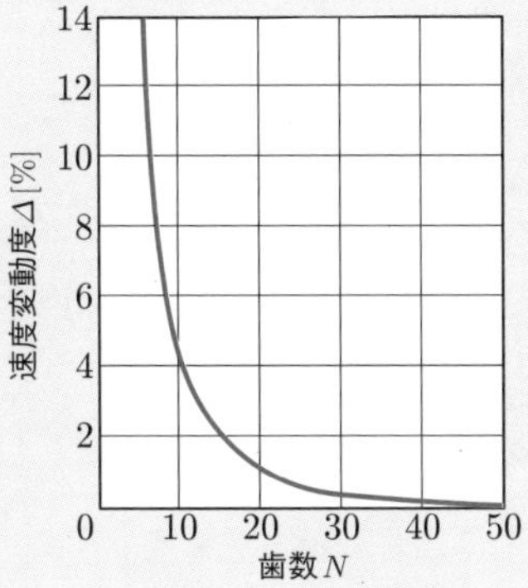

図 6.15　速度変動度

(4)　チェーンの掛け方

チェーン伝動では，駆動軸と従動軸の位置関係によって，図 6.16 に示すように，適切な掛け方と不適切な掛け方があるので，設計に当たっては注意を要する．

6.2.3　サイレントチェーン伝動

図 6.17 に示すように，2 つの歯形を持ったリンクプレートを伝達動力の大きさに応じて必要枚数を交互に重ねてピンで連結した**サイレントチェーン**を，スプロケットに巻き掛けて動力伝達を行う．運転中にチェーンが横移動してスプロケットから外れないように，両サイドに，あるいは，中央に案内リンクを設けて，スプロケット側面を抱きかかえるか，スプロケット中央部の溝にはまり込むようにする．案内リンクを使用せず，スプロケットの両サイドにフランジ

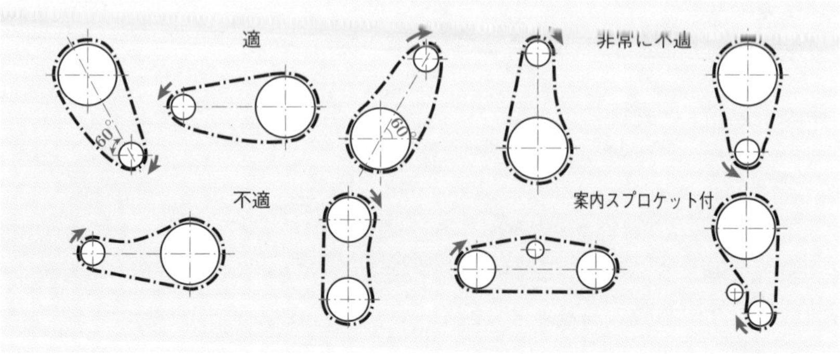

図 6.16　チェーンの掛け方

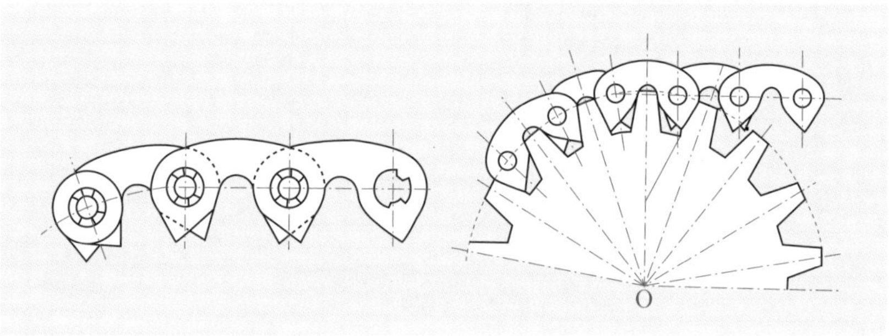

図 6.17　サイレントチェーン伝動

を設ける設計もある．サイレントチェーンは，摩耗しても「がた」を生じにくく，かみあい時にスプロケットを激しく叩くことがないので，高速でも静粛運転が可能である．

6.2.4　ビーズチェーン伝動

図 6.18(b) の最上段に示すような多数のビーズをリンクでネックレースのようにつなぎ合わせた**ビーズチェーン**を，同図中央に示すような，ビーズがはまる窪みとリンクがはまるスロットを設けたスプロケットに巻き掛けて動力の伝達を行う方法．あまり大きな動力は伝達できないが，ローラチェーンやサイレントチェーン伝動と違って，2 軸の位置関係に相当な自由度が与えられるので，複雑な運動伝達用に使用される．図 6.18 にいろいろな使用のされ方を示す．

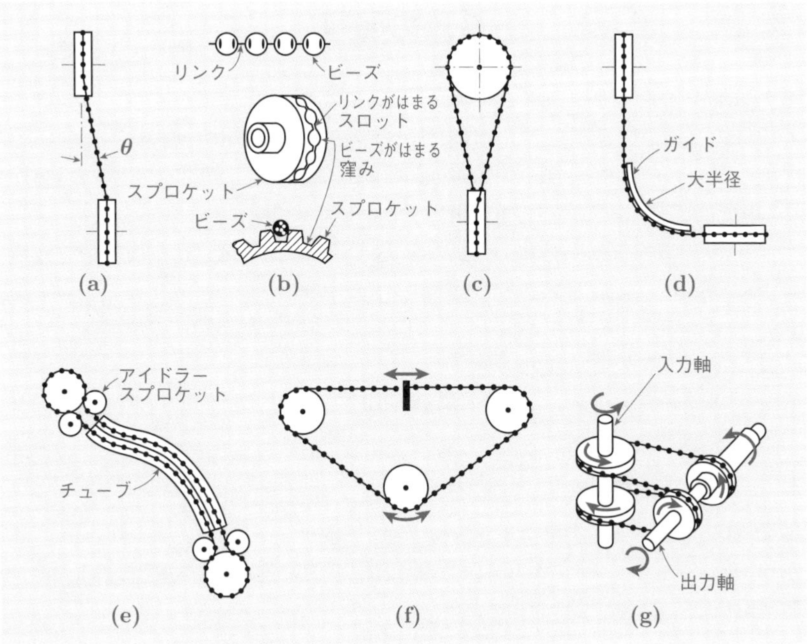

図 6.18　ビーズチェーン伝動

6章の問題

□ **6.1**　6 kW の動力を伝達する平ベルト伝動装置がある．動力側のプーリの直径は $D = 180$ [mm] で, 回転数 $N = 1350$ [rpm], 巻掛角 $\theta = 130°$, 摩擦係数 $\mu = 0.3$, ベルトの密度 $\rho = 1000$ [kg/m^3], 伝動効率は 100 % とする．ベルトに $\sigma_a = 2.5$ [MPa] の引張応力が作用するとベルトは破損するとして次の問に答えよ．

(1)　入り口側張力を T_1，出口側張力を T_2 として，その差 $T_1 - T_2$ はいくらになるか．

(2)　ベルトの断面積を A としてベルトに作用する摩擦力・遠心力を考慮すると，T_1 はどのように表されるか．

(3)　ベルトの断面積を A とすると，許容引張応力 σ_a を用いて T_1 の最大値はどのように表されるか．

(4)　6 kW の動力を伝達するために必要なベルトの断面積 A はいくらになるか．

□ **6.2**　オープンベルトの平ベルト伝動装置で，駆動プーリの直径が 800 mm，回転数が 1800 rpm，ベルトの張り側張力が 2 kN，緩み側張力が 1.5 kN であるとき，伝達動力はいくらか．

□ **6.3**　ローラチェーン伝動におけるスプロケットの回転角速度に変動がないとすれば，スプロケットの歯数が 6 枚の場合，チェーンの走行速度の最小値と最大値の比はいくらになるか．

第7章

無段変速装置

これまでに紹介した伝動装置は，基本的には入出力間の速度比があらかじめ設計された一定の値をとるものであり，速度比を変えるためには，歯数の異なる歯車やスプロケットや直径の異なるプーリにかけ替えなければならない．かけ替えのためには，クラッチを使用して，あるいはベルト伝動ではベルトを緩めて滑らせて，動力の伝達を一時的に遮断しなければならない．また，速度比も段階的な変化になってしまう．機械によっては，動力を伝達しながら連続的な速度比の変化が要求されることも多く，簡単な機構でこれが実現できると便利である．この要求に応えるのが**無段変速装置**あるいは無段変速機である．

動力源が電動回転機（モータ）である場合は，その回転数をインバータ回路で制御することが一般的であり機械的な変速装置は必要にならないが，自動車では，電動化への移行が進められてはいるものの，まだガソリンエンジンが市場の多くを占めており，現時点におけるトランスミッションには機械式の無段変速装置が広く採用されている．

7.1　ベルト式無段変速機

V形ベルトとそれを2つの円すい面で両側面から挟み込むように構成された可変ピッチプーリを用い，両円すい面の間隔を変えて，ベルトの回転半径を連続的に変え，伝達速度比を連続的に変える形式の変速機である．繊維強化プラスチックや金属で構成したベルト（図7.1）を利用して高速で大動力の伝達が実現されている．一般的なベルト式無段変速機は，中間可変ピッチプーリ型，シングル可変ピッチプーリ型，ダブル可変ピッチプーリ型の3形式に大別できる．

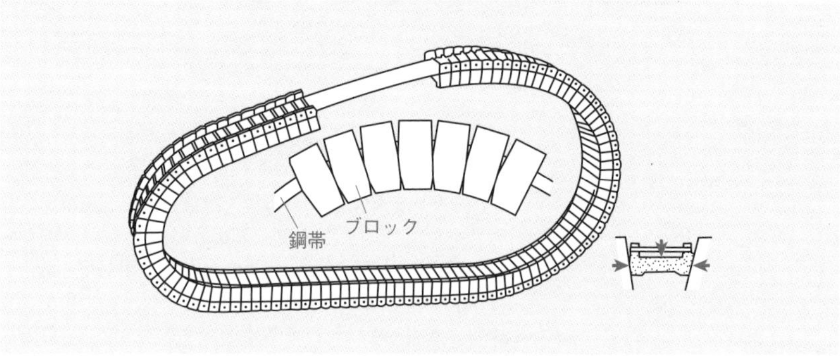

図7.1　金属ベルトの構成例

7.1.1　中間可変ピッチプーリ型

図7.2に示すように，駆動軸と従動軸の中間に2つが一体となった可変ピッチプーリを設け，駆動側と従動側にVベルトを巻き掛けて伝動する．中間の可変ピッチプーリは外側に2個の固定円すい車とその間を軸方向に移動可能なそろばんのような形の移動円すい車から構成されていて，片側の溝幅が広がれば，反対側の溝幅が狭まる仕組みになっている．変速は，中間プーリの中心軸を移動させることによって行われる．中間のプーリを駆動側にずらすと，従動軸にかかるベルトの張力が増すとともに駆動軸側にかかるベルトの張力が低下し，駆動・従動側のそれぞれの回転半径が図7.2(a)のようになり，従動側の回転速度は低下する．反対に，従動側にずらすと各ベルトの張力は図(a)とは反対に変化して図(b)のようになり，従動側の回転速度は上昇する．この変速操作は回転中に行うことができる．中間可変ピッチプーリ型の特徴は，標準のVベルトを使用して大きな速度比が得られ，取扱いが簡単なことである．

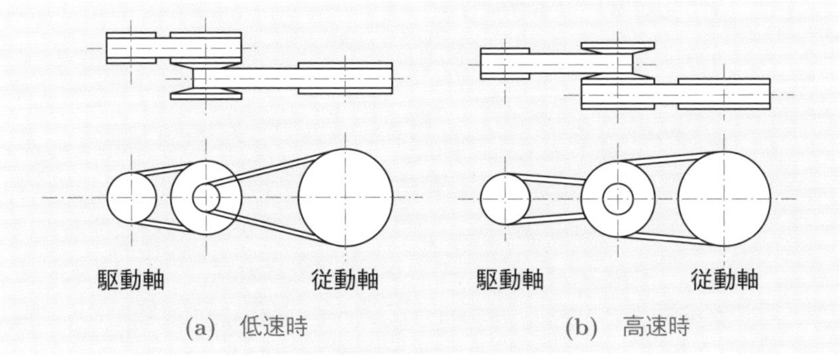

図 7.2　中間可変ピッチプーリ型

7.1.2　シングル可変ピッチプーリ型

図 7.3 に示すように，ばね，あるいは，その他の何らかの方法で互いに押し付けた 2 枚の円すい車からなる可変ピッチプーリと固定プーリの間に，V 形ベルトを巻き掛けて動力を伝達する．通常，可変ピッチプーリは駆動軸に，固定プーリは従動軸に取り付ける．図は駆動軸の移動により 2 つのプーリの軸間距離を変えることでベルトの張力を変え，可変ピッチプーリの間隔を変えて変速を行う．シングル可変ピッチプーリ型は，コンパクトであるが，大きな回転速度比を得ることはできない．

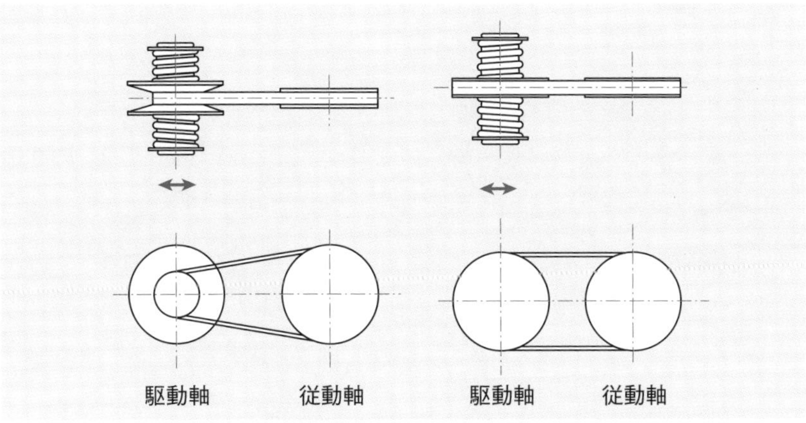

図 7.3　シングル式可変ピッチプーリ型（駆動軸移動）

7.1.3　ダブル可変ピッチプーリ型

図 7.4 に示すように，駆動軸，従動軸の両方に可変ピッチプーリを用い，V 形ベルトを巻き掛けて動力の伝達を行う．駆動側の円すい車を広げてピッチ径を小さくし，従動側の円すい車を押し付けてピッチ径を大きくすれば減速し，反対の操作をすれば増速する．一般には，駆動側を強制的にレバーやねじ，油圧で広げたり狭めたりし，従動側はばねによって常にプーリが閉じようとする方向に押し付けておく方法がとられる．このような機構をとれば，プーリの軸間距離を変える必要がないという利点がある．図 7.5 に，駆動側プーリのピッチ径を変える機構として，レバーによる例とくさびによる例を示す．図(a) では，ハンドルを回転することによってレバーを上下させ，それと連動して駆動側プーリのピッチが広げられたり狭められたりする．また，図(b) ではハンドルを回し，くさびの押し込み深さを変えることによって駆動側プーリのピッチを変化させる．いずれの例においても，従動側のプーリはばねによって常にプーリが狭められる方向に力を与えられていて，ベルトの張力に応じて，ピッチが変化させられるようになっている．

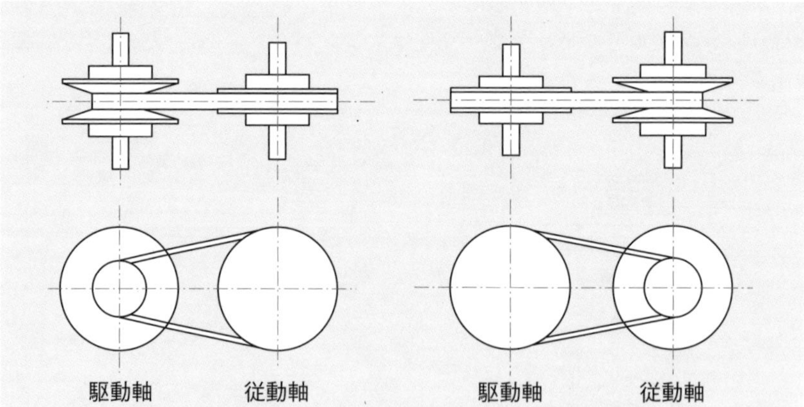

(a)　低速時　　(b)　高速時

図 7.4　ダブル可変ピッチプーリ型

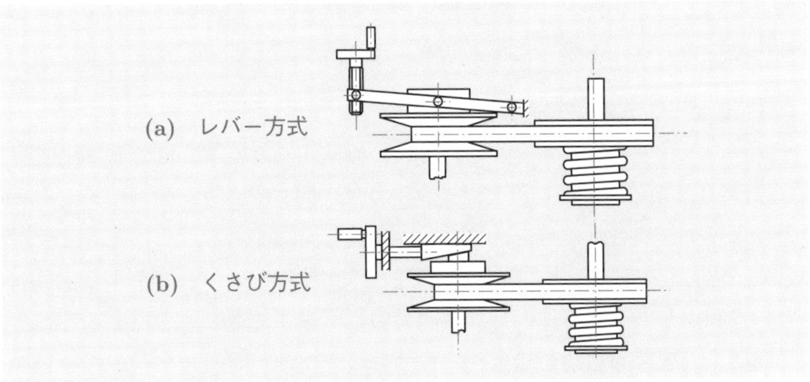

図 7.5　ダブル可変ピッチプーリ型の操作例

7.1.4　自動車における無段変速装置

(1)　ゴムベルト式無段変速装置

主に二輪車に採用されている方式である．ゴム製のVベルトとプーリを組み合わせた乾式の機械式無段変速装置であり，変速の原理は上述のダブル可変ピッチプーリ型と同じである．図 7.6 は，スクータの変速装置の一例であり，それぞれ駆動軸側，出力軸側のプーリである．エンジンの回転数が上がると，遠心力によりウェイトローラが外周方向に移動し，プーリの間隔が狭められる．一方，出力側プーリは，ばねの押付力とベルト張力による軸向力とが平衡する半径にベルトが位置するようになる．変速比は，これらの駆動側・出力側プーリ

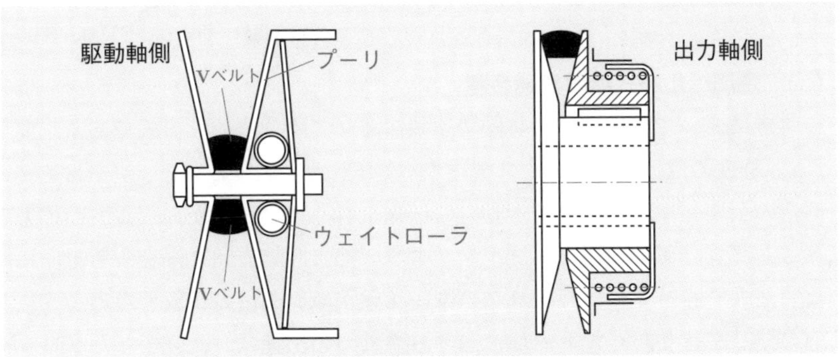

図 7.6　ゴムベルト式無段変速装置

に対してベルトがかかっている半径によって決まる．駆動力は，ベルトとプーリ間の摩擦力とベルト張力により伝達される．

(2)　チェーン式無段変速装置

チェーンとプーリを組み合わせた湿式の機械式無段変速装置であり，変速の原理は，7.1.3項のダブル可変ピッチプーリ型と同じである．動力がチェーンの張力によって伝達される点も，ゴムベルト式と同様である．チェーンは滑りが小さく，発生する動力損失が少ないため伝達効率が高く，プーリを小型化しやすいという利点がある．構造上ピンが間欠的にプーリに進入・離脱するため，これに同期した周期的挙動が発生し，振動や騒音などが問題となりがちである．

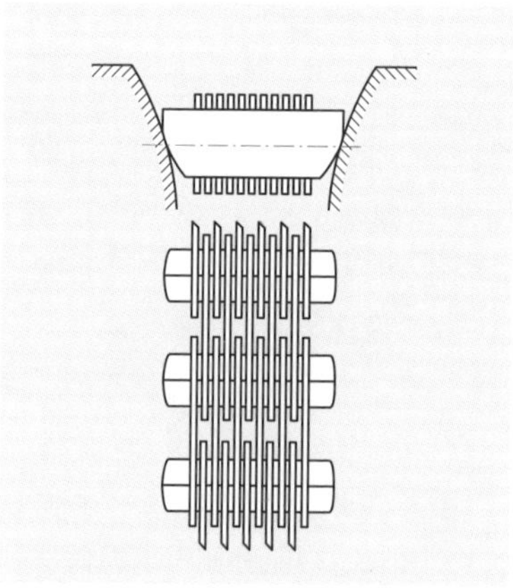

図7.7　チェーンユニットの例

図7.8　チェーン式無段変速装置
（写真提供：株式会社SUBARU）

(3)　金属ベルト式無段変速装置

現時点において，自動車の無段変速装置としての代表的な方式である．厚さ0.2 mm程度の薄板を積層したスチールバンドに，金属製のブロックをはめ込んだ構造の金属ベルトによって，動力の伝達を行う．プーリからベルトへの力の伝達は，ブロックの端面のロッキングエッジ部に回転方向と直交する方向に微小な凹凸溝を設けておき，それらの摩擦状態が境界潤滑の状態となるようにして力の授受を行う．ベルト内部における駆動力の伝達は，隣り合ったブロックからブロックへの押付力として伝達される点が，ゴムベルト式やチェーンベルト式と大きく異なる．

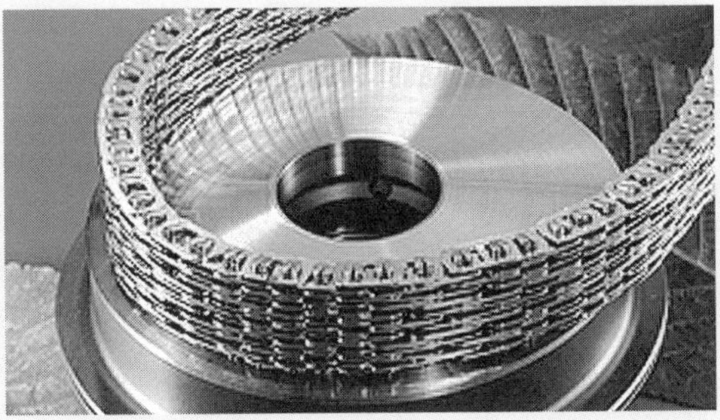

図 7.9　無段変速装置に用いられるチェーン
(写真提供：株式会社 SUBARU)

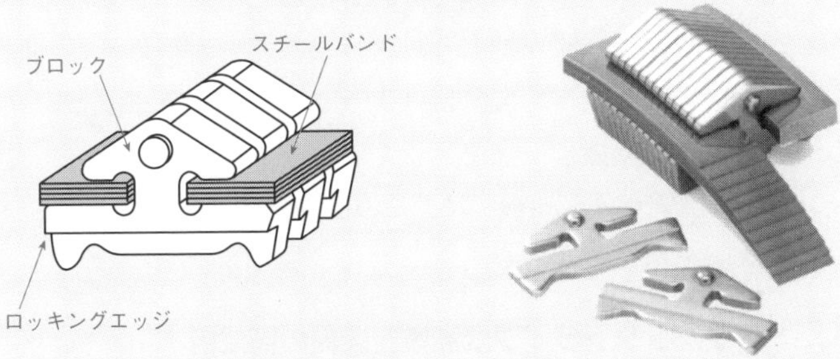

図 7.10　金属ベルトの構造(写真提供：本田技研工業株式会社)

図 7.11　金属ベルト式無段変速装置
(写真提供：本田技研工業株式会社)

7.2　トラクションドライブ式無段変速機

2個の回転体を互いに押し付けた状態で，一方（駆動軸側）を回転させると他方（従動軸側）も回転する．接触部では，両回転体間に生じる摩擦力に相当する接線方向力を伝達することができるので，これを動力伝達装置として応用することができる．回転体は円筒である必要はなく，後で出てくるように，円すい形，球形など，いろいろな形が考えられる．大きな伝達力を得るためには大きな押付力を必要とするので，軸や軸受部に過大な負担を強いることなくこれを実現するためには構造上の工夫が必要になる．また，高負荷時には，接触部は若干の滑りを伴うために発熱し，「焼付き」という問題に悩まされる．材料の選択だけではこれに応えきれず，接触面に潤滑油の薄い膜を介在させ，直接接触を避ける手段がとられる．潤滑油膜を介在させると滑ってしまうのではないかと思われるが，滑るのはわずかであり，大きな接線力が得られる．摩擦力を牽引力とする摩擦車式伝動全体を広義には**トラクションドライブ**というが，狭義にはこの油膜を介した摩擦車伝動をトラクションドライブといい，大部分のトラクションドライブ式無段変速機では，この伝動方式がとられている．図7.12はそれらの概念図を示したものである．

7.2.1　トラクションドライブ式無段変速機の構成例

トラクションドライブ式無段変速機は古くから数多くのアイデアが考え出されているが，実用化され実際に商品となっているものはそれほど多くない．しかし，論語に温故知新の言葉のあるように，古くからのアイデアを知っておく

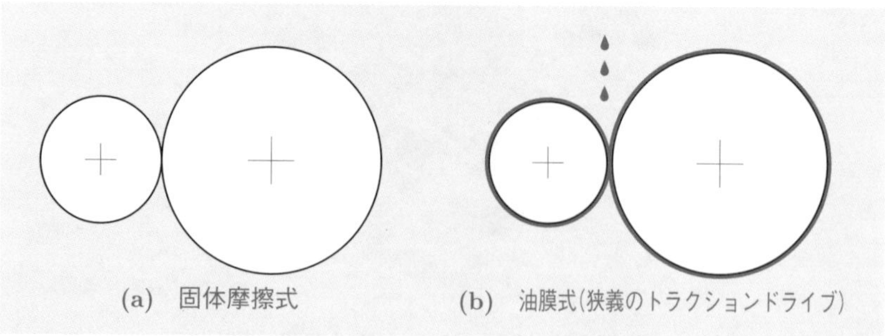

図7.12　トラクションドライブの概念図

ことは新しいアイデアの源になり得る．ここに代表的なトラクションドライブの構成例を示す．

(1)　ローラ・ディスク式無段変速機

回転ディスクにローラを押し付けるタイプの無段変速機で，基本形を図 7.13 に示す．図(a) は 1 枚のディスクにローラを押し付けるもので，入出力軸は直交する．ディスクの半径方向にローラを移動させるとディスクの接触点の半径が変化するので，入出力軸の回転角速度比を連続的に変化させることができる．

図(b) は中心軸をずらして対向させた 2 枚のディスク間にローラを挟み，一方のディスクの回転をいったんローラの回転に変換し，このローラの回転を他方のディスクの回転に変換する形式である．ローラをディスクの半径方向に移動させると，一方のディスクの回転半径が増せば他方の回転半径は減少し，逆の場合には増加して，2 ディスク間の回転速度比を任意に変化させることができる．

両形式ともに，図に示す回転半径 r_1，r_2 を用いて I 軸に対する II 軸の回転角速度比 γ は近似的に次式で与えられる．

$$\gamma = \frac{\omega_2}{\omega_1} = \frac{r_1}{r_2} \tag{7.1}$$

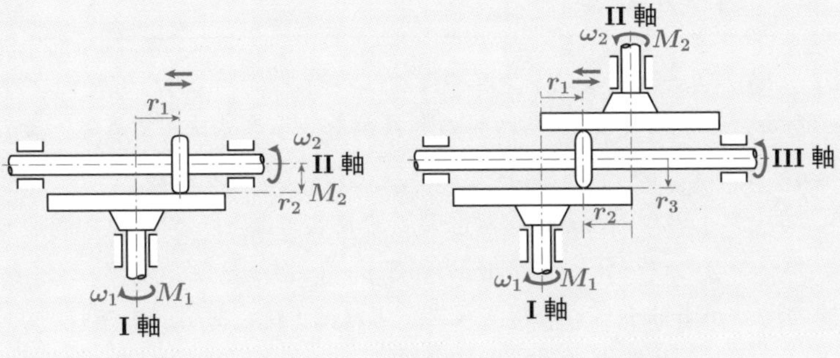

(a)　1 ディスク式　　(b)　2 ディスク式

図 7.13　ローラ・ディスク式無段変速機

(2)　ローラ・コーン式無段変速機

コーン状の回転体にローラを押し付けて伝動するタイプの無段変速機．基本形を図 7.14 に示す．円すい面の母線に沿ってローラを移動させ，コーン側の回転半径を変化させて変速を行う．1コーン式では，1軸と2軸はコーンの半頂角で交差し，2コーン式では平行になる．回転角速度比は式 (7.1) と同様である．

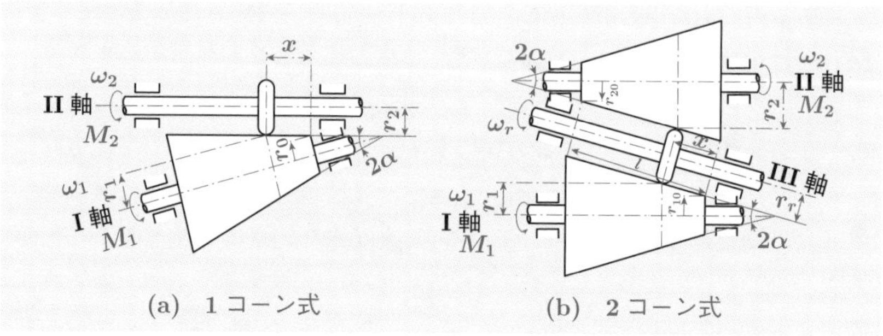

図 7.14　ローラ・コーン式無段変速機

■ 例題 7.1 ■

図 7.14(a)，(b) のコーンとローラの接触部の周速を求め，式 (7.1) が成り立つことを確かめよ．

【解答】　(a)　コーン1のローラとの接触部の周速 $\nu_c = \omega_1 r_1$．ローラの周速 $\nu_R = \omega_2 r_2$．コーンとローラの間の滑りが十分小さく無視できるとすれば，$\nu_c = \nu_R$．よって，$\omega_1 r_1 = \omega_2 r_2$ となり，式 (7.1) が導かれる．

(b)　コーン1のローラとの接触部の周速 $\nu_{c1} = \omega_1 r_1$．ローラの周速 $\nu_R = \omega_r r_r$．コーン2のローラとの接触部の周速 $\nu_{c2} = \omega_2 r_2$．2つのディスクとローラの間の滑りが十分小さく無視できるとすれば，$\nu_{c1} = \nu_R = v_{c2}$．よって，$\omega_1 r_1 = \omega_2 r_2$ となり，式 (7.1) が導かれる．■

(3)　リング・コーン式無段変速機

図 7.14(b) で示した2コーン式のローラ・コーン式無段変速機の媒介転動体としてのローラを，両コーンに外接する大きなリングで置き換えた構造の無段変速機．図 7.15 に製品化された一例を示す．コーンは軸受鋼で，リングは

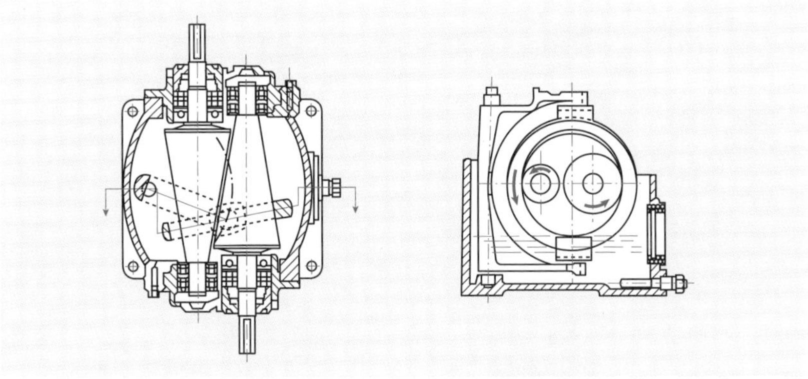

図 7.15　リング・コーン式無段変速機

強度と靭性の高い鋼で製作し，押付力はリングの弾性変形によって与える．潤滑方式は油浴潤滑である．

リング・コーン式無段変速機という名称では，上で示した例のほかに，遊星コーンを用いた構造もあり，現在でも製品化されている．この構造については，下記 (9) で示す．

(4)　ベルト・コーン式無段変速機

図 7.14(b) に示した 2 コーン式のローラを環状ベルトで置き換えた形式の無段変速機．図 7.16(a) に概念図を示す．これと同じ構造で，ベルトを鋼製リングで置き換えたものもある（図(b)）．

(5)　ベベル・シリンダ式無段変速機

図 7.17 に示すように，カップ状の回転円筒の端面にかさ車の円すい面を押し当てて動力を伝動する無段変速機．変速時には，軸間距離が変化するとともに軸方向の移動も生じるので，その点への配慮が必要となる．

(6)　多板円すい円板式無段変速機

図 7.18 に示すように，スプライン等で軸方向に移動可能な複数の円すい円板を設けた入力軸・出力軸と，それらの間に，やはり軸方向に移動可能な複数のフランジ円板（外周部に円すい円板に接触するフランジを設けた円板）を設けた中間軸を，円すい円板とフランジ円板が交互に並ぶよう配置し，フランジ円

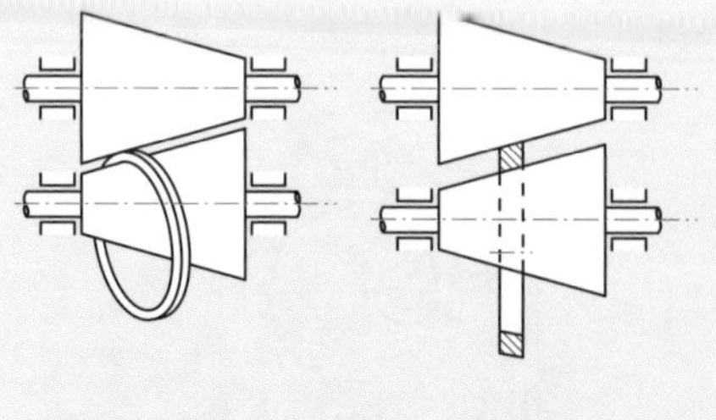

(a)　ベルト式　　(b)　鋼製リング式

図 7.16　ベルト・コーン式無段変速機

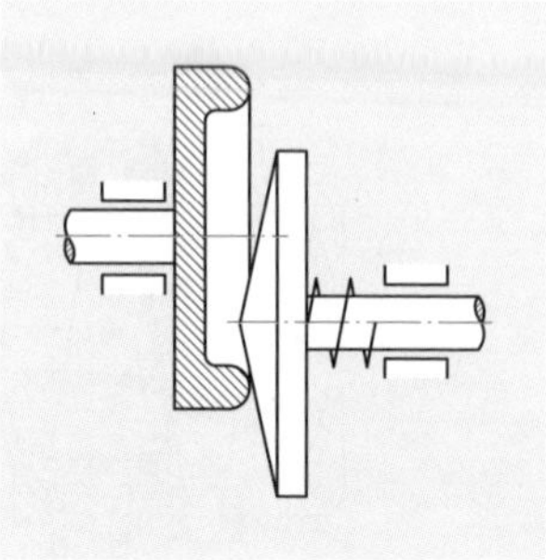

図 7.17　ベベル・シリンダ式無段変速機

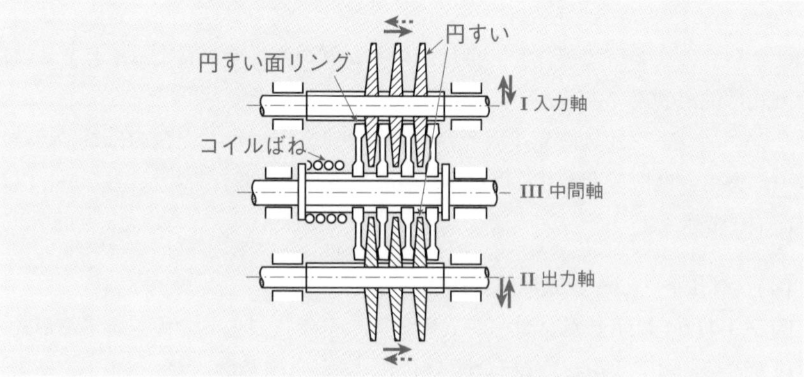

図 7.18　多板円すい円板式無段変速機

板を締め付けて互いの押付力を得て，動力伝達を行うタイプの無段変速機．入出力軸と中間軸との軸間距離を変えることで変速を行う．原理的にはベベル・シリンダ式無段変速機と似ており，変速に伴い軸間距離の移動を伴う．

(7)　ころ・球面転動面式無段変速機

図 7.19 に示すように，媒介転動体として円盤状ころを，入出力軸に球面状転動面を用いて動力伝達を行い，ころの回転軸を傾けて速度比を調節するタイプの無段変速機．

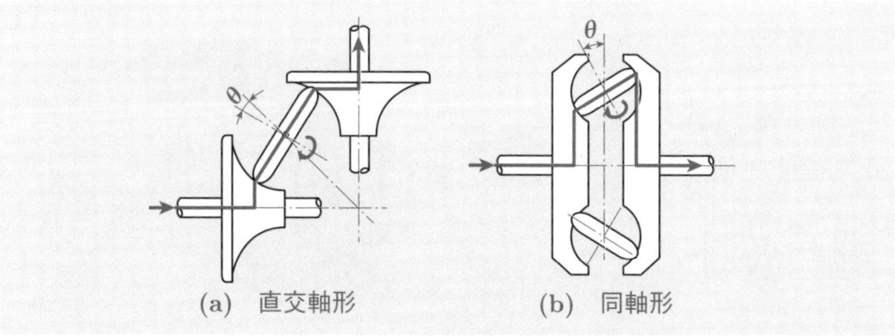

図 7.19 ころ・球面転動面式無段変速機

(8) ボール式無段変速機

図 7.20 に示すように，媒介転動体としてボールを用い，これを入出力軸に取り付けた 2 枚の円板の外周面に押し当てて動力伝達を行い，ボールの回転軸を傾けることで回転半径を変えて速度比を調節するタイプの無段変速機.

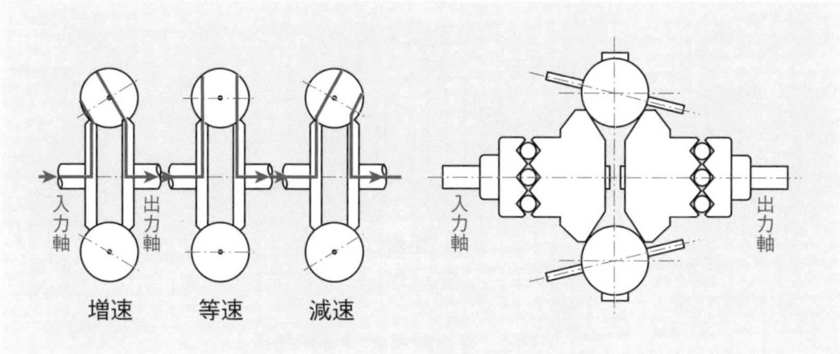

図 7.20 ボール式無段変速機

(9) 遊星機構式無段変速機

図 7.21 に示すように媒介転動体として遊星コーンを用い，入力円板，出力円板，軌道リングの間でコーンが遊星運動しながら動力伝達するタイプの無段変速機であり，日本電産シンポ製の変速機である．軌道リングを軸方向にずらして遊星コーンが軌道リング面内を転がる回転運動を変えて速度比の調節を行う．リングを図の右側にずらすと，出力の回転速度は大きくなり，左にコーンの縁にまでずらすと，速度をゼロにすることができる.

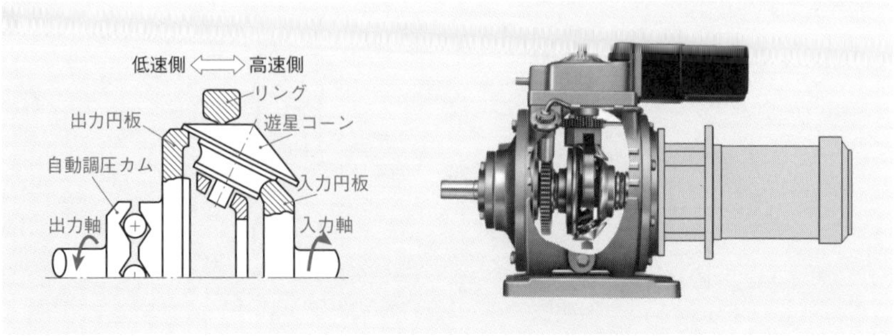

図 7.21　遊星機構式無段変速機
（写真提供：日本電産シンポ株式会社）

図 7.22 に示す変速装置も，軌道リングと遊星コーンを利用した構造である．これも，上と同じメーカ製であるが，メーカカタログによれば，20,000 時間はトラクションオイルの交換が不要となるよう設計されている．

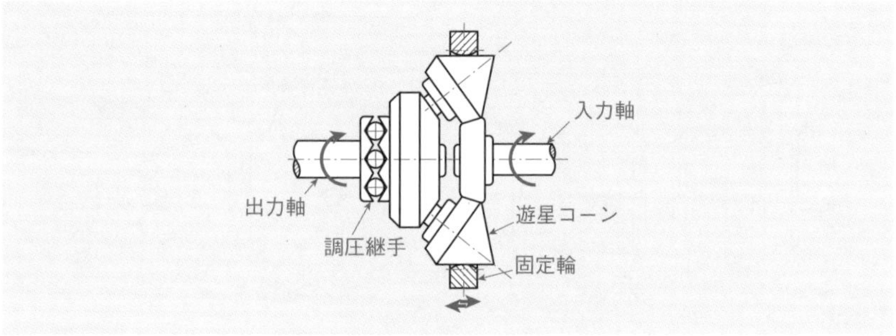

図 7.22　遊星機構式無段変速機

7.2.2　自動車におけるトラクションドライブ

自動車におけるトラクションドライブ式無段変速機としては，1999 年に日産自動車よりハーフトロイダル型無段変速機が採用された（図 7.23）．しかし，現在では適用されておらず，ベルト式無段変速機が主流となっている．

入力軸につなががった円盤（入力ディスク）と出力軸につながった円盤（ディスク）を向かい合わせ，各ディスクの間には複数のパワーローラの外周部分が強い力で挟まれて動力を伝達する．パワーローラの傾斜角を変化させるとそれに応じて 2 枚のディスクの回転数の比も変化し，変速比を変えることができる．

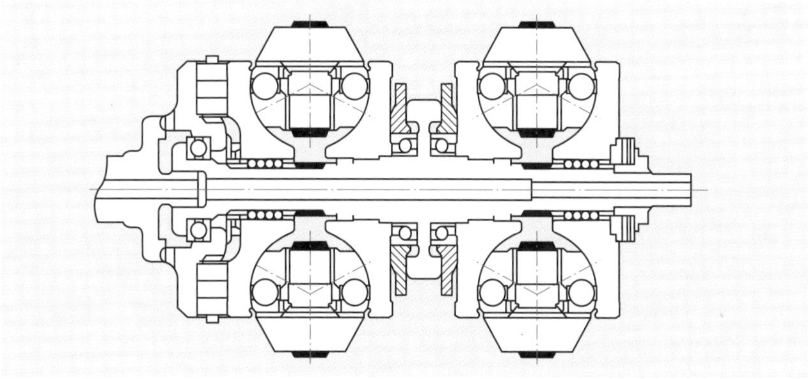

図 7.23　ハーフトロイダル型無段変速機の構造（ダブルキャビティ型）

変速の原理は 7.2.1 項の (7) に示した「ころ・球面転動面式無段変速機」と似ている．

ハーフトロイダル型トラクションドライブ無段変速機は，自動車以外では，川崎重工業製の航空機用の一定周波数交流発電装置「T-IDG」に採用されている．

7章の問題

□ **7.1**　図 7.14(a)，(b) の無段変速装置の変速比（ω_2/ω_1）を x の関数として求めよ．図(b) で，2 つのコーンは同一形状とする．

【参考】　JASO C 801 において，**変速比**とは「変速機のアウトプットシャフト回転速度に対するインプットシャフト回転速度の比．ギヤ比ともいう．（インプットシャフト回転数/アウトプットシャフト回転数)」と定義されている．ちなみに，JIS D 0102 では，「変速機の入力軸と出力軸の比であって，走行状態に応じて選択できるもの.」と定義されている．

第8章

軸受とシール

第3章の軸と軸継手から前章の無段変速機装置まで，回転動力の伝達に関わる機械要素について紹介してきた．回転動力伝達要素は，要素に作用するあらゆる力を支持しながら，摩擦の少ない円滑な回転運動を保証しなければうまく機能しない．これを実現させるのが軸受である．軸受の設計・製作・使用の良し悪しは機械のシステムの効率や信頼性，寿命を大きく左右する．機械システムの設計者は，各種軸受の動作原理や特徴を正しく理解し，設計しようとしている機械システムに適した軸受形式の選択はもとより，設計・製作法，使用法を熟知しておく必要がある．

軸受がうまく機能するためには，その前提になっている「潤滑」がうまくいく必要がある．潤滑をうまく行う目的で，多くの場合，液体状の潤滑剤，すなわち潤滑油（オイル）が使用されるが，軸受部から漏れ出ては困るので，これを封じ込める要素も同時に必要になる．オイルだけでなく，機械システムによっては漏れては困る液体や気体が内部にあって，これが接合部分や運動部分から漏れ出るのを防がなければならないこともある．このような目的に使用されるのがシールである．

8.1 軸 受

狭義には回転軸を支持する機械要素を**軸受**（ベアリング）というが，広義には荷重を支えて相対運動する接触面，すなわちベアリング面を有する機械要素を総称して「軸受」と呼ぶ．

8.1.1 軸受の種類

(1) 滑り軸受と転がり軸受

構造材料として一般的な金属材料は，直接接触させて滑らせると大きな摩擦力を生じ，回転力や動力の損失だけでなく，激しく磨耗したり焼き付いたりしてしまう．したがって，高速・高性能機械では，回転軸をはじめとする運動要素の支持には，たとえ大きな力で接触し高速で滑っていても，摩擦・磨耗が大きくならないように工夫する必要がある．ひとつの方法は，基本的には滑らせるというものであるが，接触面の直接接触は極力避け，滑りやすい（せん断抵抗の小さい）第三物質（潤滑剤）を接触面間に挟み込んで摩擦力を減らす方法である．もうひとつは，接触面間に球や“ころ”のような転動体を挿入し，滑り接触から転がり接触に変えて，接触面間に作用する摩擦力を減らす方法である．前者の摩擦機構を採用した軸受が滑り軸受であり，後者が転がり軸受である．

(2) ラジアル軸受とスラスト軸受

回転軸に作用する力は，一般には半径方向 P_r だけでなく，軸方向 P_t の成分もあるので，回転軸を空間に拘束するためには，半径方向と軸方向の力を同時に支える必要がある．半径方向の力を支持する軸受を**ラジアル軸受**（滑り軸受では軸端のジャーナルと称する部分を支えることから**ジャーナル軸受**と呼ばれることが多い），軸方向の力を支持する軸受を**スラスト軸受**と呼ぶ．ラジアル，スラスト両方向の力を1つで支持する形式の軸受を用いるか，ラジアル軸受とスラスト軸受を合わせて使用して軸を拘束する．

図 8.1，図 8.2 に，これら滑り軸受と転がり軸受，ラジアル軸受とスラスト軸受の概念図を示す．

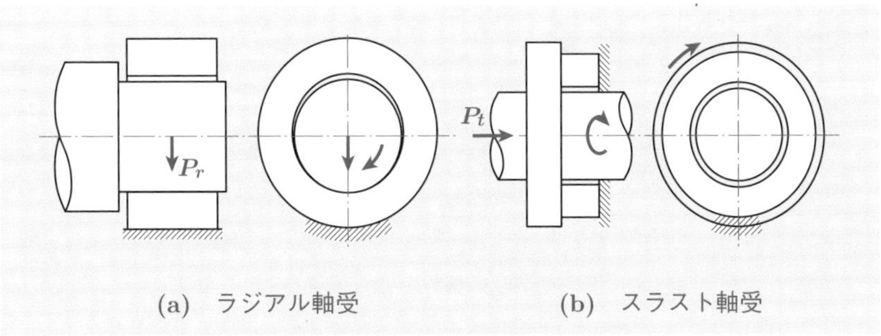

図 8.1 滑り軸受

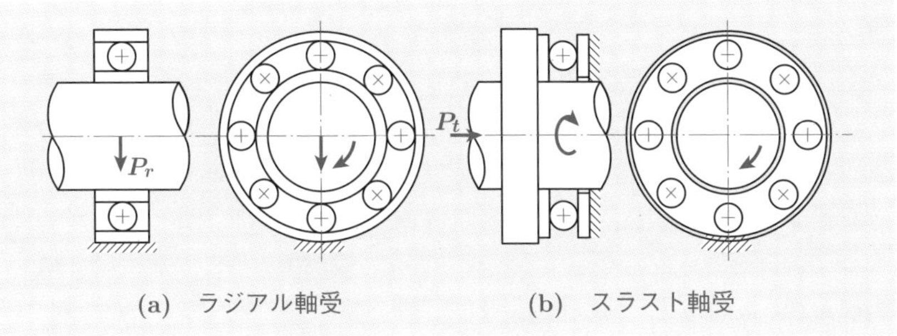

図 8.2 転がり軸受

8.2 滑り軸受

滑り軸受は，支持部材に穴をあけて回転軸を通した単純なものから，高速タービンのティルティングパッド軸受のような極めて高級なものまで多種多様な設計があるが，規格化された市販製品があるというわけではなく，機械に応じてその都度，設計・製作される．先にも述べたように，回転軸やフレームを構成する通常の金属材料は，互いに押し付けて滑らせると大きな摩擦・磨耗が生じる．材料の組合せを工夫すれば緩和することは可能であるが，大きな力を支え，高速で滑るような場合には，それだけでは満足できる結果は期待できない．先人たちは，古くから滑り合う箇所への動物や植物からとれる粘性のある油を注入することでそれに応えてきたが，なぜうまくいくのか，そのメカニズムが明らかになったのは19世紀末のことである．以降，滑り軸受の設計は飛躍的に進展し，現在ではさまざまな形式の軸受が要求に応じて設計・製作されている．

軸受面間に粘性のある油を注入するとなぜうまく潤滑するのか，そのメカニズムを解き明かし，軸受設計に結び付けるためには，粘性流体の力学が必要になるが，詳細を省き概略を述べると次のように説明できる．なお，滑り軸受の設計法については本書では触れないので，別の専門書を参照していただきたい．

図8.3(a)のように，下面は静止していて上面が破線の矢印の方向へ動くものとする．周囲に油のような粘性のある流体があると，流体は上面に引きずられてすきまの先端の方に押し込まれる．初めは押し込まれる先にすきまがないので，押し込まれた流体は逃げ場を失い，その結果，流体の圧力は高まり，押

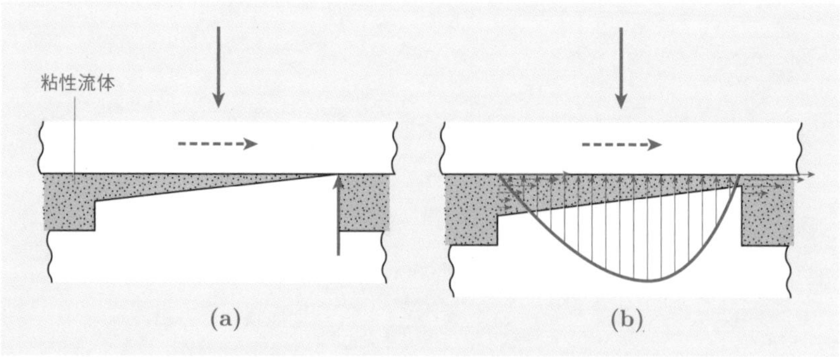

図8.3　軸受面間に油膜ができる原理（くさび膜）

付力に抗して 2 面を引き離そうとする．その力が押付力を上回ると 2 面は引き離され，流体がそこから出て圧力が下がり，結局，押付力と釣り合うところですきまは保たれる．釣り合った状態を示したのが**図 8.3(b)** である．滑る方向に向かってすきまが狭まる構造になっていれば，必ずこのようにして 2 面の間に油膜が形成される．これを**くさび膜効果**という．とくに，穴に軸を通して回転させるジャーナル滑り軸受（**図 8.1(a)**）は都合よくできている．**図 8.4** はすきまを誇張して描いたその断面図である．いま，ジャーナルに鉛直方向下向きに荷重がかかっているとしよう．油をさしても，回転しなければ，ジャーナルは軸受の底に直接接触し，荷重は固体同士の接触により受け止められる．この状態が**図 8.4(a)** である．軸が左右どちらに回転しても，油はより狭いすきまの方へと引きずり込まれ，油膜が形成され圧力を発生する．同時に軸の中心は，図のように穴の中心からわずかにずれる．回転軸が外乱などにより振動させられたとしても，すきまが小さくなったところで大きな圧力が発生するので，軸を支持し，固体同士の接触を防いで摩擦・摩耗を減らすことができる．

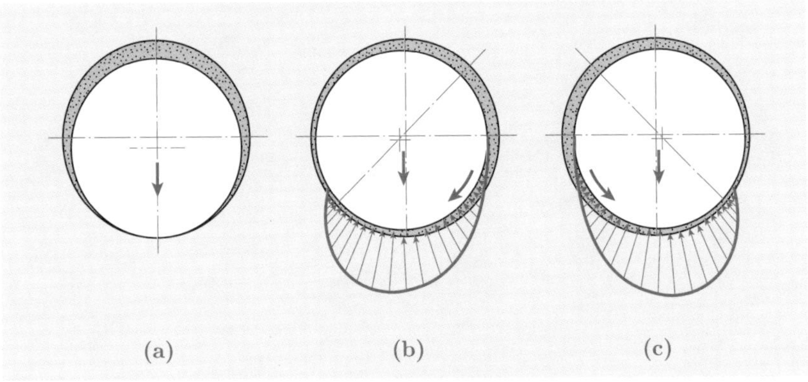

図 8.4　ジャーナル軸受の油膜形成

平行に滑り合うスラスト滑り軸受（**図 8.1(b)**）では，くさび膜ができるよう，軸受面にいろいろな工夫がなされる．**図 8.5** は一例で，**ティルティングパッドスラスト軸受**と呼ばれるものである．扇形パッドが円周上に並べられ，これらで回転軸を支える．個々のパッドは，裏側をピボットで支持されていて，常に最適な状態でくさび膜ができるように自動的に傾く．

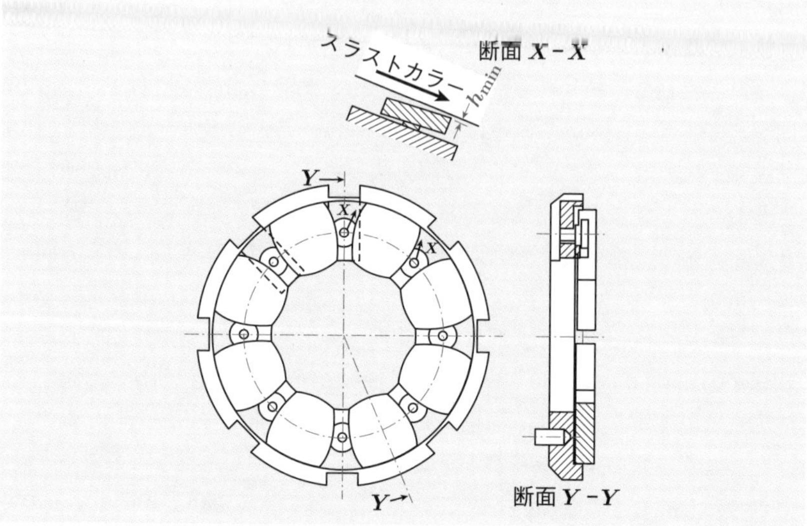

図 8.5　ティルティングパッドスラスト軸受

8.3　転がり軸受

滑り軸受とは対照的に，**転がり軸受**は，標準・規格品が専門のメーカにより量産・販売されていて，一般の機械の設計者にとっては，カタログの中から適切な形式・寸法のものを選び出し，設計しようとする機械に適切に組み入れていくのが主な仕事になる．

8.3.1　転がり軸受の種類

荷重方向により，ラジアル軸受とスラスト軸受があることはすでに紹介したが，転動体の種類によって，**玉軸受**と**ころ軸受**に大別される．図 8.6 に各種ラジアル玉軸受，図 8.7 に各種ラジアルころ軸受を，図 8.8 にスラスト玉軸受，図 8.9 にスラストころ軸受を示す．非常に多くの種類が用意されており，これらの中から設計しようとする機械に最適な軸受を選択するためには，各形式の特徴を熟知する必要があるが，まずは軸受メーカが提供する軸受カタログを調べるのが早い．内輪と軸とのはめあい，外輪とハウジングとのはめあいをどのように設定するかのような重要な情報もカタログに記載されている．

以下では，代表的な軸受に絞っていくつかの軸受を紹介する．

(1)　深溝玉軸受（図 8.6(a)）

転がり軸受の中で，最も多く使われている軸受である．軌道の溝が深く，ラジアル荷重では玉が溝底近くに接触し，アキシアル荷重では溝肩近くで接触して荷重を支える．このため，両方向のアキシアル両荷重を 1 つの軸受で支えることができる．側面にゴム製シールまたは，金属製シールドを付けたグリース密封玉軸受があり，実用上メンテナンスフリーにできる．

(2)　アンギュラ玉軸受（図 8.6(b)）

深溝玉軸受の内輪または外輪のどちらか一方の軌道溝肩の，溝底からの高さをわずかに残して削り去った形をした軸受．玉数が深溝玉軸受より多く負荷能力は大きいが，一方向のアキシアル荷重しか受けられない．このため，アンギュラ玉軸受を 2 個組み合わせて 1 個として使うことで，ラジアル荷重に加え両方向のアキシアル荷重を負荷できる．組み合わせ方は，正面組合せ（DF）形，背面組合せ（DB）形，並列組合せ（DT）形がある（図 8.10）．

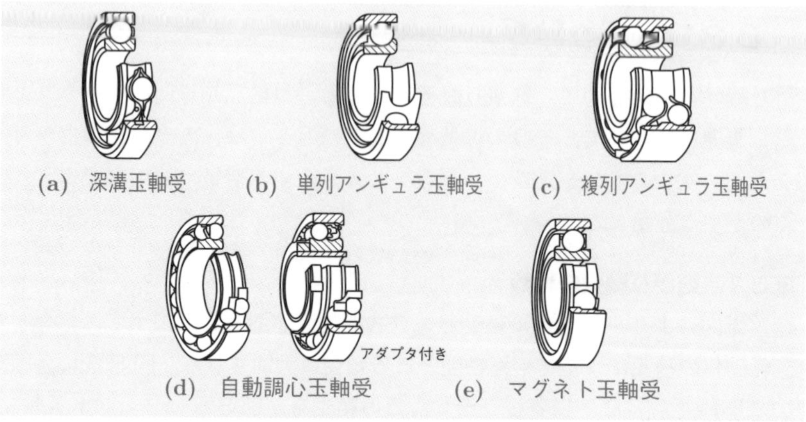

図 8.6 各種ラジアル玉軸受

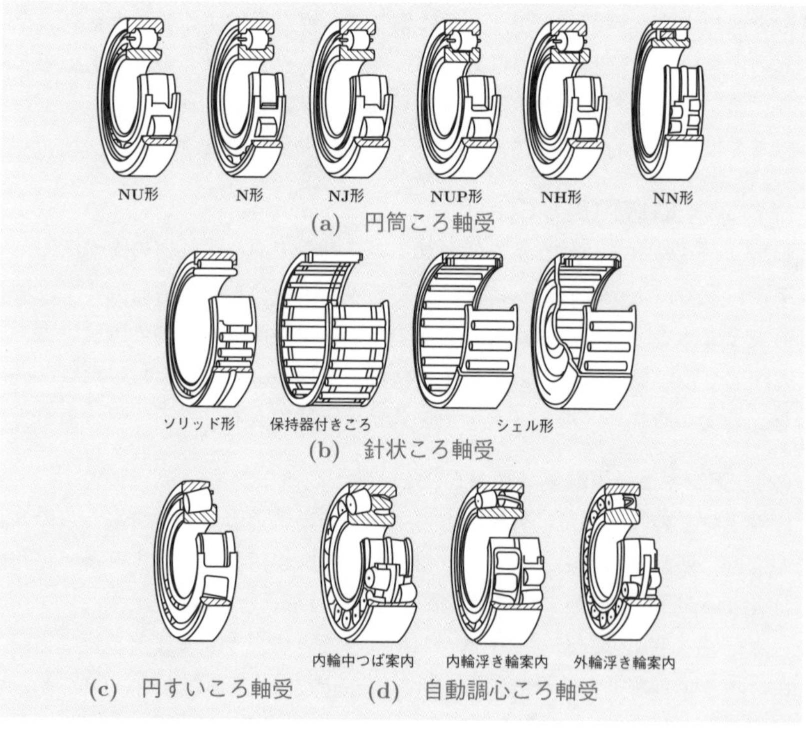

図 8.7 各種ラジアルころ軸受

(3)　円筒ころ軸受（図 8.7(a)）

転動体が円筒ころ（ローラ）で，内輪と外輪の軌道も円筒状の軸受．ころの直径と長さの比が概ね 1 : 1 である．ラジアル負荷能力が玉軸受より大きく，高負荷での高速回転に適する．内輪または外輪のつばの有無によっていろいろな形式がある．内外輪が互いに傾くような取り付け誤差があると，ころと軌道の間に片当たりを生じ，性能低下や早期破損を起こすので注意を要する．

(4)　針状ころ軸受（図 8.7(b)）

径が小さく長さが直径の 3〜10 倍の長細いころを多数持つ円筒ころ軸受の一種．ころの数が多いので，負荷能力が大きく，内外径比が他の軸受に比べて小さい特徴がある．内外輪なしで保持器ところを一体構造にした保持器付きころもある．

(5)　円すいころ軸受（図 8.7(c)）

ころの形が円すい台形であり，大きなラジアル荷重と，一方向のアキシアル荷重を同時に受けられる．接触角の大きい順に急こう配形，中こう配形，並こう配形があり，この順にアキシアル荷重の負荷能力が大きく，ラジアル荷重の負荷能力は小さくなる．この軸受は必ずアキシアル荷重を加えた状態で使うので，回転軸の両端に一対で使う．

(6)　自動調心ころ軸受（図 8.7(d)）

転動体に球面ころと呼ばれる樽形のころを使う軸受．外輪軌道は軸受中心に曲率半径の中心を持つ球面である．その球面と線接触する球面ころを 2 列持ち，内輪軌道はころを案内する 2 列の凹面の溝である．そのため，外輪は軸受中心に対して，調心性を持つので，軸の両端を支える 2 つのハウジングの軸心の一致が困難な場合や大荷重で軸がたわんで内輪が傾く場合に使われる．

(7)　スラスト玉軸受（図 8.8）

円弧溝を持つ 2 つの座金状軌道輪の間に，保持器に玉を組み付けた構造体を挟んだ軸受．回転輪に取り付ける起動輪を内輪，ハウジングに固定する起動輪を外輪と呼び，外輪内径（穴）は内輪内径よりやや大きい．玉列 1 列を単式，2 列（内輪を 2 枚の外輪で挟み込んだ形式）を複式と呼ぶ．複式軸受では，中央の起動輪を回転軸に取り付けて使う．単式は一方向，複式は両方向のアキシアル荷重のみを受けるのに用いる．

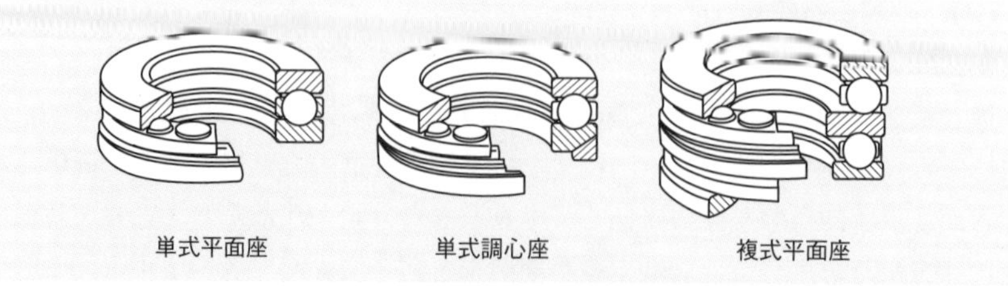

図 8.8 スラスト玉軸受

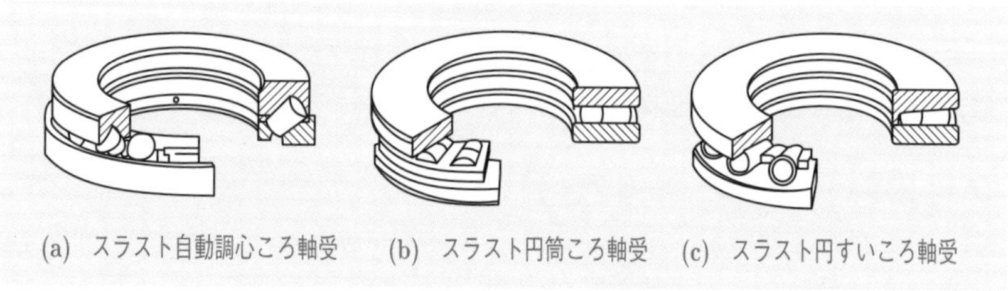

図 8.9 スラストころ軸受

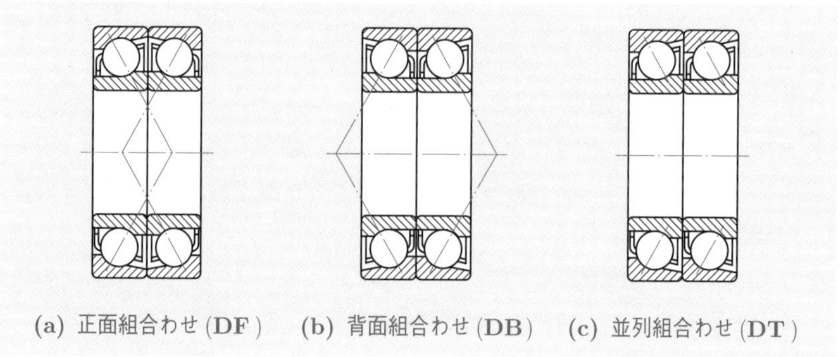

図 8.10 アンギュラ玉軸受の組み合わせ方

(8) スラスト円筒ころ軸受 (図 8.9(b))

平面状座金の起動輪 2 個の間に，保持器に円筒ころを組み付けた構造体を挟んだ軸受．ころと軌道とは線接触するので，大荷重，衝撃荷重，高剛性の用途に適するが，完全な転がりではないので，高速回転には適さない．

8.3.2　転がり軸受の損傷

転がり軸受にも滑り接触部が存在し摩耗や焼付きが問題になることもあるが，転がり軸受には転がり接触に特有の損傷があり，軸受を選定する際，必ずチェックしなければならない項目がある．転がり接触部は，もし変形がなく面粗さも考慮しなければ，点あるいは線接触であり，接触部の圧力は無限大になる．実際には変形を生じて，ある程度の面積で接触するので無限大にはならないが，厳しい接触状態を避けることはできない．このことに起因して，2 種類の損傷が問題になる．ひとつは，静止時に過大な荷重が作用したとき接触部が塑性変形し，圧痕が残って，それ以後円滑な運転が不能になる問題である．もうひとつは，接触により転動体や軌道輪転走面に生じた高い応力が回転に伴って繰り返されることによる材料の疲れ破壊の問題である．表面がうろこ状に剥がれ落ちることから**フレーキング**（**剥離損傷**）と呼ばれるが，トータルの回転回数が多くなるとやがて生じる避けがたい現象で，それが訪れるまでの総回転数（もしくは，一定回転数の下における運転時間数）を**軸受の寿命**という．

(1)　耐圧痕強度：基本静定格荷重

耐圧痕強度としては，軸受が静止状態にあるときにおいて，転動体に生じた永久変形量と軌道輪転走面に生じた永久変形量の和が転動体直径の 1 万分の 1 に達するときの荷重を指標とし，その荷重を**基本静定格荷重**と呼び，通常 C_0 という記号で表す．メーカのカタログには，ラジアル軸受，スラスト軸受に対して，それぞれ**基本静ラジアル定格荷重** C_{0r}，**基本静アキシアル定格荷重** C_{0a} が，すべての型番の軸受について記載されているので，それを参照し，実際に軸受にかかる荷重がそれを超えないように軸受を選択する．基本静定格荷重は，大きさも方向も変化しない静的なラジアル・アキシアル荷重の限度を示す指標である．しかし，実際には，1 つの軸受にラジアル荷重とアキシアル荷重が同時に作用することがあるので，それらの荷重を，1 つの等価なラジアル，あるいはアキシアル荷重に置き換え，その等価荷重と基本静定格荷重とを比較し，軸受を選択する．その等価な荷重は**静等価荷重**と呼ばれ，以下のように計算し求める．

① **静等価ラジアル荷重** $\boldsymbol{P_{0r}}$：ラジアル軸受にかかるラジアル荷重を F_r，アキシアル荷重を F_a として，次の 2 式で求められる値のいずれか大きい方の値とする．

$$P_{0r} = X_0 F_r + Y_0 F_a \tag{8.1}$$

$$P_{0r} = F_r \tag{8.2}$$

ここで，P_{0r} は基本動等価荷重，X_0 および Y_0 は，それぞれ，**静ラジアル荷重係数**，**静アキシアル荷重係数**と呼ばれる係数であり，JIS B 1519 に記載されている．また，軸受メーカのカタログにも掲載されている．**表 8.1** にラジアル軸受の X_0 および Y_0 を示す．

表 8.1 ラジアル軸受の X_0 および Y_0
（JIS B 1519，表 2・表 3 より）

軸受の形式		単列軸受		複列軸受	
		X_0	Y_0	X_0	Y_0
深溝玉軸受 a)		0.6	0.5	0.6	0.5
アンギュラ玉軸受	$\alpha = 5°$	0.5	0.52	1	1.04
	10°	0.5	0.50	1	1.00
	15°	0.5	0.46	1	0.92
	20°	0.5	0.42	1	0.84
	25°	0.5	0.38	1	0.76
	30°	0.5	0.33	1	0.66
	35°	0.5	0.29	1	0.58
	40°	0.5	0.26	1	0.52
	45°	0.5	0.22	1	0.44
自動調心玉軸受，$\alpha \neq 0°$		0.5	$0.22 \cot \alpha$	1	$0.44 \cot \alpha$
ころ軸受，$\alpha \neq 0°$ b)		0.5	$0.22 \cot \alpha$	1	$0.44 \cot \alpha$

注 a) $\frac{F_a}{C_{0r}}$ の許容最大値は，軸受の設計（内部すきまおよび軌道溝の深さによる）．
注 b) $\alpha = 0°$ のラジアル荷重しか受けないラジアルころ軸受では，$P_{0r} = F_r$．

② 静等価アキシアル荷重 P_{0a}：スラスト軸受にかかるラジアル荷重を F_r，アキシアル荷重を F_a とし，また，α を接触角（呼び接触角）として，次式で求める．

$\alpha \neq 90°$ のスラスト玉軸受およびスラストころ軸受：

$$P_{0a} = 2.3 F_r \tan \alpha + F_a \tag{8.3}$$

$\alpha = 90°$ のスラスト玉軸受およびスラストころ軸受：

$$P_{0a} = F_a \tag{8.4}$$

(2)　軸受寿命：基本動定格荷重

軸受の寿命とは，軸受の軌道輪・軌道盤または転動体のいずれかに，フレーキング（剥離損傷）のような材料の疲れの最初の形跡が現れるまでの総回転数，または，一定回転数の下における運転時間数として定義されている．しかし，材料自体の疲労にはばらつきがあるため，同じ軸受を同じ条件で回転させたとしても，軸受の寿命には大きなばらつきがある．そこで，そのばらつきを統計的に処理し，全数のうち 90％ の個数の軸受が転がり疲れによる損傷を起こさずに回転できる総回転数を**基本定格寿命**と呼ぶ．また，この状態を**信頼度** 90％ という．一般に基本定格寿命は，10^6 回転を単位として L_{10} という記号を用いて表される．**基本動定格荷重**は，外輪または内輪を静止させた条件で多くの同じ軸受の内輪または外輪を回転させたとき，90％ の信頼度である寿命が 10^6 回転（基本定格寿命 $L_{10}=1$）になるような方向と大きさの変化しない荷重のことを呼ぶ．記号は，**基本動ラジアル定格荷重**を C_r，**基本動アキシアル定格荷重**を C_a で表す．

転がり軸受の定格寿命の計算法は，JIS B 1518:2013 に規定されており，2013 年に改訂され，修正定格寿命の算定方法が，それ以前とは大きく変更されている．以下では，新しい規格に沿って，ラジアル玉軸受の寿命計算法を例として説明する．この規格には，スラスト玉軸受，ラジアルころ軸受，スラストころ軸受の寿命計算法も記載されているが，以下の説明と同様な流れで計算できる．

① **定格寿命の予測**：**定格寿命**とは，実際に受ける荷重や使用条件などを考慮して求めた寿命の予測値であり，以下の式で求められる．これまでの多くの理論的・実験的研究により，定格寿命 L_{10}，基本動定格荷重 C_r，C_a，実際に作用する軸受荷重から換算された動等価荷重 P_r，P_a の間には次の関係が成り立つとされている．

$$L_{10}=\left(\frac{C_r}{P_r}\right)^p \quad \text{（ラジアル軸受）} \tag{8.5}$$

$$L_{10}=\left(\frac{C_a}{P_a}\right)^p \quad \text{（スラスト軸受）} \tag{8.6}$$

ここで，玉軸受では $p=3$，ころ軸受で $p=10/3$ である．なお，記号は一般に使われているアルファベットを用いているが，この式において P_r，P_a と p を混同しないように注意が必要である．

基本動定格荷重は JIS B 1518 にしたがって求めることもできるが，軸受の詳細な寸法等がわからないと正確に算出することはできない．これも，通常は軸受メーカの提供しているカタログに，それぞれの軸受の基本動定格荷重が記載されているので，それを参照して軸受を選択する．**表 8.2** は日本精工株式会社の単列深溝玉軸受のカタログより抜粋したものである．ラジアル軸受の一部を抜粋したものであるので，C_r，C_{0r} の記載がある．

表 8.2　単列深溝玉軸受

（日本精工カタログより抜粋，提供：日本精工株式会社）

主要寸法 (mm)				基本定格荷重 (N)		{kgf}		係数	許容回転数 (min^{-1})			呼び番号			
									グリース潤滑		油潤滑				
d	D	B	r (最小)	C_r	C_{0r}	C_r	C_{0r}	f_0	開放形 Z・ZZ形 V・VV形	DU 形 DDU形	開放形 Z 形	開放形	シールド形	シール形	
10	19	5	0.3	1 720	840	175	86	14.8	34 000	24 000	40 000	**6800**	**ZZ**	**VV**	**DD**
	22	6	0.3	2 700	1 270	275	129	14.0	32 000	22 000	38 000	**6900**	**ZZ**	**VV**	**DD**
	26	8	0.3	4 550	1 970	465	201	12.4	30 000	22 000	36 000	**6000**	**ZZ**	**VV**	**DDU**
	30	9	0.6	5 100	2 390	520	244	13.2	24 000	18 000	30 000	**6200**	**ZZ**	**VV**	**DDU**
	35	11	0.6	8 100	3 450	825	350	11.2	22 000	17 000	26 000	**6300**	**ZZ**	**VV**	**DDU**
12	21	5	0.3	1 920	1 040	195	106	15.3	32 000	20 000	38 000	**6801**	**ZZ**	**VV**	**DD**
	24	6	0.3	2 890	1 460	295	149	14.5	30 000	20 000	36 000	**6901**	**ZZ**	**VV**	**DD**
	28	7	0.3	5 100	2 370	520	241	13.0	28 000	—	32 000	**16001**	—	—	—
	28	8	0.3	5 100	2 370	520	241	13.0	28 000	18 000	32 000	**6001**	**ZZ**	**VV**	**DDU**
	32	10	0.6	6 800	3 050	695	310	12.3	22 000	17 000	28 000	**6201**	**ZZ**	**VV**	**DDU**
	37	12	1	9 700	4 200	990	425	11.1	20 000	16 000	24 000	**6301**	**ZZ**	**VV**	**DDU**
15	24	5	0.3	2 070	1 260	212	128	15.8	28 000	17 000	34 000	**6802**	**ZZ**	**VV**	**DD**
	28	7	0.3	4 350	2 260	440	230	14.3	26 000	17 000	30 000	**6902**	**ZZ**	**VV**	**DD**
	32	8	0.3	5 600	2 830	570	289	13.9	24 000	—	28 000	**16002**	—	—	—
	32	9	0.3	5 600	2 830	570	289	13.9	24 000	15 000	28 000	**6002**	**ZZ**	**VV**	**DDU**
	35	11	0.6	7 650	3 750	780	380	13.2	20 000	14 000	24 000	**6202**	**ZZ**	**VV**	**DDU**
	42	13	1	11 400	5 450	1 170	555	12.3	17 000	13 000	20 000	**6302**	**ZZ**	**VV**	**DDU**
17	26	5	0.3	2 630	1 570	268	160	15.7	26 000	15 000	30 000	**6803**	**ZZ**	**VV**	**DD**
	30	7	0.3	4 600	2 550	470	260	14.7	24 000	15 000	28 000	**6903**	**ZZ**	**VV**	**DDU**
	35	8	0.3	6 000	3 250	610	330	14.4	22 000	—	26 000	**16003**	—	—	—
	35	10	0.3	6 000	3 250	610	330	14.4	22 000	13 000	26 000	**6003**	**ZZ**	**VV**	**DDU**
	40	12	0.6	9 550	4 800	975	490	13.2	17 000	12 000	20 000	**6203**	**ZZ**	**VV**	**DDU**
	47	14	1	13 600	6 650	1 390	675	12.4	15 000	11 000	18 000	**6303**	**ZZ**	**VV**	**DDU**
20	32	7	0.3	4 000	2 470	410	252	15.5	22 000	13 000	26 000	**6804**	**ZZ**	**VV**	**DD**
	37	9	0.3	6 400	3 700	650	375	14.7	19 000	12 000	22 000	**6904**	**ZZ**	**VV**	**DDU**
	42	8	0.3	7 900	4 450	810	455	14.5	18 000	—	20 000	**16004**	—	—	—
	42	12	0.6	9 400	5 000	955	510	13.8	18 000	11 000	20 000	**6004**	**ZZ**	**VV**	**DDU**
	47	14	1	12 800	6 600	1 300	670	13.1	15 000	11 000	18 000	**6204**	**ZZ**	**VV**	**DDU**
	52	15	1.1	15 900	7 900	1 620	805	12.4	14 000	10 000	17 000	**6304**	**ZZ**	**VV**	**DDU**
22	44	12	0.6	9 400	5 050	960	515	14.0	17 000	11 000	20 000	**60/22**	**ZZ**	**VV**	**DDU**
	50	14	1	12 900	6 800	1 320	695	13.5	14 000	9 500	16 000	**62/22**	**ZZ**	**VV**	**DDU**
	56	16	1.1	18 400	9 250	1 870	940	12.4	13 000	9 500	16 000	**63/22**	**ZZ**	**VV**	**DDU**

② 基本動等価荷重 P_r，P_a：基本動定格荷重 C_r，C_a は，軸受が基本定格荷重で 100 万回転に理論上耐えるような，静的な荷重である．すなわち，ラジアル軸受では大きさも方向も変化しないラジアル荷重に対して，また，スラスト軸

受では静的なアキシアル荷重に対して与えられる指標である．しかし実際には，ラジアル荷重とアキシアル荷重が同時に作用することもあるので，等価なラジアル荷重，等価なアキシアル荷重に置き換えて，定格寿命の算定を行う．

基本動等価荷重は次式で推定される．

$$P = XF_r + YF_a \tag{8.7}$$

ここで，

P：　基本動等価荷重（P_r または P_a）
X：　ラジアル荷重係数
Y：　アキシアル荷重係数
F_r：　ラジアル荷重
F_a：　アキシアル荷重

である．X および Y は，それぞれ，**動ラジアル荷重係数**，**動アキシアル荷重係数**と呼ばれる係数であり，JIS B 1518，あるいは軸受メーカのカタログに掲載されている場合もある．ラジアル玉軸受とスラスト玉軸受に対する係数を**表 8.3**，**表 8.4** に示す．各種軸受の特徴を踏まえて採用する形式を決めると，その大きさや型式は，この定格寿命をもとに決定される．

例題 8.1

ラジアル玉軸受に，動等価ラジアル荷重が $P_r = 1$ [kN] の下で，10^9 回転の寿命が要求されているとき，基本動定格荷重 C_r の下限値はいくらになるか求めよ．

【解答】　$L_{10} = 1000$ であるので，式 (8.5) より，

$$C_r = \sqrt[3]{L_{10}} \times P_r = 10 \quad [\mathrm{kN}]$$

■

例題 8.2

表 8.2 に示した呼び番号 6904 の単列深溝玉軸受（内径 20 mm，外径 37 mm）を用いている回転機械があり，各々の軸受にはラジアル荷重 800 N，アキシアル荷重 240 N が加わる．このときの定格寿命 L_{10} を求めよ．

表 8.3　ラジアル玉軸受の係数 X および Y（JIS B 1518，表 3 より）

軸受の形式		アキシアル荷重比		単列軸受				複列軸受				e	
				$\frac{F_a}{F_r} \le e$		$\frac{F_a}{F_r} > e$		$\frac{F_a}{F_r} \le e$		$\frac{F_a}{F_r} > e$			
				X	Y	X	Y	X	Y	X	Y		
		$\frac{f_0 F_a}{C_{0r}}$	$\frac{F_a}{iZD_w^2}$										
		0.172	0.172				2.3				2.3	0.19	
		0.345	0.345				1.99				1.99	0.22	
		0.689	0.689				1.71				1.71	0.26	
深溝玉軸受		1.03	1.03	1	0	0.56	1.55	1	0	0.56	1.55	0.28	
		1.38	1.38				1.45				1.45	0.3	
		2.07	2.07				1.31				1.31	0.34	
		3.45	3.45				1.15				1.15	0.38	
		5.17	5.17				1.04				1.04	0.42	
		6.89	6.89				1				1	0.44	
		$\frac{f_0 i F_a}{C_{0r}}$	$\frac{F_a}{ZD_w^2}$									単列軸受	複列軸受
		0.173	0.172				2.3		2.78		3.74	0.19	0.23
		0.346	0.345				1.99		2.4		3.23	0.22	0.26
		0.692	0.689				1.71		2.07		2.78	0.26	0.3
		1.04	1.03	1	0	0.56	1.55	1	1.87	0.78	2.52	0.28	0.34
	$\alpha = 5^\circ$	1.38	1.38				1.45		1.75		2.36	0.3	0.36
		2.08	2.07				1.31		1.58		2.13	0.34	0.4
		3.46	3.45				1.15		1.39		1.87	0.38	0.45
		5.19	5.17				1.04		1.26		1.69	0.42	0.5
		6.92	6.89				1		1.21		1.63	0.44	0.52
		0.175	0.172				1.88		2.18		3.06	0.29	
		0.35	0.345				1.71		1.98		2.78	0.32	
		0.7	0.689				1.52		1.76		2.47	0.36	
		1.05	1.03				1.41		1.63		2.29	0.38	
アンギュラ玉軸受	$\alpha = 10^\circ$	1.4	1.38	1	0	0.46	1.34	1	1.55	0.75	2.18	0.4	
		2.1	2.07				1.23		1.42		2	0.44	
		3.5	3.45				1.1		1.27		1.79	0.49	
		5.25	5.17				1.01		1.17		1.64	0.54	
		7	6.89				1		1.16		1.63	0.54	
		0.178	0.172				1.47		1.65		2.39	0.38	
		0.357	0.345				1.4		1.57		2.28	0.4	
		0.714	0.689				1.3		1.46		2.11	0.43	
		1.07	1.03				1.23		1.38		2	0.46	
	$\alpha = 15^\circ$	1.43	1.38	1	0	0.44	1.19	1	1.34	0.72	1.93	0.47	
		2.14	2.07				1.12		1.26		1.82	0.5	
		3.57	3.45				1.02		1.14		1.66	0.55	
		5.35	5.17				1		1.12		1.63	0.56	
		7.14	6.89				1		1.12		1.63	0.56	
	$\alpha = 20^\circ$	—	—			0.43	1		1.09	0.7	1.63	0.57	
	$\alpha = 25^\circ$	—	—			0.41	0.87		0.92	0.67	1.41	0.68	
	$\alpha = 30^\circ$	—	—			0.39	0.76		0.78	0.63	1.24	0.8	
	$\alpha = 35^\circ$	—	—	1	0	0.37	0.66	1	0.66	0.6	1.07	0.95	
	$\alpha = 40^\circ$	—	—			0.35	0.57		0.55	0.57	0.93	1.14	
	$\alpha = 45^\circ$	—	—			0.33	0.5		0.47	0.54	0.81	1.34	
自動調心玉軸受				1	0	0.4	$0.4 \cot\alpha$	1	$0.42 \cot\alpha$	0.65	$0.65 \cot\alpha$	$1.5 \tan\alpha$	
マグネト玉軸受				1	0	0.5	2.5	—	—	—	—	0.2	

表 8.4　スラスト玉軸受の係数 X および Y
（JIS B 1518，表 5 より）

α [a]	単式軸受 [b]		複式軸受				e
	$F_a/F_r > e$		$F_a/F_r \le e$		$F_a/F_r > e$		
	X	Y	X	Y	X	Y	
45° [c]	0.66		1.18	0.59	0.66		1.25
50°	0.73		1.37	0.57	0.73		1.49
55°	0.81		1.6	0.56	0.81		1.79
60°	0.92		1.9	0.55	0.92		2.17
65°	1.06	1	2.3	0.54	1.06	1	2.68
70°	1.28		2.9	0.53	1.28		3.43
75°	1.66		3.89	0.52	1.66		4.67
80°	2.43		5.86	0.52	2.43		7.09
85°	4.8		11.75	0.51	4.8		14.29
$\alpha \neq 90°$	$1.25\tan\alpha\left(1-\frac{2}{3}\sin\alpha\right)$	1	$\frac{20}{13}\tan\alpha\left(1-\frac{1}{3}\sin\alpha\right)$	$\frac{10}{13}\left(1-\frac{1}{3}\sin\alpha\right)$	$1.25\tan\alpha\left(1-\frac{2}{3}\sin\alpha\right)$	1	$1.25\tan\alpha$

注 a)　表に示していない α の中間値に対する X，Y および e の値は，一次補間法によって求める．
b)　$\frac{F_a}{F_r} \le e$ の場合には，単式軸受を使用するのは，適切ではない．
c)　スラスト玉軸受は $\alpha > 45°$ であるが，$45° < \alpha < 50°$ に対する X，Y および e の値を補間法によって求めるため，$\alpha = 45°$ に対する値を示す．

【解答】　同表より，軸受の基本動ラジアル定格荷重 C_r，基本静ラジアル定格荷重 C_{0r} はそれぞれ，6400 N，3700 N．また，アキシアル荷重比の計算に用いる係数 f_0 は 14.7 であるとわかる．したがって，アキシアル荷重比は，

$$\frac{f_0 F_a}{C_{0r}} = \frac{14.7 \times 240}{3700} = 0.954$$

表 8.3 より，係数 X，Y を求める．アキシアル荷重比 0.954 に対応する e の値がないので，ラジアル荷重比 0.689 と 1.03 のときの値より，直線補間により求めると，$e = 0.276$ となる．$F_a/F_r = 0.3 > e$ となるので，表より $X = 0.56$ と直ちにわかり，また Y は，e と同様に直線補間によって求めれば，$Y = 1.59$ が得られる．よって，動等価ラジアル荷重 P_r は

$$P_r = 0.56 \times 800 + 1.59 \times 240 = 830 \quad [\mathrm{N}]$$

したがって，

$$L_{10} = \left(\frac{6400}{830}\right)^3 = 459 \quad [10^6\ 回転]$$

■

(3) 修正定格寿命 L_{nm}

軸受の寿命は，用途によっては 90％以上の信頼度を求められることがある．また，運転される温度や潤滑状態などによっても寿命は影響を受ける．軸受の寿命に影響を及ぼす各要因の変動および相互作用を考慮した寿命が**修正定格寿命**である．破損確率 n％の修正定格寿命は以下の式で表される．

$$L_{nm} = a_1 a_{\mathrm{ISO}} L10 \tag{8.8}$$

a_1：　信頼度係数

a_{ISO}：　寿命修正係数

① 信頼度係数：信頼度係数は，**表 8.5** に示すように，信頼度によって値が決められている．信頼度が 95〜99％の範囲の信頼度係数は，1992 年度版の前規格からわずかに変更されているので注意が必要である．

表 8.5　信頼度係数

（**JIS B 1518**，表 **12** より）

信頼度（%）	L_{nm}	a_1
90	L_{10m}	1
95	L_{5m}	0.64
96	L_{4m}	0.55
97	L_{3m}	0.47
98	L_{2m}	0.37
99	L_{1m}	0.25
99.2	$L_{0.8m}$	0.22
99.4	$L_{0.6m}$	0.19
99.6	$L_{0.4m}$	0.16
99.8	$L_{0.2m}$	0.12
99.9	$L_{0.1m}$	0.093
99.92	$L_{0.08m}$	0.087
99.94	$L_{0.06m}$	0.080
99.95	$L_{0.05m}$	0.077

② 寿命修正係数：寿命修正係数は，潤滑剤の油膜厚さや，温度上昇による材料の疲労限応力の低下など，運転状況によって変動する軸受寿命を算定するための係数であり，次式のように表される．

$$a_{\mathrm{ISO}} = f\left(\frac{e_c C_u}{P}, \kappa\right) \tag{8.9}$$

ここで，C_u は疲労限荷重，e_c は汚染係数，κ は粘度比であり，順次以下に沿って求めていく．

③ 疲労限荷重 C_u：一般的な高品質の材料を使用し，高い製造品質で加工・製造された軸受では，軌道面と転動体との接触応力が約 1.5 GPa のときに疲労限応力になる．疲労限荷重 C_u は，軌道の最大荷重接触部でこの疲労限応力に達するときの軸受荷重と定義されている．この値は，軸受の形式や大きさ，材料などの影響を受ける．JIS B 1518:2013 附属書 B を参照し詳細に算出することもできなくはないが十分な知識が必要であるし煩雑なため，一般には軸受メーカのカタログに記載されている値を用いる．

しかし，必ずしもカタログにその値が記載されていない場合もあり，以下の簡易的な計算法により求めてもよい．

玉軸受

$D_{pw} \leq 100$ [mm] のとき

$$C_u = \frac{C_0}{22} \tag{8.10}$$

$D_{pw} > 100$ [mm] のとき

$$C_u = \frac{C_0}{22}\left(\frac{100}{D_{pw}}\right)^{0.5} \tag{8.11}$$

ころ軸受

$D_{pw} \leq 100$ [mm] のとき

$$C_u = \frac{C_0}{8.2} \tag{8.12}$$

$D_{pw} > 100$ [mm] のとき

$$C_u = \frac{C_0}{8.2}\left(\frac{100}{D_{pw}}\right)^{0.3} \tag{8.13}$$

ここで，C_0 は基本静定格荷重である．また，D_{pw} はピッチ径であり，簡易的に次式に示す平均軸受直径を用いることも可能である．

$$D_{pw} = \frac{d + D}{2} \tag{8.14}$$

なお，d，D はそれぞれ，軸受内径，軸受外径である．

④ 汚染係数 e_c：潤滑剤に固体粒子が入り込み，軌道面と転動体との間でかみ込まれると，軌道面や転動体に圧痕が生じる場合がある．これらの圧痕部では，局部的に応力が増加して軸受寿命が低下する．この潤滑剤の汚染による寿命低下は，汚染レベルから汚染係数 e_c によって，その影響を加味する．これも JIS B 1518:2013 附属書 A を参照して求めることもできるが，簡易的に**表 8.6** を用いて求めることができる．ピッチ径 D_{pw} は式 (8.14) に示す平均軸受直径でよい．

⑤ 粘度比 κ：潤滑剤は，軌道および転動体の間に薄い潤滑膜を形成し，転がり接触表面を分離する役割を持っている．適正な潤滑膜を形成するためには，運転温度における粘度を一定以上に確保する必要がある．潤滑膜の状態は，基準動粘度 ν_1 に対する運転時の動粘度 ν の比である粘度比 κ で表す．

表8.6　汚染係数(JIS B 1518，表13より)

汚染レベル	e_c	
	$D_{pw} < 100$ [mm]	$D_{pw} \geq 100$ [mm]
極めて高い洗浄度 粒子の大きさは潤滑剤の油膜厚さ程度で，実験室レベルの環境	1	1
高い洗浄度 極めて細かなフィルタでろ過された油，標準的なグリース封入軸受およびシール軸受	0.8〜0.6	0.9〜0.8
標準洗浄度 細かなフィルタでろ過された油，標準的なグリース封入軸受およびシールド軸受	0.6〜0.5	0.8〜0.6
軽度の汚染状態 潤滑剤がわずかに汚染	0.5〜0.3	0.6〜0.4
普通の汚染状態 シールなし，粗いフィルタ使用，摩耗粉および周辺から粒子が侵入する環境	0.3〜0.1	0.4〜0.2
重度の汚染状態 著しく汚染された周辺環境，かつ，軸受の密封性が不十分な状態	0.1〜0	0.1〜0
極度の汚染状態	0	0

$$\kappa = \frac{\nu}{\nu_1} \tag{8.15}$$

基準動粘度 ν_1 は，次式を用いて求めるか，**図8.11**を使って読み取ることもできる．

回転速度 $n < 1000$ [rpm] のとき

$$\nu_1 = 45000 n^{-0.83} D_{pw}^{-0.5} \tag{8.16}$$

回転速度 $n \geq 1000$ [rpm] のとき

$$\nu_1 = 4500 n^{-0.5} D_{pw}^{-0.5} \tag{8.17}$$

⑥ **寿命修正係数**：以上より，C_u は疲労限荷重，e_c は汚染係数，κ は粘度比が求められれば，$e_c C_u/P$，および κ の値を用いて，**図8.12**から寿命修正係数を読み取ることができる．図には，ラジアル玉軸受の寿命修正係数を示している．ラジアルころ軸受，アキシアル玉軸受，アキシアルころ軸受の寿命修正係数についてはここでは示さないが，それぞれ別の図があるので，JIS規格票を参照されたい．

なお，参考として，a_{ISO} を式を用いて算出する場合，以下の式を用いる．

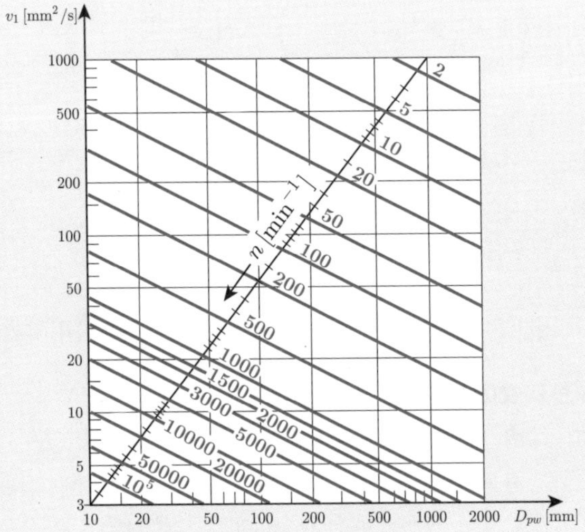

図 8.11　基準動粘度

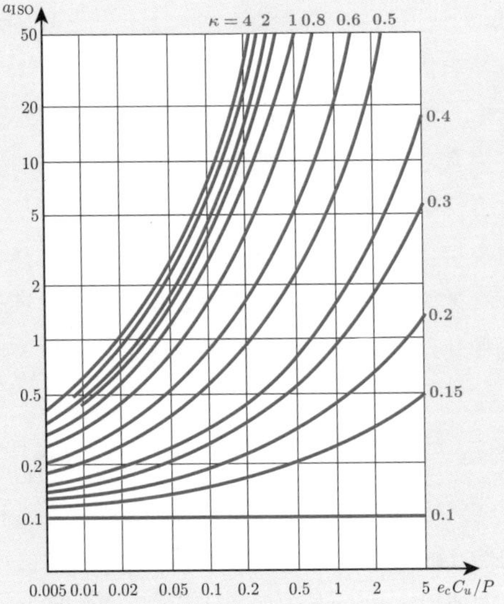

図 8.12　寿命修正係数（ラジアル玉軸受）

$$a_{\mathrm{ISO}} = 0.1 \times \left\{ 1 - \left(2.5671 - \frac{\beta}{\kappa^{\alpha}} \right)^{0.83} \left(\frac{e_c C_u}{P} \right)^{1/3} \right\}^{-9.3} \tag{8.18}$$

ただし，

$$0.1 \leq \kappa < 0.4 \qquad \alpha = 0.054381,\ \beta = 2.2649$$
$$0.4 \leq \kappa < 1 \qquad \alpha = 0.19087,\ \ \beta = 1.9987$$
$$1 \leq \kappa \leq 4 \qquad \alpha = 0.071739,\ \beta = 1.9987$$

なお，$\kappa > 4$ の場合には $\kappa = 4$ とし，$\kappa < 0.1$ の場合には適用外とする．

8.3.3　転がり軸受の潤滑

保持器と転動体は滑り接触し，転がり部分にも局所的な滑りが存在するので，転がり軸受においても潤滑は必須の要件である．また，高速回転を要求する場合には，発熱・昇温による転がり疲れ寿命の低下や焼付きを防ぐため，潤滑に加えて冷却が必須の要件になる．ここでは，各種潤滑法を簡単に紹介する．

(1)　グリース潤滑

グリースは基油と呼ばれる潤滑油を増ちょう剤と呼ばれる金属石けんや有機化合物で半固体状に固めた潤滑剤で，軸受内部およびハウジング内部に充填・密封して使用する．油のように自由に流動しないので，飛散が少なく軸受周辺の構造を簡単にできるのが最大の特徴である．潤滑剤による冷却効果は期待できないので，許容回転速度は低い．また，補充や取替え，混入異物のろ過は面倒である．特徴を持ったいろいろなグリースが開発されているので，使用に当たっては，グリースメーカと相談するとよい．最もポピュラーな転がり軸受である単列深溝玉軸受にグリースを充填・密封した密封玉軸受はシステムの小型化に有効である．

(2)　油潤滑

① **油浴潤滑**：ハウジング内に，最下位の転動体が浸かる程度に潤滑油を溜めておき，軸回転に伴う転動体の公転運動で潤滑油が全体に行き渡るようにする最も簡単な低速，中速用の潤滑法．油面が高すぎると攪拌抵抗が大きくなり，低すぎると転動体が浸からないため潤滑できないので，油面は絶えず最下位転動体の中心付近にあるように監視する必要がある．垂直軸を支える軸受には適用

できない．冷却効果が期待できる．

② **滴下潤滑**：滴下量が調節できる穴を持った油溜め（オイラ）を軸受の上に配置し，潤滑油を軸受の転走面あるいは保持器に滴下して供給する潤滑法．軽負荷，高速回転の玉軸受に使用される．

③ **飛沫潤滑**：支持する軸に取り付いた回転体によりかき揚げられた潤滑油の飛沫を軸受に供給する潤滑法．自動車の変速機のような密封された空間の歯車軸などの軸受に適用される．

④ **循環潤滑**：ポンプで潤滑油を軸受に供給し，軸受から排出されたものをろ過，冷却して，再びポンプで軸受に供給する潤滑法．軸受が高温になる可能性のある比較的高速の回転軸システムに適用され，潤滑油に冷却効果を期待する．

⑤ **ジェット潤滑**：ノズルから軸受に向けて潤滑油を高速で噴射し供給する潤滑法．高速の回転軸システムに適用し，潤滑油に大きな冷却効果を期待する．冷却むらを小さくするためにはノズルの数は多い方がよい．油量が多いので，排油が悪いと必然的に撹拌抵抗が大きくなる．排油をスムーズにしてこれを小さくする工夫がなされる．

⑥ **噴霧潤滑**：霧吹き器の要領で潤滑油を噴霧状にし，これをノズルから噴射して軸受に吹き付ける潤滑法．撹拌抵抗が小さく，噴流による冷却効果も大きいので，発熱・温度上昇を抑えることができ，工作機械の高速回転軸などに適用される．

8.4 シール

相対的に滑ったり転がったりする典型的な機械要素は軸受であるが，軸受以外にも多くの機械要素が潤滑を必要とする．そのような要素ではグリースや潤滑油（オイル）が使用されるので，それが機械装置の外部へ漏れ出たり，逆に外部から砂やほこり，水などの機械装置に有害な物質が内部へ侵入するのを防いだりする必要がある．また，このような潤滑部分だけでなく，油空圧機器などのように，機械装置を動かしている流体，機械装置で作り出す流体（場合によっては危険なものもある）が外部へ漏れ出るのを防がねばならないこともある．このような目的に使用される機械要素を**シール**という．

シールは2つに大別され，パイプの接合面や容器のふたなど基本的には動かない接合面からの漏れ防止に使用されるものを固定用シールあるいはガスケットといい，回転軸や往復運動軸など動く部分からの漏れ防止に使用されるものを運動用シールあるいはパッキンという．

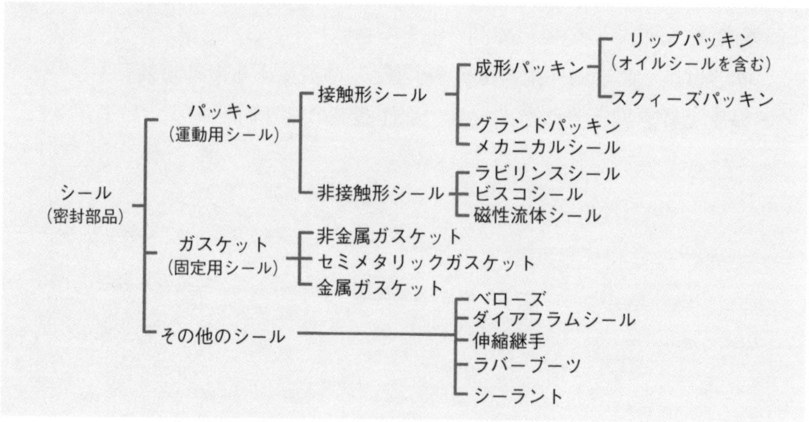

図8.13 シールの種類

8.5　固定用シール

固定用シールあるいは**ガスケット**は，高分子材料や金属からなるシート状あるいはリング状の部品で，**図 8.14** に示すような要領で接合二面間に挟み込んで使用する．密封する流体の化学的性質や圧力，温度などの使用条件に適した材質と形式を選択することが肝心である．密着性をよくし，高圧流体の漏れを最小限に抑えるためには，接合面の精度や表面粗さ，均一な締め付けの付与などに十分な配慮が必要である．高分子材料のものは変形しやすく密封座面になじみやすいので，座面の精度や粗さにあまり気を使わなくてもよいが，高圧・高温には向かない．

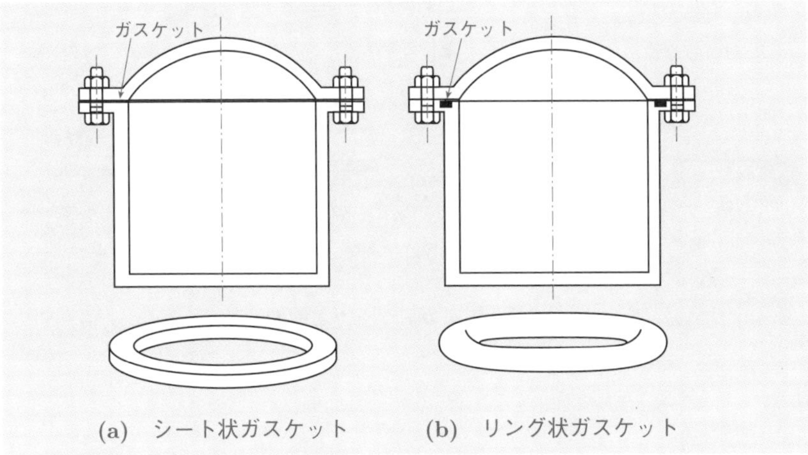

図 8.14　ガスケット

図 8.15 に，主なガスケットとその断面の形状を示す．

O リングは，安価で入手しやすく，取付けに必要なスペースが小さいことからガスケットとして広く使用される．多くの場合，壁面上に加工された幅の狭い取付け溝内に装着して使用される．なお，O リングは，運動用シールとしても用いられる．

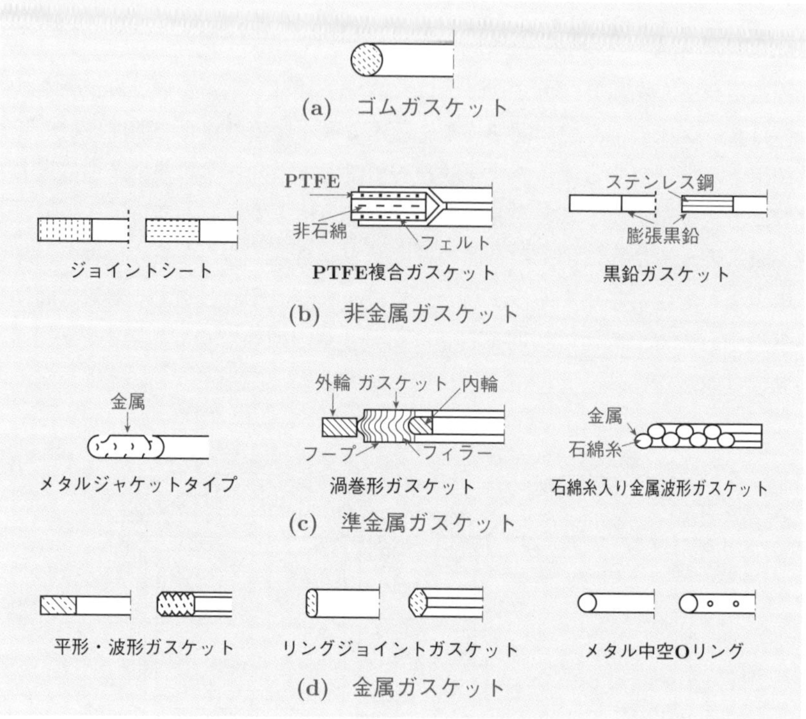

図 8.15 主なガスケットと断面形状

8.6　運動用シール

運動用シールあるいはパッキンと呼ばれる，運動面と静止面の間で流体を密封する動的シールには，少なくとも静止時には接触状態にある接触式シールと，静止時にも運動時にもいくらかのミクロなすきまが存在し，2 面が常に非接触の状態にある非接触式シールがある．

8.6.1　接触式シール

固定部品と運動部品の間に常時接触圧力を生じるようにシール部品を挿入し，基本的にすきまをなくして漏れを止めるシールである．すきまなく押し付けられて相対滑り運動する部分が存在するので，その部分の摩擦・摩耗をいかに小さくするかが鍵になる．

(1)　グランドパッキン

グランドパッキンとは，断面が角形あるいは丸形で，スタッフィングボックスに詰め込んでシールするパッキンの総称である．金属材料・非金属材料，あるいはそれらを組み合わせた材料に潤滑油を加えシール性としゅう動性を向上させ，それらを編み込むなどして形成されたものである．主な形状を図 8.16 に示す．

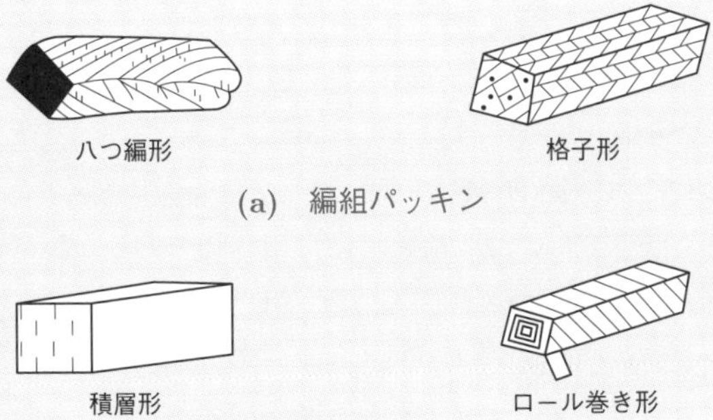

(a)　編組パッキン

(b)　重ね形パッキン

図 8.16　グランドパッキン

(2)　メカニカルシール

高速かつ高圧でも安定した密封性と長寿命を保つことができる回転軸用シールである．**図 8.17** に示すような構造で，スタッフィングボックスと呼ばれるパッキン室（ハウジングとも呼ぶ）に取り付けられたメイティングリングに，回転軸に取り付けられたシールリングを押し当ててすきまのない状態を作り出し，高圧流体を密封する．一般にメイティングリングにセラミック材のような硬質しゅう動材が使用され，シールリングにはカーボン材のような軟質しゅう動材が用いられている．ポンプや圧縮機などの回転軸シールに多用されている．

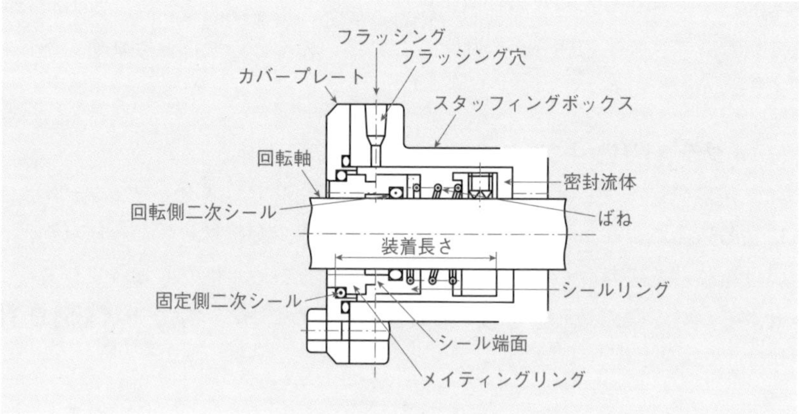

図 8.17　メカニカルシール

(3)　オイルシール

ゴム材料で製作され，**図 8.18** に示すような断面形状をした回転体状の部品で，回転軸からの低圧流体の漏れ防止用に汎用されている．規格化されていて，転がり軸受同様，互換性がある．**図 8.19** のような要領でハウジングに装着する．シールリップ部の自然半径よりも太い軸を挿入し，ゴムの弾性変形やガータースプリングと呼ばれるばねの弾性変形を利用してシールリップを軸の周囲に押し付けるようにする．ガータースプリングのある側が密封したい流体が存在する機械内部の側で，シールリップの付け根の側，即ちダストリップのある側が大気側である．取り付ける向きを逆にすると漏れ出るので，向きを間違わないことが肝心である．

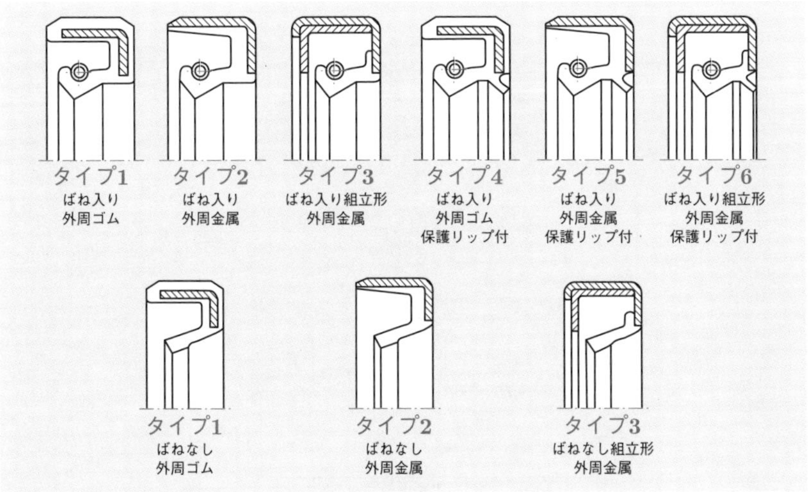

図 8.18　各種オイルシールの断面形状

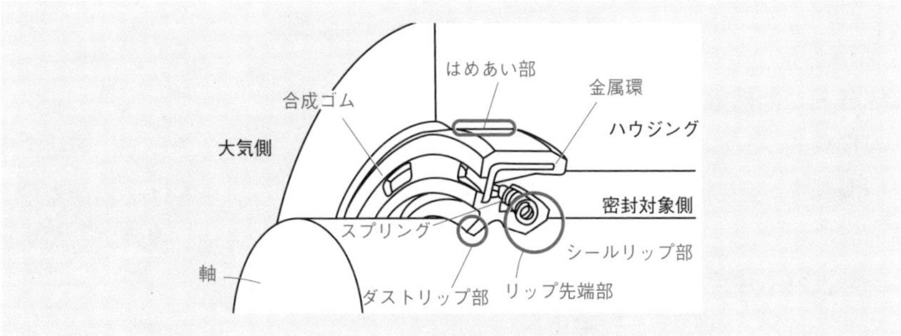

図 8.19　オイルシールの装着

(4)　リップパッキン

油圧ピストンのロッドのような往復運動を行う軸から高圧流体が漏れ出るのを防ぐもので，リップの形状により，図 8.20 のように分類される．装着は図 8.21 に示す要領で行い，向きはシール流体の圧力でリップが押し広げられるようにする．向きを間違えると漏れてしまうので注意が必要である．材料には，ゴム・布入りゴムが広く使われている．

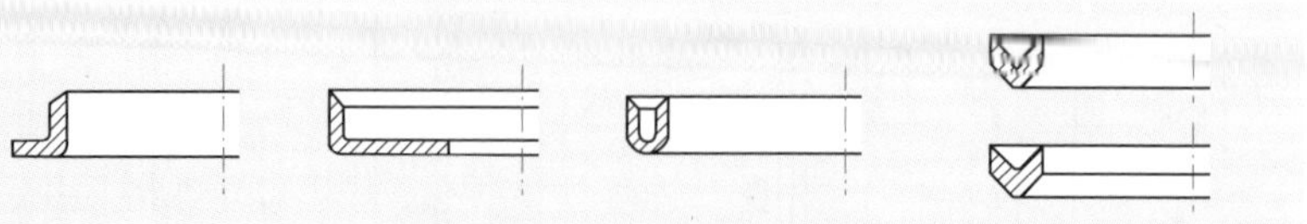

(a) Jパッキン (b) Lパッキン (c) Uパッキン (d) Vパッキン

図 8.20 リップパッキン

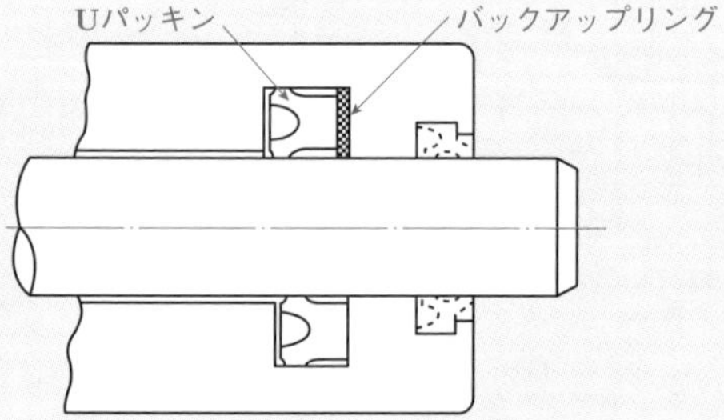

図 8.21 U パッキンの装着

8.6.2 非接触式シール

非接触式シールでは漏れを完全に避けるのは難しい．したがって，避けられない漏れをいかに小さくするかが重要な検討事項になる．基本は運動面と静止面の間のすきまをいかに小さく安定に保つか，または，流路を複雑にしていかに流動抵抗を増すかにある．

前者では滑り軸受の油膜形成原理を応用したさまざまな形式が存在する．その典型例は密封流体の圧力を利用して安定した微小すきまを設ける**静圧メカニカルシール**である．これは前述の接触式のメカニカルシールのシールリングを密封流体の圧力で浮上させたものである．

後者の典型例は**ラビリンスシール**である．ラビリンスとは迷路のことで，図 8.22 に示すように流路を複雑に曲げたり，急激に縮小・拡大させたりして流動抵抗を増し，漏れ量を小さく抑える役割をする．

前述の非接触式シールとは異なる原理で漏れを抑えるものに，**磁性流体シール**がある．これも非接触式シールのひとつであり，真空用ガスシールとして，コンピュータなどの精密機器用ダストシールとして使用されている．その原理図

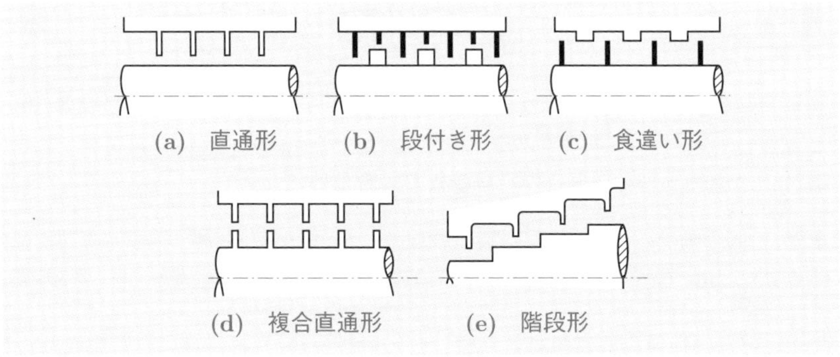

図 8.22 ラビリンスシール

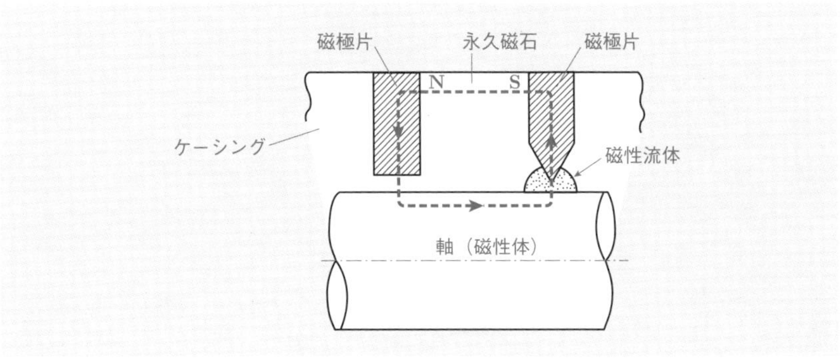

図 8.23 磁性流体シール

を図 8.23 に示す．

磁性流体は強磁性体の微粉（直径 0.01 μm 程度）を界面活性剤で包み込んで液体中に高密度で分散させたコロイド溶液で，強磁性という磁性体としての性質と流動性という液体としての性質を兼ね備えた機能性流体である．図のように磁石を用いて回転軸との間に磁気回路を形成し，磁極円板と回転軸の円環状すきま部にこの磁性流体を吸い付け，すきまを封鎖して内外の気体の出入りを断ち切る．摩擦による負荷トルクが小さいという長所もある．回転によりせん断され，また，遠心力の影響を受けるが，かなりの高速まで機能する．

8章の問題

□ **8.1**　表8.2に示した呼び番号6003の単列深溝玉軸受（内径17 mm，外径35 mm）を用いている回転機械があり，各々の軸受にはラジアル荷重500 N，アキシアル荷重50 Nが加わる．このときの定格寿命L_{10}を求めよ．

□ **8.2**　前問の軸受について，回転数2000 rpm，軽度の汚染状態，運転時の潤滑油の動粘度15 mm^2/s，の条件下における，信頼度98％の修正定格寿命L_{2m}を求めよ．

□ **8.3**　直径15 mmの軸を支持する単列深溝玉軸受において，ラジアル荷重400 N，回転速度1500 rpm，の条件で定格寿命L_{10}が20000時間となる軸受を表8.2から選定せよ．

第9章

ばね

ばねとは，材料の弾性変形を利用してエネルギーを蓄え，それを動力に用いたり，振動や衝撃を緩和するために用いられる機械要素である．必要な弾性係数を満たし，弾性変形の範囲での使用と，十分な強度設計が求められる．金属材料を用いれば損失係数が低いため，変形によるエネルギー損失が小さい．このためアクチュエータの可動部を支持する要素部品として，とくに可動部の運動に摩擦を関与させたくない場合において，軸受の代わりに用いられることもある．

9.1 ばねの種類

ばねは，さまざまな機械において広く用いられており，そのため数多くの種類・形状に分かれている．図 9.1 に，ばねの種類を示す．これらのうち，とくに使用される頻度が高いものは，コイルばね，重ね板ばね，皿ばねである．

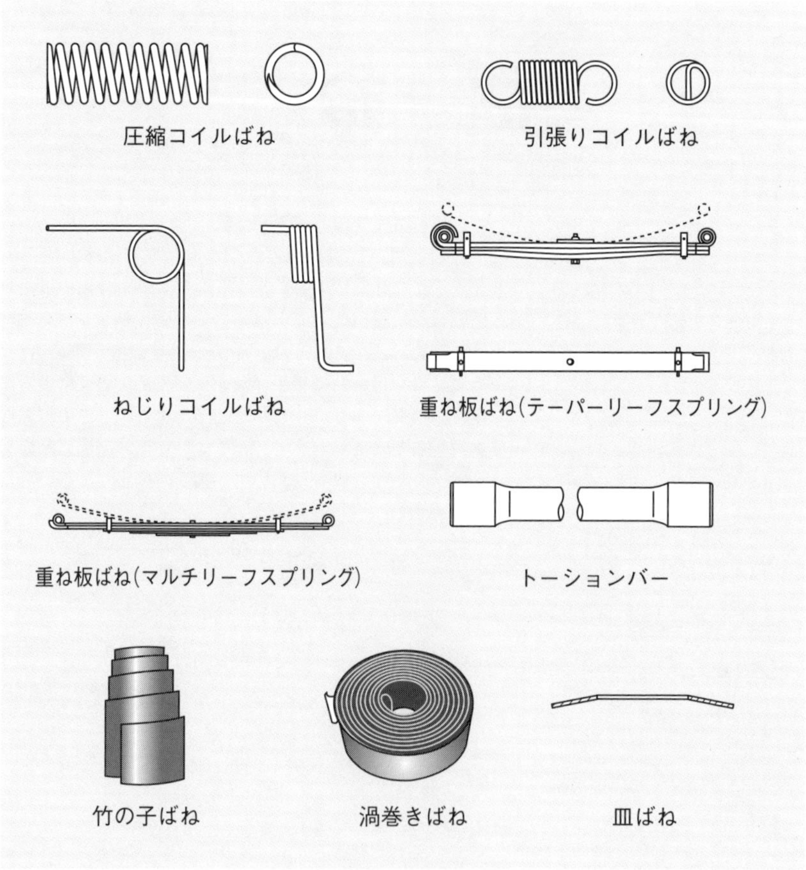

図 9.1　ばねの種類

9.2　ばねの材料

ばねは弾性変形を利用するため，その材料には弾性限度が高く，引張強度やじん性，加工性に優れることが求められる．JIS B 2704 に示されているばね用の材料を表 9.1 に示す．

表 9.1　ばねの材料(JIS B 2704，表 1 より)

種　類	規格番号	記　号	用途（参考）						注　記
			汎用	導電	非磁	耐熱	耐食	耐疲労	
ばね鋼鋼材	JIS G 4801	SUP6 SUP7 SUP9 SUP9A SUP10 SUP11A SUP12 SUP13	○					○	熱間成形ばねに用いる
硬鋼線	JIS G 3521	SW-B SW-C	○						冷間成形ばねに用いる
ピアノ線	JIS G 3522	SWP-A SWP-B SWP-V	○					○	
ばね用オイルテンパー線	JIS G 3560	SWO-A SWO-B	○						
		SWOSC-B	○			○			
		SWOSM	○						
弁ばね用オイルテンパー線	JIS G 3561	SWO-V						○	
		SWOCV-V				○		○	
		SWOSC-V				○		○	
ばね用ステンレス鋼線	JIS G 4314	SUS302 SUS304 SUS304N1 SUS316 SUS631J1	○			○	○		
黄銅線	JIS H 3260	C2600W C2700W C2800W		○	○		○		
洋白線	JIS H 3270	C7521W C7541W C7701W		○	○		○		
りん青銅線		C5102W C5191W C5212W		○	○		○		
ベリリウム銅線		C1720W		○	○		○		

9.3 ばね材料の弾性係数

ばねの設計に用いられる材料の縦弾性係数と横弾性係数の値を表 9.2 に示す.

表 9.2 ばね材料の弾性係数
(**JIS B 2704-1**, 表 **3**, 表 **4** より, 単位 **(Pa)**)

<table>
<tr><th colspan="2">材 料</th><th>縦弾性係数</th><th>横弾性係数</th></tr>
<tr><td colspan="2">ばね鋼鋼材</td><td rowspan="4">2.06×10^{11}</td><td rowspan="4">7.85×10^{10}</td></tr>
<tr><td colspan="2">硬鋼線</td></tr>
<tr><td colspan="2">ピアノ線</td></tr>
<tr><td colspan="2">オイルテンパー線</td></tr>
<tr><td rowspan="5">ばね用
ステンレス
鋼線</td><td>SUS302</td><td rowspan="4">1.86×10^{11}</td><td rowspan="4">6.85×10^{10}</td></tr>
<tr><td>SUS304</td></tr>
<tr><td>SUS304N1</td></tr>
<tr><td>SUS316</td></tr>
<tr><td>SUS631J1</td><td>1.96×10^{11}</td><td>7.35×10^{10}</td></tr>
<tr><td colspan="2">黄銅線</td><td>0.98×10^{11}</td><td>3.90×10^{10}</td></tr>
<tr><td colspan="2">洋白線</td><td>1.08×10^{11}</td><td>3.90×10^{10}</td></tr>
<tr><td colspan="2">りん青銅線</td><td>0.98×10^{11}</td><td>4.20×10^{10}</td></tr>
<tr><td colspan="2">ベリリウム銅線</td><td>1.27×10^{11}</td><td>4.40×10^{10}</td></tr>
</table>

9.4　引張・圧縮コイルばね

引張コイルばね・圧縮コイルばねは最も使用されているばねである．図 9.2 はコイルばねに圧縮力が加えられた場合を示している．

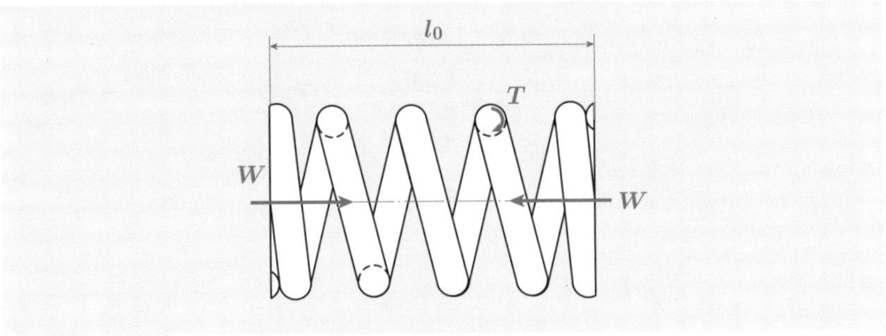

図 9.2　圧縮コイルばね

このとき素線には，図中の断面に矢印で示すようなねじりモーメントが作用している．ばねの力学的モデルは，ねじりモーメントが作用するはりとして単純化され，以下のように求められる．

ねじりモーメント T が作用する棒のねじれ角 θ は次のように表せる．

$$\theta = \frac{Tl}{GI_p} \tag{9.1}$$

ここで，ねじりモーメントは，**平均径**が D であるコイルばねの中心軸と平行に力 W が加えられたとき，次式となる．

$$T = \frac{D}{2}W \tag{9.2}$$

また，I_p は**断面二次極モーメント**で，コイル素線の径が d である円形断面のばねにおいては次式で表される．

$$I_p = \frac{\pi d^4}{32} \tag{9.3}$$

ばねの線材の有効展開長さは，**有効巻数**を n とすれば，近似的に次式で表される．

$$l = \pi D n \tag{9.4}$$

なお，圧縮ばねでは，全巻数を n_t，両端の座巻数（ばねとして作用しない部分

の巻数）をそれぞれ n_1，n_2 とすれば，

$$n = n_t - (n_1 + n_2) \tag{9.5}$$

とし，引張ばねでは

$$n = n_t \tag{9.6}$$

とする．また，圧縮ばねの軸方向のたわみ δ は

$$\delta = \frac{D\theta}{2} \tag{9.7}$$

と表せるので，これに式 (9.1)～(9.4) を代入すると次式が得られる．

$$\delta = \frac{8D^3nW}{Gd^4} \tag{9.8}$$

したがって，ばね定数 k は以下のようになる．

$$k = \frac{W}{\delta} = \frac{Gd^4}{8D^3n} \tag{9.9}$$

コイル線材に働く最大せん断応力は，極断面係数 Z_p を用いて

$$\tau_0 = \frac{T}{Z_p} \tag{9.10}$$

となる．

$$Z_p = \frac{I_p}{d/2} = \frac{\pi d^3}{16} \tag{9.11}$$

であるから，

$$\tau_0 = \frac{8DW}{\pi d^3} \tag{9.12}$$

τ_0 は**せん断未修正応力**と呼ばれる．コイルばねの素線を直線的に考えてせん断応力を求めたが，実際のコイル素線は曲率の影響を受け，せん断応力はコイル内側で大きくなり，また直接作用するせん断力の影響も受けるので，最大せん断応力は，**ワールのせん断応力修正係数** κ を乗じて求める．

$$\tau_\kappa = \kappa \frac{8DW}{\pi d^3} \tag{9.13}$$

$$\kappa = \frac{4c-1}{4c-4} + \frac{0.615}{c} \tag{9.14}$$

ここで，c は**ばね指数**であり，$c = D/d$ である．一般に，c は 4～10 の間に設計される．また，τ_κ は**せん断修正応力**と呼ばれる．

引張コイルばねは図 9.3 のように密着巻きで形成されることが多く，この場合は無荷重においてもばねは軸方向の張力を持っており，これを**初張力**と呼ぶ．また，これによって生じるせん断応力を**初せん断応力**と呼ぶ．初張力 W_i は次式によって与えられる．

$$W_i = \frac{\pi d^3}{8D}\,\tau_i \tag{9.15}$$

ここで初せん断応力 τ_i は，図 9.4 の薄青の範囲内となるように調整されているが，このグラフから値を読み取る代わりに，次の経験式を用いてもよい．

$$\tau_i = \frac{G}{100c} \tag{9.16}$$

初張力 W_i のある引張コイルばねの場合のばねのたわみ δ やばね剛性 k は次式

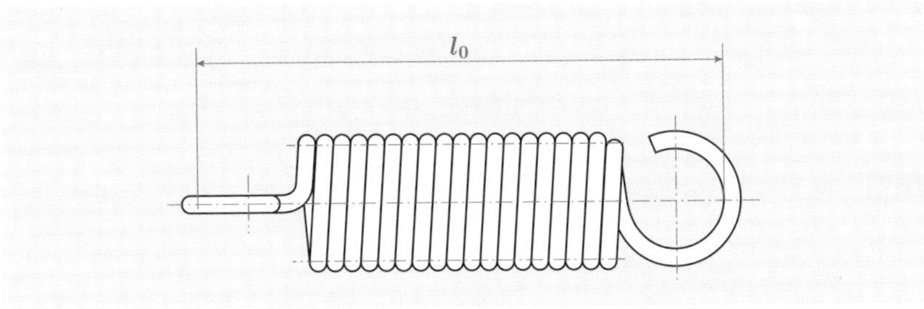

図 9.3　引張コイルばね

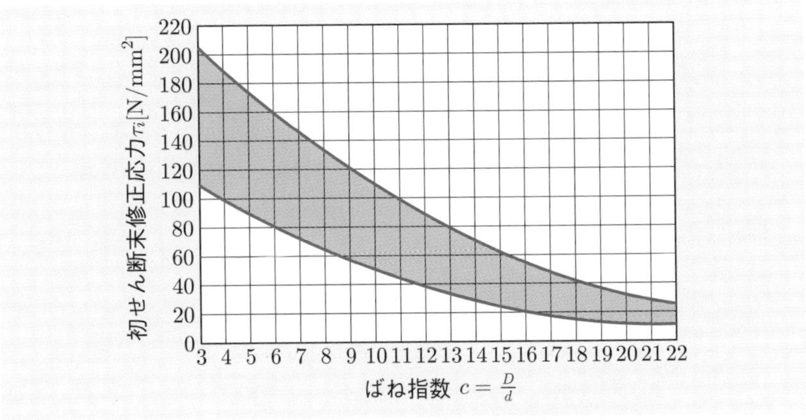

図 9.4　鋼線の初せん断末修正応力

となる

$$\delta = \frac{8D^3 n(W - W_i)}{Gd^4} \tag{9.17}$$

$$k = \frac{W - W_i}{\delta} = \frac{Gd^4}{8D^3 n} \tag{9.18}$$

また，せん断未修正応力，およびせん断修正応力は，それぞれ次式となる．

$$\tau_0 = \frac{8DW}{\pi d^3} = \frac{Gd\delta}{n\pi D^2} + \tau_i \tag{9.19}$$

$$\tau_{k\ \max} = \kappa \tau_{0\ \max} \tag{9.20}$$

例題 9.1

素線の径 5 mm，平均径が 40 mm の圧縮ばねで，荷重が 100 N から 220 N まで変動するとたわみが 30 mm 変形するばねを設計するとき，有効巻数をいくつにすればよいか．また，ばねにかかる最大せん断修正応力を求めよ．ただし，ばねの材料はばね鋼鋼材とする．

【解答】 圧縮ばねのばね定数は 4.0×10^3 [N/m] と求められる．式 (9.9) より，巻数は

$$\begin{aligned} n &= \frac{Gd^4}{8D^3 k} \\ &= \frac{7.85 \times 10^{10} \times (5 \times 10^{-3})^4}{8 \times (40 \times 10^{-3})^3 \times 4.0 \times 10^3} \\ &\fallingdotseq 24.0 \end{aligned}$$

よって，有効巻数は 24．

せん断応力は，荷重が 220 N のとき最大になる．また $c = 8$ であるからワールのせん断応力修正係数は式 (9.14) より $\kappa = 1.18$．よって，式 (9.13) より最大せん断修正応力は

$$\begin{aligned} \tau_\kappa &= \kappa \frac{8DW}{\pi d^3} \\ &= 1.18 \times \frac{8 \times 40 \times 10^{-3} \times 220}{\pi \times (5 \times 10^{-3})^3} \\ &\fallingdotseq 2.1 \times 10^8 \quad \text{[Pa]} \end{aligned}$$

■

9.5　ねじりコイルばね

コイルばねをねじりに用いたものが**ねじりコイルばね**であり，形状を図 9.5 に示す．コイルの末端にねじりモーメントを与え，その復元力を利用するばねである．コイルはねじられるが，素線には曲げモーメントが作用するため，以下のように設計する．

図 9.6 のばねの腕に力 F_1，F_2 が作用すると，ばねには曲げモーメント M が生じる．この曲げモーメントは次式を満たす．

$$M = F_1 A_1 = F_2 A_2 \tag{9.21}$$

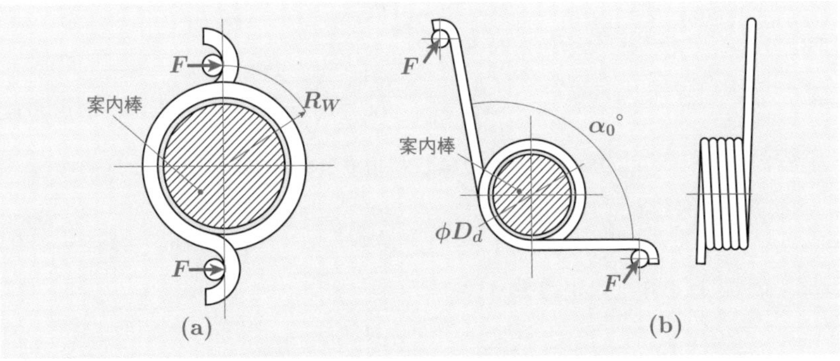

図 9.5　ねじりコイルばね

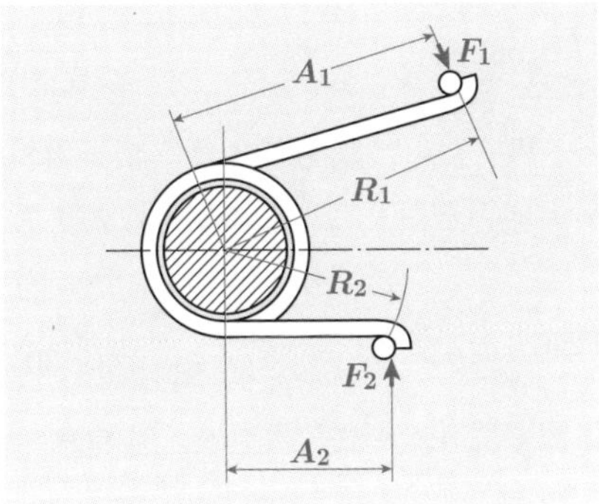

図 9.6　ねじりコイルばねに作用する力

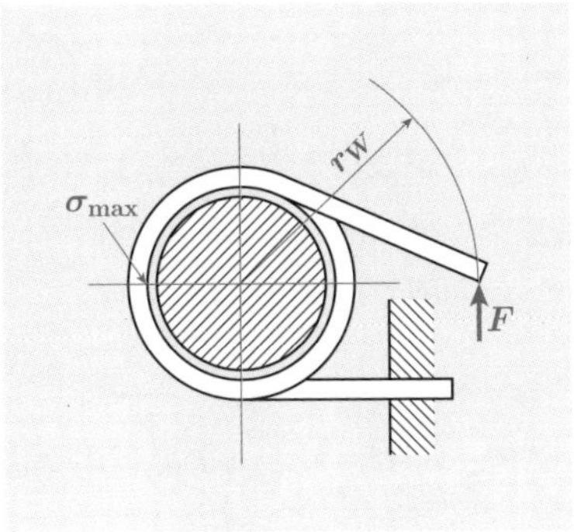

図 9.7　ばねを巻き戻す方向に力が作用するねじりコイルばね

ねじりばねの有効部展開長さ L は次式で近似される.

$$L \fallingdotseq \pi n D \tag{9.22}$$

ここで，有効巻数 n は，全巻数と等しく置けばよい.

$$n = n_t \tag{9.23}$$

腕の長さを考慮せず，ねじりばね部のみのねじれ角 α は次式で表される.

$$\alpha = \frac{ML}{EI_d} \tag{9.24}$$

ここで，I_d は断面二次モーメントで次式の通りである.

$$I_d = \frac{\pi d^4}{64} \tag{9.25}$$

腕をはりとして考えて，そのたわみ角 θ_1，θ_2 は

$$\theta_1 = \frac{MA_1}{3EI_d}, \qquad \theta_2 = \frac{MA_2}{3EI_d} \tag{9.26}$$

で表されるから，ねじりばね全体のねじれ角 θ [rad] は次式となる.

$$\theta = \frac{M}{EI_d}\left\{\pi D n + \frac{1}{3}(A_1 + A_2)\right\} \tag{9.27}$$

したがって，ねじりばね定数 k_θ は

$$k_\theta = \frac{M}{\theta} = \frac{3EI_d}{3\pi D n + A_1 + A_2} \tag{9.28}$$

素線に生じる最大応力は，力がばねを巻き込む方向に作用する場合は，以下の式で表される.

$$\sigma_{\max} = \frac{M}{Z} = \frac{32M}{\pi d^3} \tag{9.29}$$

一方，力がばねを巻き戻す方向に作用する場合には，**図 9.7** のように，力の作用点から最も離れたコイル内側表面に最大応力が生じる．この影響などを考慮し，最大応力は次式で求める.

$$\sigma_{\max} = \frac{32F(r_w + D/2)\kappa_b}{\pi d^3} \tag{9.30}$$

ここで，κ_b は，**ワールの曲げ応力修正係数**であり次の式で表され，**図 9.8** のようなグラフとなる.

$$\kappa_b = \frac{4c^2 - c - 1}{4c(c-1)} \tag{9.31}$$

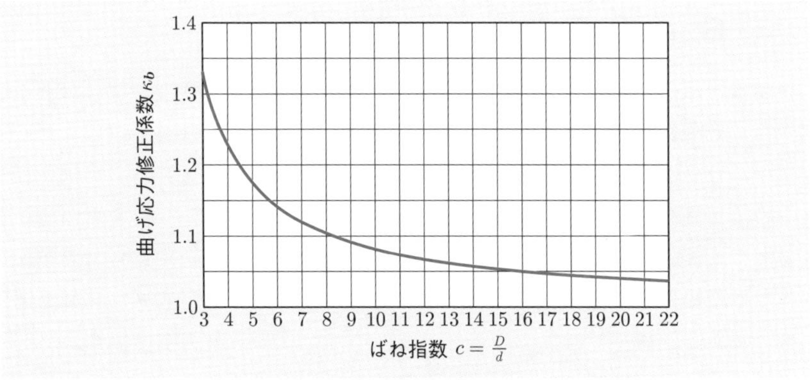

図 9.8　曲げ応力修正係数

例題 9.2

図 9.6 のねじりコイルばねに力が加えられており，コイル平均径 $D = 30$ [mm]，素線の直径 $d = 2$ [mm]，巻数 $n = 10$，腕の長さ $A_1 = A_2 = 10$ [mm]，$F_A = F_B = 10$ [N] であるとき，ばね定数とばねのねじれ角，最大応力を求めよ．材料はピアノ線（SWP-A，引張強さ 1.9 GPa）である．

【解答】　ばね定数は，式 (9.28) より

$$
\begin{aligned}
k_\theta &= \frac{3E\pi d^4}{64(3\pi D n + A_1 + A_2)} \\
&= \frac{3 \times 2.06 \times 10^{11} \times \pi \times (2 \times 10^{-3})^4}{64 \times (3 \times \pi \times 30 \times 10^{-3} \times 10 + 2 \times 10 \times 10^{-3})} \\
&= 0.17 \quad [\mathrm{N\,m/rad}]
\end{aligned}
$$

ねじりコイルばねに加えられるモーメントの大きさは，$M = A_1 F_A = 0.1$ [N m]．よって，このときのねじれ角は，

$$
\theta = \frac{M}{k_\theta} = 0.59 \quad [\mathrm{rad}]
$$

図 9.6 では，ばねを巻き込む方向にモーメントが加えられているので，最大応力は次式で求められる．

$$
\sigma_{\max} = \frac{32M}{\pi d^3} = \frac{32 \times 0.1}{\pi \times (2 \times 10^{-3})^3} = 1.27 \times 10^8 \quad [\mathrm{Pa}]
$$

■

9.6 重ね板ばね

重ね板ばねは，複数枚の板ばねを重ねたマルチリーフスプリングと，ばね中心側から先端部にかけて板厚が減少するテーパ形状を持つ板ばねを重ねて構成したテーパリーフスプリングとに分類される．マルチリーフスプリングはトラックや鉄道車両のサスペンションとして用いられることが多い．板を重ねることによって，実際には板間に摩擦力が生じ，振動が生じた場合に減衰の効果が大きくなるため，これを積極的に利用するためにマルチリーフスプリングを用いる場合もある．以下では，マルチリーフスプリングの設計方法を示す．

設計方法には，**展開法**と板端法との2つがあるが，展開法は簡単な計算式より求めることができ，概略設計に有効である．重ね板ばねのモデルを図9.9に示す．

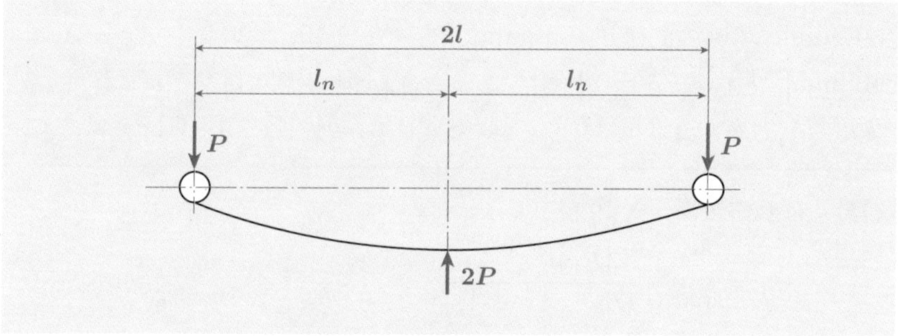

図9.9 対称ばねのモデル

一般に重ね板ばねでは，中央が固定され両端が自由であるはりとしてモデル化することができる．展開法において，中心から等距離にある各板ばね上の点では，曲率がすべて等しいと仮定する．このように仮定すると，マルチリーフスプリングは同一平面上に展開した一枚の幅の広い板ばねと等価になる．展開した板ばねのモデルを図9.10に示す．各板ばねの半分の長さのL_nについて，長手方向に二分割し，中心線に対称になるように配置していった階段モデルと，階段モデルを台形近似した台形モデルを示す．一般に，すべてのリーフの厚さが等しい場合は，台形近似した平板モデルで近似するが，このとき，リーフの開先形状や長さの違いによるステップの違いを無視して台形近似する．この台

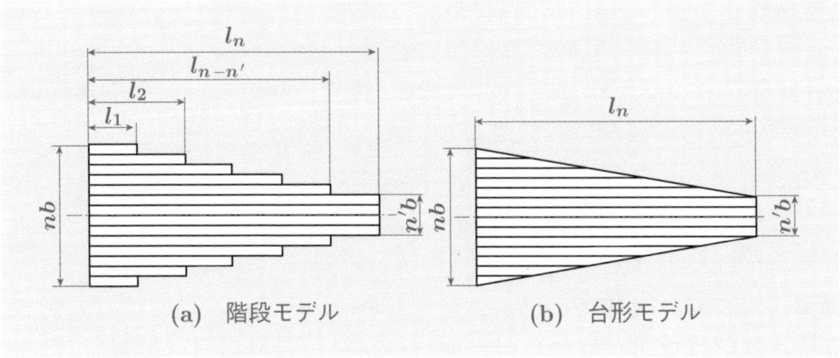

(a)　階段モデル　　(b)　台形モデル

図 9.10　重ね板ばねの解析モデル

形モデルは平等強さばりとなる．なお，n，n' は，それぞれリーフの総数，全長板の数である．

図 9.9，図 9.10(b) の解析モデルによれば，ばね定数 k は次式で表される．

$$k = \frac{2P}{\delta} = \frac{6nEI}{K_T l_n^3} \tag{9.32}$$

ここで，I は断面二次モーメントである．板幅を b，板厚を t とすると，

$$I = \frac{bt^3}{12} \tag{9.33}$$

また，K_T は台形の形状を考慮した形状係数であり次式で与えられる．

$$K_T = \frac{3}{(1-\eta)^3}\left\{\frac{1}{2} - 2\eta + \eta^2\left(\frac{3}{2} - \log_e \eta\right)\right\} \tag{9.34}$$

なお，この式の η は

$$\eta = \frac{n'}{n} \tag{9.35}$$

各板ばねに作用する応力は，次式で表される．

$$\sigma = \frac{Pl_n t}{2nI} = \frac{6Pl_n}{nbt^2} \tag{9.36}$$

例題 9.3

図 9.9 のようにモデル化される重ね板ばねがある．長さ $2l = 1600$ [mm]，各板幅は 100 mm，板の枚数は 4 枚，そのうち全長板の数は 1，板厚は 12 mm である．このばねの中央に $2P = 10$ [kN] の荷重が与えられたときのばねのたわみ δ とそのときの応力 σ を展開法によって求めよ．重ね板ばねの材料は SUP6（ばね鋼鋼材，引張強さ 1.23×10^9 N/m^2）とする．

【解答】 $\eta = n'/n = 0.25$ より，$K_T = 1.28$.

式 (9.32) を変形して，

$$\begin{aligned} \delta &= \frac{4K_T l_n^3 P}{nEbt^3} \\ &= 9.2 \times 10^{-2} \quad [\mathrm{m}] \end{aligned}$$

式 (9.36) より

$$\begin{aligned} \sigma &= \frac{6Pl_n}{nbt^2} \\ &= 4.17 \times 10^8 \quad [\mathrm{N/m^2}] \end{aligned}$$

■

9.7 皿ばね

皿ばねは，小型で大きな荷重を受けることができるため，コイルばねが使えない場所や，ねじの緩み防止（皿ばね座金）などに使用される．複数枚を重ねてばね定数を調整して使用されることも多い．JIS B 2706では，重荷重用皿ばねと軽荷重用皿ばねが規定されている（表 9.3，表 9.4）．

表 9.3　重荷重用皿ばね（**JIS B 2706**，表 **6** より）

呼び	グループ	寸法						荷重特性		応力	
		外径 D	内径 d	厚さ t	自由高さ H_0	全たわみ h_0	面取り半径 r（参考）	荷重 P $\delta=0.5h_0$	荷重 P $H_1=H_0-0.75h_0$	σ_{I}	σ_{II}
										$H_1=H_0-0.75h_0$	
		mm	mm	mm	mm	mm	mm	N	N	N/mm^2	
8	1	8	4.2	0.4	0.6	0.2	0.1	160	228	−2162	1218
10		10	5.2	0.5	0.75	0.25	0.1	244	347	−2159	1218
12.5		12.5	6.2	0.7	1	0.3	0.1	480	693	−2240	1382
14		14	7.2	0.8	1.1	0.3	0.1	573	834	−1997	1308
16		16	8.2	0.9	1.25	0.35	0.1	725	1053	−2019	1301
18		18	9.2	1	1.4	0.4	0.1	895	1298	−2035	1295
20		20	10.2	1.1	1.55	0.45	0.1	1083	1569	−2048	1290
22.5	2	22.5	11.2	1.2	1.7	0.5	0.1	1215	1757	−1965	1229
25		25	12.2	1.6	2.15	0.55	0.2	2541	3716	−2257	1538
28		28	14.2	1.6	2.25	0.65	0.2	2479	3592	−2192	1385
31.5		31.5	16.3	1.8	2.5	0.7	0.2	3014	4380	−2086	1343
35.5		35.5	18.3	2	2.8	0.8	0.2	3705	5374	−2095	1332
40		40	20.4	2.2	3.1	0.9	0.2	4333	6275	−2048	1290
45		45	22.4	2.5	3.5	1	0.3	5540	8036	−2031	1296
50		50	25.4	3	4.1	1.1	0.3	8526	12430	−2142	1418
56		56	28.5	3	4.3	1.3	0.3	8162	11770	−2080	1274
63		63	31	3.5	4.9	1.4	0.3	10660	15460	−2030	1296
71		71	36	4	5.6	1.6	0.5	14790	21450	−2091	1332
80		80	41	5	6.7	1.7	0.5	23850	34900	−2130	1453
90		90	46	5	7	2	0.5	22380	32460	−2035	1295
100		100	51	6	8.2	2.2	0.5	33980	49540	−2143	1418
112		112	57	6	8.5	2.5	0.5	31060	44930	−1985	1239
125	3	125	64	8	10.6	2.6	1	61620	90370	−2120	1471
140		140	72	8	11.2	3.2	1	61490	89191	−2155	1370
160		160	82	10	13.5	3.5	1	98430	143900	−2203	1486
180		180	92	10	14	4	1	89520	129800	−2035	1295
200		200	102	12	16.2	4.2	1	129200	188800	−2030	1369
225		225	112	12	17	5	1	121500	175700	−1965	1229
250		250	127	14	19.6	5.6	1.5	178100	258300	−2067	1316

表 9.4　軽荷重用皿ばね（JIS B 2706，表 7 より）

呼び	グループ	寸法						荷重特性		応力	
		外径 D mm	内径 d mm	厚さ t mm	自由高さ H_0 mm	全たわみ h_0 mm	面取り半径 r（参考）mm	荷重 P $\delta=0.5h_0$ N	荷重 P $H_1=H_0-0.75h_0$ N	σ_{I} $H_1=H_0-0.75h_0$ N/mm^2	σ_{II}
8	1	8	4.2	0.3	0.55	0.25	0.1	97	128	−2322	1312
10		10	5.2	0.4	0.7	0.3	0.1	166	223	−2299	1281
12.5		12.5	6.2	0.5	0.85	0.35	0.1	226	308	−2093	1114
14		14	7.2	0.5	0.9	0.4	0.1	220	292	−1990	1101
16		16	8.2	0.6	1.05	0.45	0.1	316	426	−2016	1109
18		18	9.2	0.7	1.2	0.5	0.1	431	586	−2035	1114
20		20	10.2	0.8	1.35	0.55	0.1	564	772	−2050	1118
22.5		22.5	11.2	0.8	1.45	0.65	0.1	548	727	−2006	1079
25		25	12.2	0.9	1.6	0.7	0.1	660	883	−1940	1023
28		28	14.2	1	1.8	0.8	0.1	851	1132	−1986	1086
31.5	2	31.5	16.3	1.2	2.1	0.9	0.1	1289	1738	−2083	1156
35.5		35.5	18.3	1.2	2.2	1	0.1	1168	1541	−1881	1045
40		40	20.4	1.6	2.75	1.15	0.2	2392	3249	−2170	1186
45		45	22.4	1.8	3.1	1.3	0.2	2991	4058	−2179	1165
50		50	25.4	2	3.4	1.4	0.2	3578	4881	−2097	1140
56		56	28.5	2	3.6	1.6	0.2	3410	4537	−1987	1090
63		63	31	2.5	4.25	1.75	0.3	5422	7397	−2059	1088
71		71	36	2.5	4.5	2	0.3	5188	6903	−1931	1055
80		80	41	3	5.3	2.3	0.3	8023	10770	−2074	1142
90		90	46	3.5	6	2.5	0.3	10630	14460	−2035	1114
100		100	51	3.5	6.3	2.8	0.3	10010	13310	−1909	1049
112		112	57	4	7.2	3.2	0.5	13720	18250	−1987	1090
125		125	64	5	8.5	3.5	0.5	22480	30660	−2099	1149
140		140	72	5	9	4	0.5	21460	28550	−1990	1101
160		160	82	6	10.5	4.5	0.5	31030	41810	−2016	1109
180		180	92	6	11.1	5.1	0.5	29050	38150	−1875	1035
200	3	200	102	8	13.6	5.6	1	57760	78790	−2098	1145
225		225	112	8	14.5	6.5	1	54790	72680	−2006	1079
250		250	127	10	17	7	1	89450	122000	−2097	1140

図 9.11 に示すように，外径 D，内径 d，内外径比 $\alpha = D/d$，ばねの厚さ t，ばねの自由高さ H_0，ばねの全たわみ h_0（$= H_0 - t$）とし，角部 I，II，III の面取り半径を r するとき，荷重 P とたわみ δ の関係は次式で表される．

$$P = \kappa_r \frac{4EC_1\delta}{(1-\nu^2)D^2}\left\{(h_0-\delta)\left(h_0-\frac{\delta}{2}\right)t+t^3\right\} \tag{9.37}$$

ここで，E，ν はそれぞれ，材料のヤング率およびポアソン比である．

したがって，ばね定数 k は

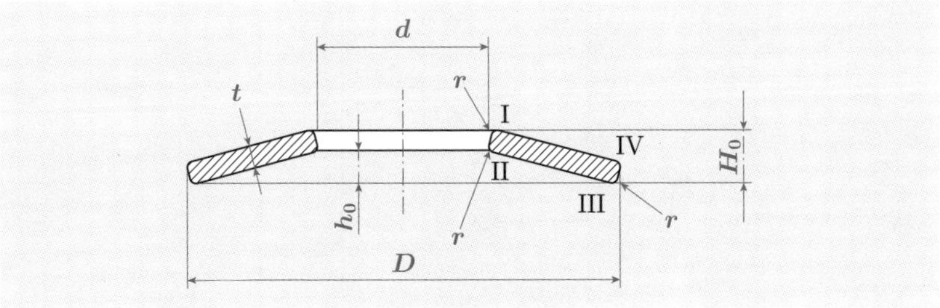

図 9.11 皿ばね

$$
\begin{aligned}
k &= \frac{\partial P}{\partial \delta} \\
&= \kappa_r \frac{4EtC_1}{(1-\nu^2)D^2}\left(h_0^2 + t^2 - 3h_0\delta + \frac{3}{2}\delta^2\right) \qquad (9.38)
\end{aligned}
$$

ただし，式 (9.34)，(9.35) における C_1 および κ_r は形状と面取りによって決まる係数で

$$
C_1 = \pi\left(\frac{\alpha}{\alpha-1}\right)^2\left(\frac{\alpha+1}{\alpha-1} - \frac{2}{\log\alpha}\right) \qquad (9.39)
$$

$$
\kappa_r = \frac{D-d}{(D-d)-3r} \qquad (9.40)
$$

である．なお，上の C_1 は JIS 規格に示されている C_1 の逆数として表しているので，注意すること．式 (9.38) から，皿ばねのばね定数は，たわみ量 δ の関数となっており，荷重とたわみの関係は非線形であることがわかる．

ところで，最大たわみ $\delta = h_0$ となる荷重 P の条件は，

$$
P_{\delta=h_0} = \kappa_r \frac{4EC_1h_0t^3}{(1-\nu^2)D^2} \qquad (9.41)
$$

である．平らな板上で皿ばねを用いるとき，この荷重において，計算上皿ばねと板が密着する．この密着荷重に対する実際の荷重の比と，たわみ比（δ/h_0）の関係を図 9.12 に示す．たわみ比が使用最大限界である 0.75 を超えて 1 に近くなると，実荷重は計算よりも高くなるため，たわみ比が 0.7 のときを最大荷重として抑えるのがよい．

皿ばねには，円周方向に大きな応力が生じる．皿ばね内周側に生じる応力は

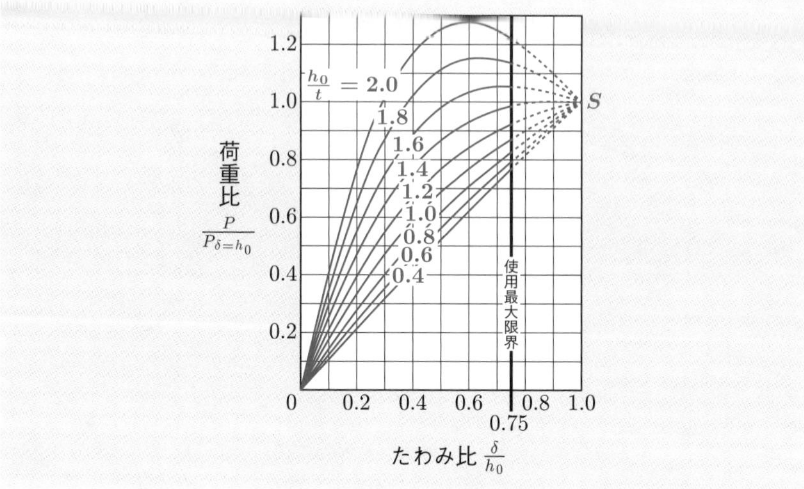

図 9.12　皿ばねの荷重特性

$$\sigma = \frac{4EC_1\delta}{(1-\nu^2)D^2}\left\{-C_2\left(h_0 - \frac{\delta}{2}\right) \mp C_3 t\right\} \tag{9.42}$$

複号で示した項については，上面側（I）における応力が負符号であり，下面側（II）における応力が正符号である．また，外側に生じる応力は

$$\sigma = \frac{4EC_1\delta}{(1-\nu^2)D^2\alpha}\left\{(2C_3 - C_2)\left(h_0 - \frac{\delta}{2}\right) \pm C_3 t\right\} \tag{9.43}$$

この式においても，複号で示した項は，下面側（III）における応力が正符号であり，上面側（IV）における応力が正符号である．なお，C_2，C_3 は，

$$C_2 = \frac{6}{\pi \log \alpha}\left(\frac{\alpha - 1}{\log \alpha} - 1\right) \tag{9.44}$$

$$C_3 = \frac{3(\alpha - 1)}{\pi \log \alpha} \tag{9.45}$$

皿ばねでは，通常，内側上面（I）の位置において大きな圧縮応力が発生し，この応力が最大になるため，式 (9.42) によって，強度設計を行う．

例題 9.4

表 9.4 の軽荷重用皿ばねの表に表されている呼び 20 の皿ばねに，$\delta = 0.5h_0$ となるように変形させるための荷重は，564 N であるとわかる．$E = 2.06 \times 10^{11}$ [N/m^2]，$\nu = 0.3$ として，これを確かめよ．

【解答】 表 9.4 から，呼び 20 の皿ばねの寸法諸元は $D = 20$ [mm]，$d = 10.2$ [mm]，$r = 0.1$ [mm]，$t = 0.8$ [mm]，$h_0 = 0.55$ [mm] である．したがって，$\alpha = 1.96$，$K_r = 1.03$，$C_1 = 1.46$ と求められる．また，$\delta = 0.275$ [mm] である．したがって，式 (9.37) より，

$$\begin{aligned} P &= \kappa_r \frac{4EC_1\delta}{(1-\nu^2)D^2}\left\{(h_0-\delta)\left(h_0-\frac{\delta}{2}t+t^3\right)\right\} \\ &= 564 \quad [\mathrm{N}] \end{aligned}$$

■

9章の問題

□ **9.1** 圧縮荷重 $W = 100\,\mathrm{N}$ を受けるコイルばねについて，たわみ δ と素線の修正せん断応力 τ_κ を求めよ．コイルばねの自由長さは 180 mm，平均径は $D = 50$ [mm]，素線の線径は 5 mm のピアノ線（SWP-A，引張強さ 1.7 GPa），有効巻数 $n = 20$ である．

□ **9.2** 図 9.5(a) のような腕の変形が無視できるようなねじりコイルばねについて，最大 0.36 N m のねじりモーメントで，ねじれ角 α が 90° となるように設計したい．コイル平均直径を 30 mm，素線は直径 2 mm の円形断面を持つとして，コイル巻き数を求めよ．また，ねじりモーメントが最大のときの曲げ応力を求めよ．ただし，モーメントは，ばねを巻き込む方向に作用するものとする．

□ **9.3** 荷重 $2P = 400$ [N] を受ける重ね板ばねがある．各板幅は 50 mm，板の枚数は 5 枚，そのうち全長板の数は 1 枚，各板厚は 7 mm，重ね板ばねの長さ $2l = 1000$ [mm]，材料は SUP6（ばね鋼鋼材，引張強さ $1.23 \times 10^9\,\mathrm{N/m^2}$）とするとき，ばねのたわみ δ とそのときの応力 σ を展開法によって求めよ．

□ **9.4** 軽荷重用皿ばね（呼び 20）に，$\delta = 0.5h_0$ となるように荷重を加えたとき，この荷重の大きさと皿ばね内外周の応力の大きさを求めよ．なお，$E = 2.06\times10^{11}$ [N/m^2]，$\nu = 0.3$ とする（例題 9.4 を参考にせよ）．

問題解答

1章

1.1 曲げ応力の式から計算して $d = 23$ [mm].

1.2 せん断応力の式から計算して $d = 47.8$ [mm].

1.3 (1) 添え板の厚み $t_s = 5$ [mm] (2) $P = 1500$ [N] (3) $P = 1400$ [N]

1.4 ブランコに作用する最大曲げモーメントを求め，曲げ応力の計算式から最大の重さを計算する．最大重さ = 2119.5 [N].

1.5 (1) $d = 73$ [mm] (2) $d = 82$ [mm]

2章

2.1 (1) 呼び径 10 mm のねじ：リード 1 mm，呼び径 30 mm のねじ：リード 3 mm (2) それぞれのリード角は同じとなる． (3) ねじの締付力は 8584 N

2.2 (1) ボルトの伸び量はピッチと等しいからボルトは 1.5 mm 伸びる．
(2) ボルトの伸び量は 1.0 mm.

2.3 (1) $P = 1.5 \times 10^8$ [N] (2) $\sigma = 1.9 \times 10^6$ [N/mm^2]

2.4 (1) $d \geq \sqrt{2P/\pi\tau a}$ (2) $l \geq P/\pi d_1 \tau_a$ (3) $d_1 \geq 2\sqrt{P/\pi\sigma_a}$

2.5 $P_0 = (K_g/K_g + K_b)(\pi D^2/4)P_{\max}/n$

3章

3.1 (1) 軸直径は 78.7 mm. (2) 軸直径は 86.6 mm. (3) したがって両方満たすためには軸直径は 86.6 mm 以上が必要である．

3.2 (1) 軸に作用する曲げモーメントは 6.38×10^2 [N m]. (2) 軸に作用するねじりモーメントは 4.62×10^2 [N m].
(3) 軸直径 48 mm 以上が必要である．

3.3 (1) 固有振動数は 14 Hz. (2) 軸の外径は 41.4 mm，軸の長さは 0.38 m.

3.4 軸の直径は 2.46×10^{-2} [m].

3.5 (1) トルクの上限は 7.9×10 [N m]. (2) ボルト 1 本当たりの締付力は 4.9×10^3 [N].

4章

4.1 $D_1 = 185$ [mm]，$D_2 = 258$ [mm]

4.2 (1) $T_1 = 9$ [N m] (2) $F = 510$ [N] (3) $t = 0.82$ [s]

4.3 (1) 3.75 N m (2) 1.37 kW (3) 1062 Pa

4.4 (1) 15×10^3 [N] (2) 319 N (3) 1.46×10^3 N m

5章

■**5.1**　(1)　減速比 20　　(2)　$Z_{\mathrm{A}} = 42$，$Z_{\mathrm{B}} = 168$，$Z_{\mathrm{C}} = 35$，$Z_{\mathrm{D}} = 175$
(3)　796 N m

■**5.2**　(1)　$L_1 = 108$ [mm]　　(2)　$m = 3$　　(3)　中間軸回転数 750 rpm，出力軸回転数 250 rpm　　(4)　中間軸トルク 20 N m，出力軸トルク 60 N m
(5)　伝達動力 1570 W

■**5.3**　(1)　制動力 120 N　　(2)　摩擦係数 0.26

■**5.4**　式 (5.18) を用いて，$E = 210$ [MPa]，$b = 10$ [m] と仮定して，ヘルツ圧力 $\sigma_H = 218.5$ [MPa]

6章

■**6.1**　(1)　$T_1 - T_2 = 472$ [N]
(2)　$T_1 = (2P/\omega D)(1/(e^{-\mu\theta} - 1)) + \rho(\omega D/2)^2 A = 956 + 1.62 \times 10^5 \times A$ [N]．ただし，P は伝達動力，ω は角速度．
(3)　$T_1 = \sigma_a A = 2.5 \times 10^6 \times A$ [N]　　(4)　$A = 409$ [mm^2]

■**6.2**　37.7 kW

■**6.3**　$V_{\min}/V_{\max} = 0.866$

7章

■**7.1**　**図 7.14(a)** $\omega_2/\omega_1 = (r_0 + x\sin\alpha)/r_2$，**(b)** $\omega_2/\omega_1 = (r_{10} + x\sin\alpha)/\{r_{20} + (l - x)\sin\alpha\}$

8章

■**8.1**　**表 8.2** より，軸受の基本動ラジアル定格荷重 C_r，基本静ラジアル定格荷重 C_{0r} はそれぞれ，6000 N，3250 N．また，アキシアル荷重比の計算に用いる係数 f_0 は 14.4．

例題 8.2 の手順で係数 X，Y を求めると，$X = 1$，$Y = 0$．動等価ラジアル荷重 P_r は 500 N．したがって，式 (8.5) より $L_{10} = (6000/500)^3 = 1728 \times 10^6$ [回転]．

■**8.2**　$D_{pw} = 26 < 100$ [mm] であるので，式 (8.10) を用いて疲労荷重限を求める．$C_u = 148$ [N]．軽度の汚染状態なので，**表 8.6** より今回は中央値を採用して $e_c = 0.4$．回転数が 2000 rpm であるので，基準動粘度は $\nu_1 = 4500 \times 2000^{-0.5} \times 26^{-0.5} = 19.7$ [mm^2/s]．粘度比 $\kappa = 0.76$．また，$e_c C_u/P_r = 0.118$ より，$a_{\mathrm{ISO}} = 1.61$．98 % 信頼性の条件より，$a_1 = 0.37$．したがって $L_{2m} = 0.37 \times 1.61 \times 1728 = 1026 \times 10^6$ [回転]．

■**8.3**　1500 rpm で 20000 時間に相当する回転数は，$20000 \times 60 \times 1500 = 1.8$ [10^9 回

転]．したがって $L_{10} = 1800$ となるための基本動定格ラジアル荷重は，$P_r = 400$ [N] より，$C_r = 4866$ [N]．表より，内径が 15 mm で $C_r > 4866$ [N]，$C_{0r} > 400$ [N] の軸受を選ぶ．

9章

9.1 たわみは

$$\delta = \frac{8D^3 nW}{Gd^4} = \frac{8 \times (50 \times 10^{-3})^3 \times 20 \times 100}{7.85 \times 10^{10} \times (5 \times 10^{-3})^4} = 4.1 \times 10^{-2} \quad [\mathrm{m}]$$

$D/d = 10$ より，ワールのせん断応力修正係数は $\kappa = 1.14$．最大せん断修正応力は

$$\tau_\kappa = \kappa \frac{8DW}{\pi d^3} = 1.14 \times \frac{8 \times 50 \times 10^{-3} \times 100}{\pi \times (5 \times 10^{-3})^3} \fallingdotseq 1.2 \times 10^8 \quad [\mathrm{Pa}]$$

9.2 $\alpha = \pi/2$ [rad] だから，ねじりばね定数は，$k_\theta = 2.29 \times 10^{-1}$ [N m/rad]．コイルの巻き数は

$$n = \frac{EI_d}{\pi D k_\theta} = \frac{2.06 \times 10^{11} \times (2 \times 10^{-3})^4}{64 \times 30 \times 10^{-3} \times 2.29 \times 10^{-1}} = 7.5$$

ねじりモーメントが最大のときの曲げ応力は

$$\sigma_{\max} = \frac{32M}{\pi d^3} = \frac{32 \times 0.36}{\pi \times (2 \times 10^{-3})^3} = 4.58 \times 10^8 \quad [\mathrm{Pa}]$$

9.3 $\eta = 0.2$ より，$K_T = 1.31$ である．式 (9.32) を変形して，$\delta = 4K_T l_n^3 P/nEbt^3 = 7.44 \times 10^{-3}$ [m]．式 (9.36) より $\sigma = 6Pl_n/nbt^2 = 4.90 \times 10^7 =$ [N/m^2]．応力は，引張強さに比べ十分小さく，問題ない．

9.4 例題 9.4 より，$\delta = 0.5h_0$ となる荷重は，$P = 564$ [N] である．式 (9.44)，(9.45) より，$C = 1.21$，$C_3 = 1.36$ となるので，式 (9.42)，(9.43) に代入して，応力は以下の通りとなる．

内周側：(I) 上 $\sigma = -1.44 \times 10^9$ [Pa]（圧縮応力），(II) 下 $\sigma = 5.36 \times 10^8$ [Pa]（引張応力），

外周側：(III) 下 $\sigma = 7.93 \times 10^8$ [Pa]（引張応力），(IV) 上 $\sigma = -2.15 \times 10^8$ [Pa]（圧縮応力）

索　引

さ 行

た 行

わ　行

英数字

著者略歴

森《もり》　淳《あつ》暢《のぶ》

1971 年　京都大学大学院工学研究科博士課程機械工学専攻修了
現　在　前関西大学工学部機械システム工学科教授
　　　　工学博士

多《た》川《がわ》則《のり》男《お》

1975 年　東北大学大学院工学研究科機械工学第 2 専攻修士課程修了
現　在　関西大学名誉教授，関西大学社会安全研究センター研究員
　　　　工学博士

谷《たに》　弘《ひろ》詞《し》

1986 年　広島大学大学院理学研究科物理学専攻博士前期課程修了
現　在　関西大学システム理工学部機械工学科教授
　　　　博士（工学）

小《こ》金《がね》沢《ざわ》新《しん》治《じ》

1991 年　東京工業大学大学院理工学研究科機械工学専攻博士前期課程修了
現　在　関西大学システム理工学部機械工学科教授
　　　　博士（工学）

機械工学テキストライブラリ＝**USM–6**
機械設計学入門

2020 年 9 月 10 日Ⓒ　　初　版　発　行
2022 年 9 月 25 日　　初版第2刷発行

著　者　森　淳暢　　発行者　矢沢和俊
　　　　多川則男　　印刷者　大道成則
　　　　谷　弘詞
　　　　小金沢新治

【発行】　株式会社　**数理工学社**

〒151-0051　東京都渋谷区千駄ヶ谷 1 丁目 3 番 25 号
編集　☎ (03)5474–8661（代）　サイエンスビル

【発売】　株式会社　**サイエンス社**

〒151-0051　東京都渋谷区千駄ヶ谷 1 丁目 3 番 25 号
営業　☎ (03)5474–8500（代）　振替 00170–7–2387
FAX　☎ (03)5474–8900

印刷・製本　太洋社

《検印省略》

ISBN978–4–86481–060–9

PRINTED IN JAPAN

サイエンス社・数理工学社の
ホームページのご案内
https://www.saiensu.co.jp
ご意見・ご要望は
suuri@saiensu.co.jp　まで．